计量基础知识

（第四版）

范巧成　主编

中国质量标准出版传媒有限公司
中　国　标　准　出　版　社

北　京

图书在版编目（CIP）数据

计量基础知识/范巧成主编．—4版．—北京：中国质量标准出版传媒有限公司，2022.6
ISBN 978-7-5026-4825-1

Ⅰ．①计…　Ⅱ．①范…　Ⅲ．①计量学　Ⅳ．①TB9

中国版本图书馆CIP数据核字（2020）第200239号

中国质量标准出版传媒有限公司
中　国　标　准　出　版　社　出版发行
北京市朝阳区和平里西街甲2号（100029）
北京市西城区三里河北街16号（100045）
网址：www.spc.net.cn
总编室：（010）68533533　发行中心：（010）51780238
读者服务部：（010）68523946
中国标准出版社秦皇岛印刷厂印刷
各地新华书店经销

*

开本787×1092　1/16　印张14.75　字数331千字
2022年6月第四版　　2022年6月第十一次印刷

*

定价：69.00元

《计量基础知识》（第四版）

编 委 会

主　编　范巧成

副主编　王　阳　　王新刚　　范文萱

参　编　张　红　　马　俊　　单红红

　　　　王世蕾　　王　莉　　祝　福

前 言

计量是关于测量的科学，是实现单位统一，量值准确可靠的活动。计量渗透到人类活动的各个领域，是经济活动、国防建设、科学研究和社会发展的重要基础；是保证产品质量，提高综合国力的重要手段。随着现代工业和科学技术的发展，计量的作用越来越重要，计量与材料和工艺共同构成了现代工业的三大支柱。ISO 9000 质量管理体系将计量放在了一个突出的位置，由中国合格评定国家认可委员会开展的国际互认的实验室认可工作，对计量也提出了更高的要求。

计量人员除应掌握相应的专业理论知识外，还必须掌握一定的计量基础知识，以便更准确、规范地开展工作。计量基础知识的内容从 20 世纪 90 年代到 21 世纪初发生了较大的变化，特别是 JJF 1001—1998《通用计量术语及定义》代替了 JJF 1001—1991，JJF 1059—1999《测量不确定度评定与表示》和 JJF 1094—2002《测量仪器特性评定》代替了 JJF 1027—1991《测量误差及数据处理》。这些内容是计量基础知识的基础，为适应这种变化，满足计量人员培训的需要，笔者在总结多年从事计量人员培训考核经验的基础上，编写了此书的第一版，并于 2004 年 4 月出版。

随着 JJF 1033—2008《计量标准考核规范》的发布实施，以及测量不确定度评定方法的完善，本书进行了第一次修订，并于 2009 年 3 月出版。

后来又随着 JJF 1001—2011《通用计量术语及定义》和 JJF 1059.1—2012《测量不确定度评定与表示》的发布实施，以及测量不确定度评定方法的完善和简化，本书进行了第二次修订，并于 2014 年 2 月出版。

本书自 2004 年 4 月出版至今已 18 年，承蒙广大读者厚爱，读者在使用本书的过程中提出了一些中肯的修改建议，借此次修订之际笔者一并予以感谢。此次修订的主要原因是：JJF 1033—2016《计量标准考核规范》的发布实施，以及测量不确定度评定方法的进一步完善和一些简化处理，CNAS 对测量不确定度的新要求，采用 Excel 电子表格辅助测量不确定度评定的处理新技巧等。同第三版相比，本书的结构基本未变，具体修改的内容如下：第 1 章中的通用计量术语做了少量修改；第 2 章中增加了第 26 届国际计量大会修订国际单位制（SI）的简要描述；第 3 章中删除了第 3.5 节；第 4～6 章做了少量的修订；第 7 章将 CNAS 对测量不确定度的要求进行了更新；第 8 章对 Excel 在测量不确定度评定中的应用做了进一步的完善，给出了计算更为高效的电子表格，具体见表 8 - 15 和表 8 - 16；第 9 章按照 JJF 1033—2016《计量标准考核规范》进行了全面修订；考虑到国家管理体制的变化和《中华人民共和国计量法》及相关法规的修订，删除了4个附录，其最新内容读者可从官方网站获取。

本书由国网山东省电力公司营销服务中心（计量中心）范巧成担任主编，中国合格评定国家认可中心王阳、国网新疆电力有限公司电力科学研究院王新刚、山东科技大学范文萱担任副主编，国网山东省电力公司营销服务中心（计量中心）张红、马俊、单红红、王世蕾、王莉和祝福参与了编写工作。本书在编写、出版过程中，得到了中国质量标准出版传媒有限公司（中国标准出版社）编辑的热情帮助和指导，在此表示衷心感谢！

由于笔者学识有限，此次修订还可能存在疏漏和不妥之处，敬请批评指正。

编者

2022年5月

目　录

1　通用计量术语

本章所介绍的通用计量术语及其定义主要出自 JJF 1001—2011《通用计量术语及定义》（以下简称 JJF 1001），本章对部分术语给出了解释，供参考。该规范是 JJF 1001—1998 的修订版，其修订主要依据是 ISO/IEC 指南 99：2007《国际计量学词汇——基础通用的概念和相关术语》[International vocabulary of metrology—Basic and general concepts and associated terms（VIM）]。该规范规定了计量工作中常用术语及其定义，适用于计量领域各项工作，相关领域亦可参考使用。术语的名称除推荐使用的名称外，又有简称、又称和全称。计量与测量含义不尽相同，但在该规范中计量单位与测量单位、计量器具与测量仪器分别为同义术语，测量标准包含计量基准、计量标准，请使用时予以注意。另外，本章还收录了 JJF 1033—2016《计量标准考核规范》（以下简称 JJF 1033）中的部分术语。

1.1　量和单位

1.1.1　量

量：现象、物体或物质的特性，其大小可用一个数和一个参照对象表示。

注：

1. 量可指一般概念的量或特定量。一般概念的量如长度、时间、质量、温度、电阻等；特定量如某根棒的长度、某根导线的电阻等。

2. 参照对象可以是一个测量单位、测量程序、标准物质或其组合。

3. 量的符号见国家标准《量和单位》的现行有效版本，用斜体表示。一个给定符号可表示不同的量。

4. “量”从概念上一般可分为诸如物理量、化学量、生物量，或分为基本量和导出量。

1.1.2　量制

量制：彼此间由非矛盾方程联系起来的一组量。

这里说的量是指一般概念的量，不是指“特定量”。这些量不是孤立的，而是通过一系列方程式（定义方程式或描述自然规律的方程式）联系在一起的量的体系或系统。物理学、化学等学科为了进行定量研究，在构建其理论体系的同时，也就形成了各自的量的体系。

1.1.3　国际量制（ISQ）

国际量制（ISQ）：与联系各量的方程一起作为国际单位制（SI）基础的量制。

注：

1. 国际量制在ISO/IEC 80000系列标准《量和单位》中发布。

2. SI建立在国际量制的基础上。

1.1.4 基本量

基本量：在给定量制中约定选取的一组不能用其他量表示的量。

例：在SI所考虑的量制中，长度、质量、时间、热力学温度、电流、物质的量和发光强度为基本量。

1.1.5 导出量

导出量：量制中由基本量定义的量。

例：在以长度和质量为基本量的量制中，质量密度为导出量，定义为质量除以体积（长度的三次方）所得的商。

1.1.6 量纲

量纲：给定量与量制中各基本量的一种依从关系，它用与基本量相应的因子的幂的乘积去掉所有数字因子后的部分表示。

若SI中7个基本量的量纲分别用L、M、T、I、Θ、N和J表示，则某量A的量纲的表达式为$\dim A = \mathrm{L}^{\alpha}\mathrm{M}^{\beta}\mathrm{T}^{\gamma}\mathrm{I}^{\delta}\Theta^{\varepsilon}\mathrm{N}^{\zeta}\mathrm{J}^{\eta}$。如力的量纲$\dim F = \mathrm{LMT}^{-2}$，电阻的量纲$\dim A = \mathrm{L}^{2}\mathrm{MT}^{-3}\mathrm{I}^{-2}$。

量纲是用来在给定量制中描述量的物理属性的定性概念，不涉及该量的大小，也不考虑该量是否为矢量或张量，以及是否带有正负号和数字因数。长度、厚度、波长、周长等这些量的量纲都是L。例如直径为d的圆周长为πd，πd这个量的量纲也是L，因为π只是个数，确定量纲时可不予考虑。

1.1.7 量纲为一的量

量纲为一的量（又称无量纲量）：在其量纲表达式中与基本量相对应的因子的指数均为零的量。

例：摩擦系数、马赫数、折射率、摩尔分数（物质的量分数）、质量分数。

1.1.8 测量单位

测量单位（又称计量单位，简称单位）：根据约定定义和采用的标量，任何其他同类量可与其比较使两个量之比用一个数表示。

注：

1. 测量单位具有根据约定赋予的名称和符号。

2. 同量纲量的测量单位可具有相同的名称和符号，即使这些量不是同类量。例如，焦耳每开尔文和J/K既是热容量的单位名称和符号，也是熵的单位名称和符号，而热容量和熵并非同类量。然而，在某些情况下，具有专门名称的测量单位仅限用于特定种类的量。如测量单位“秒的负一次方”（1/s）用于频率时称为赫兹，用于放射性核素的活度时称为贝可（Bq）。

3. 量纲为一的量的测量单位是数。在某些情况下这些单位有专门名称，如弧度、球面度和分贝；

或表示为商，如毫摩尔每摩尔等于 10^{-3}，微克每千克等于 10^{-9}。

4. 对于一个给定量，“单位”通常与量的名称连在一起，如“质量单位”或“质量的单位”。

1.1.9 测量单位符号

测量单位符号（又称计量单位符号）：表示测量单位的约定符号。

例：m 是米的符号；A 是安培的符号。

1.1.10 单位制

单位制（又称计量单位制）：对于给定量制的一组基本单位、导出单位、其倍数单位和分数单位及使用这些单位的规则。

例：SI；厘米-克-秒单位制（CGS 单位制）。

1.1.11 一贯导出单位

一贯导出单位：对于给定量制和选定的一组基本单位，由比例因子为 1 的基本单位的幂的乘积表示的导出单位。

例：在 SI 中，1 N=1 kg·m·s^{-2}，牛顿（N）就是力的一贯导出单位。

注：

1. 在 SI 中，全部导出单位都是一贯导出单位，但其倍数和分数单位则不是一贯导出单位。

2. 一贯性是对给定的单位制而言的。一个单位对于某单位制是一贯的，对于另一单位制就可能不是一贯的。

1.1.12 一贯单位制

一贯单位制：在给定量制中，每个导出量的测量单位均为一贯导出单位的单位制。

注：

1. 一个单位制可以仅对涉及的量制和采用的基本单位是一贯的。

2. 对于一贯单位制，数值方程与相应的量方程（包括数字因子）具有相同形式。

1.1.13 国际单位制（SI）

国际单位制（SI）：由国际计量大会（CGPM）批准采用的基于国际量制的单位制，包括单位名称和符号、词头名称和符号及其使用规则。

注：

1. SI 建立在 ISQ 的 7 个基本量的基础上，基本量和相应基本单位的名称和符号见表 1-1。

2. SI 的基本单位和一贯导出单位形成一组一贯的单位，称为“一组一贯 SI 单位”。

1.1.14 法定计量单位

法定计量单位：国家法律、法规规定使用的测量单位。

1.1.15 基本单位

基本单位：对于基本量，约定采用的测量单位。

注：在每个一贯单位制中，每个基本量只有一个基本单位。

表 1-1 基本量和相应基本单位的名称和符号

量的名称	单位名称	单位符号
长度	米	m
质量	千克（公斤）	kg
时间	秒	s
电流	安［培］	A
热力学温度	开［尔文］	K
物质的量	摩［尔］	mol
发光强度	坎［德拉］	cd

注：圆括号中的名称，是它前面的名称的同义词；方括号内的字在不致混淆的情况下，可以省略；方括号前为其简称；单位名称的简称可用作该单位的中文符号。

1.1.16 导出单位

导出单位：导出量的测量单位。

例：在 SI 中，米每秒（m/s）、厘米每秒（cm/s）是速度的导出单位。千米每小时（km/h）是 SI 制外的速度单位，但被采纳与 SI 单位一起使用。节（等于一海里每小时）是 SI 制外的速度单位。

在 SI 中，为了使用的方便，有些导出单位具有专门的名称和符号，如力的单位名称为牛顿，符号为 N；压力的单位名称为帕斯卡，符号为 Pa。

1.1.17 制外测量单位

制外测量单位（又称制外计量单位，简称制外单位）：不属于给定单位制的测量单位。

例：电子伏（约 $1.602\ 18\times10^{-19}$ J）是能量的 SI 制外单位；日、时、分是时间的 SI 制外单位。

1.1.18 倍数单位

倍数单位：给定测量单位乘以大于 1 的整数得到的测量单位。

例：千米是米的十进制倍数单位；小时是秒的非十进制倍数单位。

1.1.19 分数单位

分数单位：给定测量单位除以大于 1 的整数得到的测量单位。

例：毫米是米的十进分数单位。对于平面角，秒是分的非十进分数单位。

1.1.20 量值

量值（全称量的值，简称值）：用数和参照对象一起表示的量的大小。

例：

1. 给定杆的长度：5.34 m 或 534 cm。
2. 给定物体的质量：0.152 kg 或 152 g。
3. 在给定频率上给定电路组件的阻抗（其中 j 是虚数单位）：(7＋3j) Ω。
4. 给定玻璃样品的折射率：1.52。

5. 铜材样品中镉的质量分数：3 μg/kg 或 3×10^{-9}。

6. 给定样品的洛氏 C 标尺硬度（150 kg 负荷下）：43.5 HRC（150 kg）。

7. 在给定血浆样本中任意镥亲菌素的物质的量浓度（世界卫生组织国际标准 80/552）：50 国际单位/I。

注：

1. 根据参照对象的类型，量值可表示为：一个数和一个测量单位的乘积（见例 1，2，3，5），量纲为一，测量单位 1，通常不表示（见例 4 和 5）；一个数和一个作为参照对象的测量程序（见例 6）；一个数和一个标准物质（见例 7）。

2. 数可以是复数（见例 3）。

3. 一个量值可用多种方式表示（见例 1，2 和 5）。

1.1.21 量的真值

量的真值（简称真值）：与量的定义一致的量值。

注：

1. 在描述关于测量的“误差方法”中，认为真值是唯一的，实际上是不可知的。在“测量不确定度方法”中认为，由于定义本身细节不完善，不存在单一真值，只存在与定义一致的一组真值，然而，从原理上和实际上，这一组值是不可知的。另一些方法免除了所有关于真值的概念，而依靠测量结果的计量兼容性的概念去评定测量结果的有效性。

2. 在基本常量的这一特殊情况下，量被认为具有一个单一真值。

3. 当被测量的定义的不确定度与测量不确定度其他分量相比可忽略时，认为被测量具有一个“基本唯一”的真值。这就是《测量不确定度表示指南》（Guide to the Expression of Uncertainty in Measurement，简称 GUM）和相关文件采用的方法，其中“真”字被认为是多余的。

真值不是一个纯客观的概念，它与人为的定义联系在一起。没有给定的特定量的定义，也就无从谈起这个量的真值。即使对于一个具体的量块的厚度这样一个特定量，由于量块的两个工作面不可能是理想的平行平面，也就无法确定只有一个唯一的厚度定义，因而也无法确定只有一个唯一的真值。同时，还有如何获得或确定真值的问题。除了像“平面三角形三个内角之和的真值等于 π 弧度”、原来质量单位千克的定义认为“国际千克原器的质量的真值等于 1 kg”这类命题中的“真值”，不通过测量即可获得外，一般特定量的值都是必须通过测量才能获得的；而只要进行测量，就必然伴随着不等于零的误差范围或测量不确定度。而且即使对于以上两个命题也是如此，特定的三角形也并不能保证是理想的平面上的三角形；国际千克原器的质量实际上也在不断地变化，只是人们在一定条件下认为不变而已。

总之，真值是一个理想化的概念，从量子效应和测不准原理来看，真值按其本性是不能被最终确定的。另外，自然界任何物体都处在永恒的运动中，一个量在一定时间和空间都会发生变化，从而具有不同的真值。真值是指在瞬间条件下的量值，实际上真值常常不知道。但这并不排除对特定量的真值可以不断地逼近。特别是对于给定的实用目的，所需要的量值总是允许有一定的误差范围或测量不确定度的。因此，总是有可能通过不断改进特定量的定义、测量方法和测量条件等，使获得的量值足够地逼近真值，满足实际使用该量值时的需要。

1.1.22 约定量值

约定量值（又称量的约定值，简称约定值）：对于给定目的，由协议赋予某量的量值。

例：标准自由落体加速度（以前称标准重力加速度）$g_n = 9.806\ 65\ m \cdot s^{-2}$。约瑟夫逊常量的约定量值 $K_{J-90} = 483\ 597.9\ GHzV^{-1}$。给定质量标准的约定量值 $m = 100.003\ 47\ g$。

注：

1. 有时将术语“约定真值”用于此概念，但不提倡这种用法。
2. 有时约定量值是真值的一个估计值。
3. 约定量值通常被认为具有适当小（可能为零）的测量不确定度。

1.1.23 量的数值

量的数值（简称数值）：量值表示中的数，而不是参照对象的任何数字。

1.1.24 标称特性

标称特性：不以大小区分的现象、物体或物质的特性。

例：人的性别；油漆样品的颜色；化学中斑点测试的颜色。

注：

1. 标称特性具有一个值，它可用文字、字母代码或其他方式表示。
2. “标称特性值”不要与“标称量值”混淆。

1.2 测量

1.2.1 测量

测量：通过实验获得并可合理赋予某量一个或多个量值的过程。

注：

1. 测量不适用于标称特性。
2. 测量意味着量的比较并包括实体的计数。
3. 测量的先决条件是对测量结果预期用途相适应的量的描述、测量程序以及根据规定测量程序（包括测量条件）进行操作的经校准的测量系统。

1.2.2 计量

计量：实现单位统一、量值准确可靠的活动。

计量包括科学技术上的、法律法规上的和行政管理上的活动。计量在中国历史上称为度量衡，所用的主要器具是尺、斗、秤。在英语中尺子和统治者是同一词——“ruler”，我国古代把砝码称为“权”，至今仍用天平代表法制和法律的公平。这些都表明计量是象征着权力和公正的活动。

确定被测量的量值是测量的目的，最终是为了社会应用。因此，在不同时间、地点由不同的操作者用不同仪器所确定的同一个被测量的量值，应具有可比性。只有当选择测量单位遵循统一的准则，并使所获得的量值具有必要的测量准确度和可靠性时，才能保证这种可比性。显然，对测量的这种要求不会自发地得到满足，必须由社会上的有关机构、团体以政府进行有组织的活动才能达到。这些活动，大体上包括进行科学研究、发展测量技术、建立基准（标准）与保证测量结果具有溯源性（本书指计量溯源性）的物质技术基础，以及制定计量法律、法规、条例，开展计量行政管理等。

实际上，人类为了生存和发展必须认识自然、利用自然和改造自然，而自然界的一切现象、物体或物质，是通过一定的“量”来描述和体现的。也就是说，“量是现象、物体或物质的特性，其大小可用一个数和一个参照对象表示”。因此，要认识大千世界和造福人类社会，就必须对各种“量”进行分析和确认，既要区分量的性质，又要确定其量值。计量正是达到这种目的的重要手段之一。在这个意义上可以广义地认为，计量是对“量”的定性分析和定量确认的过程。实际上，人类在科学研究、经济活动和社会发展中，每时每刻都离不开计量，通过计量所获得的测量结果是人类活动最重要的信息源之一。如果这种信息是错误的，或者没有可重复、可再现及可比较的特性，就无法正确地认识事物、认识自然，也就无法利用自然和改造自然。有关的文字记载和器物遗存证明，早在数千年前，出于生产、贸易和征收赋税等方面的需要，古埃及、巴比伦、印度和中国等地均已开始进行长度、面积（尤其是土地面积）、容积（主要是为确定粮食的数量）和质量（重量）的测量。

在相当长的历史时期内，计量的对象主要是物理量，后来随着科技进步和社会发展而扩展到工程量、化学量、生理量，甚至心理量。当前普遍开展和比较成熟或传统的有几何量、温度、力学、电磁、无线电、时间频率、光学、电离辐射、声学和化学等，即所谓“十大计量”。同时，在一些高新技术领域如生物、医学、环保、信息、航天和软件等方面的专业计量，也正在逐渐形成和不断加强。例如，在医学和保健方面，不仅需要实验室用的高测量准确度测量仪器，也需要临床实时（甚至在体实时）的计量分析仪器及非采样（非侵入、无损伤）的医用测量仪器。在生物和生命工程方面，人们希望从蛋白质的控制中了解生物学、生理学、生物化学、分子遗传学等。

随着科技、经济和社会的发展，计量的内容也在不断地扩展和充实，通常可概括为6个方面：计量单位与单位制；计量器具（测量仪器），包括实现或复现计量单位的计量基准、计量标准与工作计量器具；量值传递与量值溯源，包括检定、校准、检验与检测；物理常量、材料与物质特性的测定；测量不确定度、数据处理与测量理论及其方法；计量管理，包括计量保证与计量监督等。其中，计量器具是对量的定性分析和定量确认进行管理的最为常用的直接手段。实际上，计量器具起着扩展和延伸人类感官和神经系统的作用，增强了人类认识自然的能力，成为人类认识自然的有力工具；机器则替代和延伸了人类的体力劳动，成为人类改造自然的有力工具。而改造自然是以认识自然为前提的，机器配上计量器具才能发挥更大的作用。

计量的特点取决于所从事的计量工作，即为实现单位统一、量值准确可靠而进行的科技、法制和管理活动，概括地说，可归纳为准确性、一致性、溯源性及法制性4个方面。

准确性是指测量结果与被测量真值的一致程度。由于实际上不存在完全准确无误的测量，因此在给出量值的同时，必须给出适应于应用目的或实际需要的测量不确定度或误差范围。否则，所进行的测量的质量（品质）就无从判断，量值也就不具备充分的实用价值。所谓量值的准确，即在一定的测量不确定度、误差极限或允许误差范围内的准确。

一致性是指在统一计量单位的基础上，无论在何时、何地，采用何种方法，使用何种计量器具，以及由何人测量，只要符合有关的要求，其测量结果就应在给定的区间内一致。也就是说，测量结果应是可重复、可再现（复现）、可比较的。换言之，量值是确实可靠的，计量的核心实质上是对测量结果及其有效性、可靠性的确认，否则，计量就失去其社会意义。计量的一致性不仅适用于国内，也适用于国际，例如国际关键比对和辅助比对结果应在等效区间或协议区间内一致。

溯源性是指任何一个测量结果或计量标准的值，都能通过一条具有规定测量不确定度的连续比较链，与计量基准联系起来。这种特性使所有的同种量值，都可以按这条比较链通过校准向测量的源头追溯，也就是溯源到同一个计量基准（国家基准或国际基准），从而使准确性和一致性得到技术保证。否则，量值出于多源或多头，必然会在技术上和管理上造成混乱。所谓“量值溯源”，是指自下而上通过不间断的校准而构成溯源体系；而“量值传递”，则是自上而下通过逐级检定而构成检定系统。

法制性来自计量的社会性，因为量值的准确可靠不仅依赖于科学技术手段，还要有相应的法律、法规和行政管理来保障。特别是对国计民生有明显影响，涉及公众利益和可持续发展或需要特殊信任的领域，必须由政府主导建立起法制保障。否则，量值的准确性、一致性和溯源性就不可能实现，计量的作用也难以发挥。

由此可见，计量不同于一般的测量。测量是为确定量值而进行的全部操作，一般不具备、也不必具备计量的 4 个特点。所以，计量属于测量而又严于一般的测量。在这个意义上可以狭义地认为，计量是与测量结果置信度有关的、与测量不确定度联系在一起的规范化的测量。实际上，科技、经济和社会愈发展，对单位统一，量值准确、可靠的要求愈高，计量的作用也就愈显重要。

1.2.3 计量学

计量学：测量及其应用的科学。

注：计量学涵盖有关测量的理论及其不论测量不确定度大小的所有应用领域。

从学科发展来看，计量学是物理学的一部分，后来随着计量领域和内容的扩展而形成了一门研究测量理论与实践的综合性科学。特别是计量学作为一门科学，它同国家法律、法规和行政管理紧密结合的程度，在其他学科中是少有的。

人们从不同的角度，对计量学进行过不同的分类。例如：把涉及计量单位的换算、计量器具基本特性、测量数据处理等共性问题的，称为通用计量学；把涉及长度、温度、硬度等特定量具体应用的，称为应用计量学；把涉及自动测量、在线测量、动态测量等测量技术和测量方法的，称为技术计量学；把涉及量的定义和单位的实现、复现等测量理论的，称为理论计量学；把涉及计量工作中法律、法规和法定要求与法制管理的，称为法制计量学；把涉及计量在国民经济中作用和效益评估的，称为经济计量学或效益计量学等。当前，国际上趋向于把计量学分为科学计量、工程计量和法制计量 3 类，分别代表计量的基础、应用和政府起主导作用的社会事业 3 个方面。这时，计量学通常简称为计量。

科学计量是指基础性、探索性、先行性的计量科学研究，通常用最新的科技成果来精确地定义与实现计量单位，并为最新的科技发展提供可靠的测量基础。科学计量本身属于精确科学，通常是国家计量研究机构的主要任务，包括计量单位与单位制的研究、计量基准与标准的研制、物理常量与精密测量技术的研究、量值溯源与量值传递系统的研究、量值比对方法与测量不确定度的研究等。

工程计量也称工业计量，是指各种工程、工业、企业中的实用计量，例如有关能源或材料的消耗、工艺流程的监控，以及产品质量与性能的测试等。工程计量涉及面甚广，随着产品技术含量提高和复杂性的增大，为保证经济贸易全球化所必需的一致性和互换性，它已成为生产过程控制不可缺少的环节。工程计量测试能力，实际上是一个国家工业竞争力的重要组成部分，在以高技术为基础的经济构架中显得尤为重要。

法制计量是与法定计量机构工作有关的计量，涉及对计量单位、计量器具、测量方法及测量实验室的法定要求。法制计量由政府或授权机构根据法制、技术和行政的需要对计量进行强制管理，其目的是用法规或合同方式来规定并保证与贸易结算、安全防护、医疗卫生、环境监测、资源控制、社会管理等有关的测量工作的公正性和可靠性，因为它们涉及公众利益和国家可持续发展战略。

1.2.4 测量原理

测量原理：用作测量基础的现象。

例：用于测量温度的热电效应；用于电位测量的约瑟夫森效应；快速奔跑的兔子血液中葡萄糖浓度下降现象，用于测量制备中的胰岛素浓度。

注：现象可以是物理现象、化学现象或生物现象。

1.2.5 测量方法

测量方法：对测量过程中使用的操作所给出的逻辑性安排的一般性描述。

注：测量方法可用不同方式表述，如替代测量法、微差测量法、零位测量法、直接测量法、间接测量法。

1.2.6 测量程序

测量程序：根据一种或多种测量原理及给定的测量方法，在测量模型和获得测量结果所需计算的基础上，对测量所做的详细描述。

1.2.7 被测量

被测量：拟测量的量。

1.2.8 影响量

影响量：在直接测量中不影响实际被测的量，但会影响示值与测量结果之间关系的量。

例：

1. 用安培计直接测量交流电流恒定幅度时的频率。
2. 在直接测量人体血浆中血红蛋白浓度时，胆红素的物质的量浓度。
3. 测量某杆长度时测微计的温度（不包括杆本身的温度，因为杆的温度可以进入被测量的定义中）。

4. 测量摩尔分数时，质谱仪离子源的本底压力。

注：

1. 间接测量涉及各直接测量的合成，每项直接测量都可能受到影响量的影响。

2. 在 GUM 中，“影响量”按 VIM 第二版定义，不仅覆盖影响测量系统的量（如本定义），而且包含影响实际被测量的量。另外，在 GUM 中此概念不限于直接测量。

1.2.9 比对

比对：在规定条件下，对相同准确度等级或指定测量不确定度范围的同种测量仪器复现的量值之间比较的过程。

1.2.10 校准

校准：在规定条件下的一组操作，其第一步是确定由测量标准提供的量值与相应示值之间的关系，第二步则是用此信息确定由示值获得测量结果的关系，这里测量标准提供的量值与相应示值都具有测量不确定度。

注：

1. 校准可以用文字说明、校准函数、校准图、校准曲线或校准表格的形式表示。某些情况下，可以包含示值的具有测量不确定度的修正值或修正因子。

2. 校准不应与测量系统的调整（常被错误称作“自校准”）相混淆，也不应与校准的验证相混淆。

3. 通常，只把上述定义中的第一步认为是校准。

1.2.11 校准等级序列

校准等级序列：从参照对象到最终测量系统之间校准的次序，其中每一等级校准的结果取决于前一等级校准的结果。

注：

1. 沿着校准的次序，测量不确定度必然逐级增加。

2. 校准等级序列由一台或多台测量标准和按测量程序操作的测量系统组成。

3. 本定义中的参照对象可以是通过实际复现的测量单位的定义，或测量程序，或测量标准。

4. 两台测量标准之间的比较，如果用于对其中一台测量标准进行检查以及必要时对量值进行修正并给出测量不确定度，则可视为一次校准。

1.2.12 计量溯源性

计量溯源性：通过文件规定的不间断的校准链，测量结果与参照对象联系起来的特性，校准链中的每项校准均会引入测量不确定度。

注：

1. 本定义中的参照对象可以是实际实现的测量单位的定义，或包括无序量测量单位的测量程序，或测量标准。

2. 计量溯源性要求建立校准等级序列。

3. 参照对象的技术规范必须包括在建立等级序列时所使用该参照对象的时间，以及关于该参照对象的任何计量信息，如在这个校准等级序列中进行第一次校准的时间。

4. 对于在测量模型中具有一个以上输入量的测量，每个输入量本身应该是经过计量溯源的，并且校准等级序列可形成一个分支结构或网络。为每个输入量建立计量溯源性所做的努力应与对测量结果的贡献相适应。

5. 测量结果的计量溯源性不能保证其测量不确定度满足给定的目的，也不能保证不发生错误。

6. 如果两个测量标准的比较用于检查，必要时用于对量值进行修正，以及对其中一个测量标准赋予测量不确定度时，测量标准间的比较可看作一种校准。

7. 国际实验室认可合作组织（ILAC）认为确认计量溯源性的要素是向国际测量标准或国家测量标准的不间断的计量溯源链、文件规定的测量不确定度、文件规定的测量程序、认可的技术能力、向SI的计量溯源性以及校准间隔。

8. “溯源性”有时是指“计量溯源性”，有时也用于其他概念，诸如“样品可追溯性”、“文件可追溯性”或“仪器可追溯性”等，其含义是指某项目的历程（“轨迹”）。所以，当有产生混淆的风险时，最好使用“计量溯源性”。本书中的“溯源性”是指“计量溯源性”。

1.2.13 计量溯源链

计量溯源链（简称溯源链）：用于将测量结果与参照对象联系起来的测量标准和校准的次序。

注：

1. 计量溯源链是通过校准等级关系规定的。

2. 计量溯源链用于建立测量结果的计量溯源性。

1.3 测量结果

1.3.1 测量结果

测量结果：与其他有用的相关信息一起赋予被测量的一组量值。

注：

1. 测量结果通常包含这组量值的相关信息，诸如某些可以比其他方式更能代表被测量的信息。它可以用概率密度函数（PDF）的方式表示。

2. 测量结果通常表示为单个测得的量值和一个测量不确定度。对某些用途，如果认为测量不确定度可忽略不计，则测量结果可表示为单个测得的量值。在许多领域中这是表示测量结果的常用方式。

3. 在传统文献和1993版VIM中，测量结果定义为赋予被测量的值，并按情况解释为平均示值、未修正的结果或已修正的结果。

1.3.2 测得的量值

测得的量值（又称量的测得值，简称测得值）：代表测量结果的量值。

注：

1. 对于重复测量，每个示值可提供相应的测得值。用这一组独立的测得值可计算出作为结果的测得值，如平均值或中位值，通常它附有一个已减小了的与其相关联的测量不确定度。

2. 在GUM中，对测得的量值使用的术语有“测量结果”和“被测量的值的估计”或“被测量的估计值”。

1.3.3 测量误差

测量误差（简称误差）：测得的量值减去参考量值。

注：

1. 测量误差的概念在以下两种情况下均可使用：

①当涉及存在单个参考量值，如用测得值的测量不确定度可忽略的测量标准进行校准，或约定量值给定时，测量误差是已知的；

②假设被测量使用唯一的真值或范围可忽略的一组真值表征时，测量误差是未知的。

2. 测量误差不应与出现的错误或过失相混淆。

1.3.4 系统测量误差

系统测量误差（简称系统误差）：在重复测量中保持不变或按可预见方式变化的测量误差的分量。

注：

1. 系统测量误差的参考量值是真值，或是测量不确定度可忽略不计的测量标准的测得值，或是约定量值。

2. 系统测量误差及其来源可以是已知或未知的。对于已知的系统测量误差可采用修正补偿。

3. 系统测量误差等于测量误差减随机测量误差。

1.3.5 测量偏移

测量偏移（简称偏移）：系统测量误差的估计值。

1.3.6 随机测量误差

随机测量误差（简称随机误差）：在重复测量中按不可预见方式变化的测量误差的分量。

注：

1. 随机测量误差的参考量值是对同一被测量由无穷多次重复测量得到的平均值。

2. 一组重复测量的随机测量误差形成一种分布，该分布可用期望和方差描述，其期望通常可假设为零。

3. 随机测量误差等于测量误差减系统测量误差。

1.3.7 修正

修正：对估计的系统误差的补偿。

注：

1. 补偿可取不同形式，诸如加一个修正值或乘一个修正因子，或从修正值表或修正曲线上得到。

2. 修正值是用代数方法与未修正测量结果相加，以补偿其系统误差的值。修正值等于负的系统误差估计值。

3. 修正因子是为补偿系统误差而与未修正测量结果相乘的数字因子。

4. 由于系统误差不能完全知道，因此这种补偿并不完全。

1.3.8 测量准确度

测量准确度（简称准确度）：被测量的测得值与其真值之间的一致程度。

注：

1. 概念“测量准确度”不是一个量，不给出有数字的量值。当测量提供较小的测量误差时就说该测量是较准确的。

2. 术语“测量准确度”不应与“测量正确度”“测量精密度”相混淆，尽管它与这两个概念有关。

上述定义中的“一致程度”，不是定量的，而是定性的。关于准确度是一个定性概念的问题，可以从以下3个方面理解。首先，被测量真值其实就是被测量本身，而与给定的特定量定义一致的所谓真值，仅是一个理想化的难以操作的概念。因此，不可能准确而定量地给出准确度的值。其次，传统的误差理论认为准确度是系统误差与随机误差的综合，而对它们的合成方法，国际上一直没有统一。最后，习惯上所说的准确度其实表示的是不准确的程度，但人们又不愿意用贬义的称谓，而宁可用褒义的称谓。因此在表示准确度高时，准确度的值却更小。这样当准确度小于1%时，究竟是表示误差小于1%，还是误差大于1%，有时让人搞不明白引入准确度概念的必要性。

作为历史形成的习惯用语，沿用的准确度只是测量结果与被测量真值之间的一致程度或接近程度，只是一个定性概念，不宜将其定量化。例如：可以定性地说“这个研究项目对测量准确度要求很高”，“测量准确度应满足使用要求，或某技术规范、标准的要求”等。换言之，可以说准确度高低，或准确度符合××标准，而尽量不要说准确度为0.25%、16 mg、≤16 mg或±16 mg。也就是说，准确度不宜与数字直接相连。若需要用数字表示，则可用测量不确定度。例如：可以说“测量结果的扩展测量不确定度为5 μΩ”，而不宜说“准确度为5 μΩ”。

有些测量仪器说明书或技术规范中规定的准确度，其实是测量仪器的最大允许测量误差或允许误差极限，不应与本定义的测量准确度相混淆。测量仪器的准确度等级，是测量仪器符合一定的计量要求，使示值误差处于规定极限之内的等别或级别，通常按照约定的方法给这种等级注以数字或符号。

1.3.9 测量正确度

测量正确度（简称正确度）：无穷多次重复测量所得量值的平均值与一个参考量值间的一致程度。

注：

1. 测量正确度不是一个量，不能用数值表示。

2. 测量正确度与系统测量误差有关，与随机测量误差无关。

3. 术语“测量正确度”不能用“测量准确度”表示。反之亦然。

1.3.10 测量精密度

测量精密度（简称精密度）：在规定条件下，对同一或类似被测对象重复测量所得示值或测得的量值间的一致程度。

注：

1. 测量精密度通常用不精密程度以数字形式表示，如在规定测量条件下的标准偏差、方差或变差系数（变差系数是一个表示标准偏差相对于平均数大小的相对量，即变差系数=标准偏差/平均值）。

2. 规定条件可以是重复性测量条件、期间测量精密度测量条件或复现性测量条件。

3. 测量精密度用于定义测量重复性、期间测量精密度或测量复现性。

4. 术语“测量精密度”有时用于指“测量准确度”，这是错误的。

1.3.11 重复性测量条件

重复性测量条件（简称重复性条件）：相同测量程序、相同操作者、相同测量系统、相同操作条件和相同地点，并在短时间内对同一或相类似被测对象重复测量的一组测量条件。

注：在化学中，术语“序列内精密度测量条件”有时用于指“重复性测量条件”。

1.3.12 测量重复性

测量重复性（简称重复性）：在一组重复性测量条件下的测量精密度。

1.3.13 期间测量精密度测量条件

期间测量精密度测量条件（简称期间精密度条件）：除了相同测量程序、相同地点，以及在一个较长时间内对同一或相类似的被测对象重复测量的一组测量条件外，还可包括涉及改变的其他条件。

注：

1. 改变可包括新的校准、测量标准器、操作者和测量系统。

2. 对条件的说明应包括改变和未变的条件以及实际改变到什么程度。

3. 在化学中，术语“序列间精密度测量条件”有时用于指“期间精密度测量条件”。

1.3.14 期间测量精密度

期间测量精密度（简称期间精密度）：在一组期间测量精密度测量条件下的测量精密度。

1.3.15 复现性测量条件

复现性测量条件（简称复现性条件）：不同地点、不同操作者、不同测量系统，对同一或相类似被测对象重复测量的一组测量条件。

注：

1. 不同的测量系统可采用不同的测量程序。

2. 在给出测量复现性时应说明改变和未变的条件及实际改变到什么程度。

1.3.16 测量复现性

测量复现性（简称复现性）：在复现性测量条件下的测量精密度。

1.3.17 实验标准偏差

实验标准偏差（简称实验标准差）：对同一被测量进行 n 次测量，表征测量结果分散性的量。用符号 s 表示。

注：

1.n 次测量中某单个测得值 x_k 的实验标准偏差 $s(x_k)$ 可按贝塞尔公式计算

$$s(x_k)=\sqrt{\frac{\sum_{i=1}^{n}(x_i-\overline{x})^2}{n-1}} \tag{1-1}$$

式中，x_i 为第 i 次测量的测得值；n 为测量次数；$\overline{x}$ 为 n 次测量所得一组测得值的算术平均值。

2.n 次测量的算术平均值 $\overline{x}$ 的实验标准偏差 $s(\overline{x})$ 为

$$s(\overline{x})=s(x_k)/\sqrt{n} \tag{1-2}$$

随着测量次数 n 的增加，表征测量结果分散性的 $s(\overline{x})$ 与$\sqrt{n}$成反比地减小，这是由于对多次观测值取平均后，正、负随机误差相互抵偿所致。所以，当测量要求较高或希望测量结果的实验标准偏差较小时，应适当增加测量次数 n；但是 $n>20$ 时，随着 n 的增加，$s(\overline{x})$ 的减少速率变慢。因此，在选取 n 时应予综合考虑或权衡利弊，因为增加测量次数就会延长测量时间、增加测量成本。在通常情况下，取 $n\geqslant3$，以 $n=4\sim20$ 为宜。

1.3.18 测量不确定度

测量不确定度（简称不确定度）：根据所用到的信息，表征赋予被测量量值分散性的非负参数。

注：

1. 测量不确定度包括由系统影响引起的分量，如与修正量和测量标准所赋量值有关的分量及定义的不确定度。有时对估计的系统影响未做修正，而是当作测量不确定度分量处理。

2. 此参数可以是诸如称为标准测量不确定度的标准偏差（或其特定倍数），或是说明了包含概率的区间半宽度。

3. 测量不确定度一般由若干分量组成。其中一些分量可根据一系列测量值的统计分布，按测量不确定度的 A 类评定进行评定，并可用标准偏差表征。而另一些分量则可根据基于经验或其他信息所获得的概率密度函数，按测量不确定度的 B 类评定进行评定，也用标准偏差表征。

4. 通常，对于一组给定的信息，测量不确定度是相应于所赋予被测量的值的。该值的改变将导致相应的测量不确定度的改变。

5. 本定义是按 2007 版 VIM 给出的。而 GUM 中的定义是：表征合理地赋予被测量之值的分散性，与测量结果相联系的参数。

测量不确定度从词义上理解，意味着对测量结果可信性、有效性的怀疑程度或不肯定程度，是定量说明测量结果的质量的一个参数。实际上由于测量技术不完善和人们的认识不足，所得的被测量值具有分散性，即每次测得的结果不是同一数值，而是以一定的概率分散在某个区域内的许多个数值。虽然客观存在的系统误差是一个不变值，但由于我们不能完全认知或掌握，只能认为它是以某种概率分布存在于某个区域内，而这种概率分布本身也具有分散性。测量不确定度就是说明被测量之值分散性的参数，它不说明测量结果是否接近真值。

在实践中，测量不确定度可能来源于以下 10 个方面：

①被测量定义的不完整；

②复现被测量的测量方法不理想；

③取样的代表性不够，即被测样本不能代表所定义的被测量；

④对测量过程中受环境影响的认识不恰如其分或对环境参数的测量与控制不完善；

⑤对模拟式仪器的读数存在人为偏移；

⑥测量仪器的计量性能（如最大允许测量误差、测量系统的灵敏度、鉴别阈、分辨力、死区及测量仪器稳定性等）的局限性导致的测量不确定度，即导致仪器的测量不确定度；

⑦测量标准或标准物质提供的量值的测量不确定度；

⑧引用的数据或其他参数的测量不确定度；

⑨测量方法和测量程序的近似和假设；

⑩在相同条件下被测量在重复观测中的变化。

由此可见，测量不确定度一般来源于随机性和模糊性，前者归因于条件不充分，后者归因于事物本身概念不明确。这就使得测量不确定度一般由许多分量组成，其中一些分量可以用测量结果（观测值）的统计分布来进行估算，并且以实验标准偏差表征；而另一些分量可以用其他方法（根据经验或其他信息的假定概率分布）来进行估算，并且也以标准偏差表征。所有这些分量，应理解为都贡献给了分散性。若需要表示某分量是由某原因导致时，可以用随机影响导致的测量不确定度和系统影响导致的测量不确定度，而不要用“随机不确定度”和“系统不确定度”这两个已过时或淘汰的术语。例如：由修正值和计量标准带来的测量不确定度分量，可以称之为系统影响导致的测量不确定度。

在测量不确定度的发展过程中，人们从传统上理解它是“表征（或说明）被测量真值所处范围的一个估计值（或参数）”；也有一段时期它被理解为“由测量结果给出的被测量估计值的可能误差的度量”。这些曾经使用过的定义，从概念上来说是一个发展和演变过程，它们涉及被测量真值和测量误差这两个理想化的或理论上的概念（实际上是难以操作的未知量），而可以具体操作的则是现定义中测量结果的变化，即被测量之值的分散性。

1.3.19 标准不确定度

标准不确定度（全称标准测量不确定度）：以标准偏差表示的测量不确定度。

标准测量不确定度用符号 u 表示，它不是指由测量标准引起的测量不确定度，而是指测量不确定度以标准偏差表示，来表征被测量之值的分散性。

测量结果的测量不确定度往往由许多原因引起，对每个测量不确定度来源评定的标准偏差，称为标准测量不确定度分量，用符号 u_i 表示。对这些标准测量不确定度分量有两类评定方法，即测量不确定度的 A 类评定和测量不确定度的 B 类评定。

1.3.20 测量不确定度的 A 类评定

测量不确定度的 A 类评定（简称 A 类评定）：对在规定测量条件下测得的量值用统计分析的方法进行的测量不确定度分量的评定。

注：规定测量条件是指重复性测量条件、期间精密度测量条件或复现性测量条件。

这里的统计分析方法，是指根据随机取出的测量样本中所获得的信息，来推断关于总体性质的方法。例如：在重复性条件或复现性条件下的任何一个测得值，可以看作是无限多次测得值（总体）的一个样本，通过有限次数的测得值（有限的随机样本）所获得的信息（诸如平均值 $\bar{x}$、实验标准偏差 s）来推断总体的平均值（即总体均值 μ 或分布的期望值）以及总体标准偏差 σ，就是所谓的统计分析方法之一。

1.3.21 测量不确定度的B类评定

测量不确定度的B类评定（简称B类评定）：用不同于测量不确定度A类评定的方法对测量不确定度分量进行的评定。

例：测量不确定度的B类评定基于以下信息：权威机构发布的量值、有证标准物质的量值、校准证书、仪器的漂移、经检定的测量仪器的准确度等级、根据人员经验推断的极限值等。

1.3.22 合成标准不确定度

合成标准不确定度（全称合成标准测量不确定度）：由在一个测量模型中各输入量的标准测量不确定度获得的输出量的标准测量不确定度。

注：在测量模型中的输入量相关的情况下，当计算合成标准测量不确定度时必须考虑协方差。

合成标准测量不确定度是测量结果标准偏差的估计值，用符号 u_c 表示。

方差是标准偏差的平方，协方差是相关性导致的方差。当两个被测量的估计值具有相同的测量不确定度来源，特别是受到相同的系统影响（例如使用了同一台标准器）时，它们之间即存在着相关性。如果两个估计值都偏大或都偏小，称为正相关；如果一个偏大而另一个偏小，则称为负相关。由这种相关性所导致的方差，即为协方差。显然，计入协方差会扩大合成标准测量不确定度，协方差的计算既有属于A类评定的，也有属于B类评定的。人们往往通过改变测量程序来避免发生相关性，或者使协方差减小到可以忽略的程度，例如通过改变所使用的同一台标准器等。

合成标准测量不确定度仍然是标准偏差，它表征了测量结果的分散性。合成的方法，常被称为“不确定度传播律”，而传播系数又被称为灵敏系数。

1.3.23 相对标准不确定度

相对标准不确定度（全称相对标准测量不确定度）：标准测量不确定度除以测得值的绝对值。

1.3.24 定义的不确定度

定义的不确定度：由于被测量定义中细节量有限所引起的测量不确定度分量。

注：

1. 定义的不确定度是在任何给定被测量的测量中实际可达到的最小测量不确定度。
2. 所描述细节中的任何改变导致另一个定义的不确定度。

1.3.25 不确定度报告

不确定度报告：对测量不确定度的陈述，包括测量不确定度的分量及其计算和合成。

注：不确定度报告应该包括测量模型、估计值、测量模型中与各个量相关联的测量不确定度、协方差、所用的概率密度分布函数的类型、自由度、测量不确定度的评定类型和包含因子。

1.3.26 目标不确定度

目标不确定度（全称目标测量不确定度）：根据测量结果的预期用途，规定作为上限的测量不确定度。

1.3.27 扩展不确定度

扩展不确定度（全称扩展测量不确定度）：合成标准测量不确定度与一个大于1的数字因子的乘积。

注：该因子取决于测量模型中输出量的概率分布类型及所选取的包含概率。本定义中术语“因子”是指包含因子。

实际上扩展测量不确定度是由合成标准测量不确定度的倍数表示的测量不确定度，通常用符号 U 表示。它是将合成标准测量不确定度扩展了 k 倍得到的，即 $U=ku_c$。

扩展测量不确定度是测量结果的取值区间的半宽度，可期望该区间包含了被测量之值分布的大部分。而测量结果的取值区间在被测量值概率分布中所包含的百分数，被称为该区间的包含概率，用符号 p 表示。这时扩展测量不确定度用符号 U_p 表示，它给出的区间能包含被测量可能值的大部分（比如95%或99%等）。

当合理赋予的被测量之值的分散区间理应包含全部的测得值，即100%地包含于区间内时，此区间的半宽通常用符号 a 表示。若要求其中包含95%的被测量之值，则此区间称为概率为 $p=95\%$ 的包含区间，其半宽就是扩展测量不确定度 U_{95}；类似地，若要求99%的概率，则半宽为 U_{99}。显然，在上面列举的3个半宽之间存在着 $U_{95}<U_{99}<a$ 的关系，至于具体小多少或大多少，还与赋予被测量之值的分布情况有关。

1.3.28 包含因子

包含因子：为求得扩展测量不确定度，对合成标准测量不确定度所乘的大于1的数。

注：包含因子通常用符号 k 表示。

包含因子的取值决定了扩展测量不确定度的包含概率。包含因子等于扩展测量不确定度与合成标准测量不确定度之比。鉴于扩展测量不确定度有 U 与 U_p 两种表示方式，包含因子也有 k 与 k_p 两种表示方式，它们在称呼上并无区别，但在使用时 k 一般为2，而 k_p 则为给定包含概率 p 所要求的数字因子，对于相同的包含概率，不同分布对应的包含因子是不同的，参见第7章表7-10。在被测量估计值接近于正态分布的情况下，k_p 就是 t 分布（学生分布）中的 t 值。评定扩展测量不确定度 U_p 时，已知 p 与自由度 ν，即可查表得到 k_p，进而求得 U_p，参见第7章表7-5。

1.3.29 包含区间

包含区间：基于可获得的信息确定的包含被测量一组值的区间，被测量值以一定概率落在该区间内。

注：

1. 包含区间不一定以所选的测得值为中心。
2. 不应把包含区间称为置信区间，以避免与统计学概念混淆。
3. 包含区间可由扩展测量不确定度导出。

1.3.30 包含概率

包含概率：在规定的包含区间内包含被测量的一组值的概率。

注：

1. 为避免与统计学概念混淆，不应把包含概率称为置信水平。
2. 在 GUM 中包含概率又称“置信的水平”。
3. 包含概率替代了曾经使用过的“置信水准”。

1.3.31 测量模型

测量模型（简称模型）：测量中涉及的所有已知量间的数学关系。

注：

1. 测量模型的通用形式是方程：$h(Y, X_1, \cdots, X_n)=0$，其中测量模型中的输出量 Y 是被测量，其量值由测量模型中输入量 X_1，…，X_n 的有关信息推导得到。
2. 在有两个或多个输出量的较复杂情况下，测量模型包含一个以上的方程。

1.3.32 测量函数

测量函数：在测量模型中，由输入量的已知量值计算得到的值是输出量的测得值时，输入量与输出量之间量的函数关系。

注：

1. 如果测量模型 $h(Y, X_1, \cdots, X_n)=0$ 可明确地写成 $Y=f(X_1, \cdots, X_n)$，其中 Y 是测量模型中的输出量，则函数 f 是测量函数。更通俗地说，f 是一个算法符号，算出与输入量 x_1，…，x_n 相应的唯一的输出量值 $y=f(x_1, \cdots, x_n)$。
2. 测量函数也用于计算测得值 Y 的测量不确定度。

1.3.33 测量模型中的输入量

测量模型中的输入量（简称输入量）：为计算被测量的测得值而必须测量的，或其值可用其他方式获得的量。

例：当被测量是在规定温度下某钢棒的长度时，则实际温度、在实际温度下的长度以及该棒的线热膨胀系数，为测量模型中的输入量。

注：测量模型中的输入量往往是某个测量系统的输出量。示值、修正值和影响量可以是一个测量模型中的输入量。

1.3.34 测量模型中的输出量

测量模型中的输出量（简称输出量）：用测量模型中输入量的值计算得到的测得值的量。

1.3.35 测量结果的计量可比性

测量结果的计量可比性（简称计量可比性）：对于可计量溯源到相同参照对象的某类量，其测量结果间可比较的特性。

例：测量从地球到月球的距离及从巴黎到伦敦的距离，当两者都计量溯源到相同的测量单位（米）时，其测量结果是计量可比的。

注：

1. 本定义中的参照对象可以是实际实现的测量单位的定义，或包括无序量测量单位的测量程序，或测量标准。

2. 测量结果的计量可比性不必要求被比较的测得值及其测量不确定度在同一数量级上。

1.3.36 测量结果的计量兼容性

测量结果的计量兼容性（简称计量兼容性）：规定的被测量的一组测量结果的特性，该特性为两个不同测量结果的任何一对测得值之差的绝对值小于该差值的标准测量不确定度的某个选定倍数。

注：

1. 当它作为判断两个测量结果是否归于同一被测量的判据时，测量结果的计量兼容性代替了传统的“落在误差内”的概念。如果在认为被测量不变的一组测量中，一个测量结果与其他结果不兼容，既可能是测量不正确（如其评定的测量不确定度太小），也可能是在测量期间被测量发生了变化。

2. 测量间的相关性影响测量结果的计量兼容性，若测量完全不相关，则该差值的标准测量不确定度等于其各自标准测量不确定度的方和根值；当协方差为正时，小于此值；协方差为负时，大于此值。

1.3.37 自由度

自由度：在方差计算中，和的项数减去对和的限制数。

注：

1. 在重复性条件下，用 n 次独立测量确定一个被测量时，所得的样本方差为（$v_1^2+v_2^2+\cdots+v_n^2$）/（$n-1$），其中 v_i 为残余误差：$v_1=x_1-\overline{x}$，$v_2=x_2-\overline{x}$，…，$v_n=x_n-\overline{x}$。因此，和的项数即为残余误差的个数 n，而$\sum v_i=0$，是一个约束条件，即限制数为 1。由此可得自由度 $\nu=n-1$。

2. 当测量所得 n 组数据按最小二乘法拟合的校准曲线确定 t 个被测量时，自由度 $\nu=n-t$。如果另有 m 个约束条件，则自由度 $\nu=n-t-m$。

3. 自由度反映相应实验标准偏差的可靠程度，用贝塞尔公式计算实验标准偏差 s 时，s 的相对标准偏差为：$\sigma(s)/s=1/\sqrt{2\nu}$。若测量次数为 10，则 $\nu=9$，表明估计的 s 的相对标准偏差约为 0.24，可靠程度达 76%。

4. 合成标准测量不确定度 $u_c(y)$ 的自由度，称为有效自由度 ν_{eff}，用于在评定扩展测量不确定度 U_p 时求得包含因子 k_p。

1.4 测量仪器

1.4.1 测量仪器

测量仪器（又称计量器具）：单独或与一个或多个辅助设备组合，用于进行测量的装置。

注：

1. 一台可单独使用的测量仪器是一个测量系统。

2. 测量仪器可以是指示式测量仪器，也可以是实物量具。

测量仪器在我国有关计量法律、法规或人们习惯中通常称为计量器具，计量器具是测量仪器的同义语，实际上一般统称为测量仪器。测量仪器在计量工作中具有相当重要的作用，全国量值的统一首先反映在测量仪器的准确和一致上，所以测量仪器是计量部门加强监督管理的主要对象，也是计量部门提供计量保证的技术基础。

测量仪器是用来测量并能得到被测对象确切量值的一种技术工具或装置。为了达到测量的预定要求，测量仪器必须具有符合规范要求的计量学特性，能以规定的准确度复现、保存并传递计量单位的量值。测量仪器的特点是：①用于测量；②为了确定被测对象的量值；③本身是可以单独地或连同辅助设备一起的一种技术工具或装置。如体温计、水表、燃气表、直尺、度盘秤等均可以单独地用来完成某项测量，获得被测对象的量值；另一些测量仪器，如砝码、热电偶、标准电阻等，则需与其他测量仪器和（或）辅助设备一起使用才能完成测量，从而确定被测对象的量值。正确地理解测量仪器的概念，有利于科学合理地确定计量管理所包含的范围。任何物体和现象都可以反映某种量值的大小，但其并不都是测量仪器，判定原则主要是看其是否用于测量目的，是否能得到被测量值的大小。如一台恒温油槽或一台烘箱，它可以反映温度的量值，但它并不是测量仪器，因为它只是一种获得一定温度场的装置，它并不用于测量温度，而在恒温油槽和烘箱上控制用的温度计才是测量仪器。又如一组砝码、一个带有刻度的量杯、某一定值的标准物质，它们都反映了确切的量值，因为它们均用于测量目的，通过测量从而获得被测对象量值的大小，所以它们均为测量仪器。

测量仪器（计量器具）是一个统称。如测量仪器按其计量学用途或在统一单位量值中的作用，可分为计量基准、计量标准和工作计量器具；按其结构和功能特点，测量仪器可分为实物量具、测量用仪器仪表、标准物质和测量系统（或装置）；也可以按输出形式、测量原理和方法、特定用途、准确度等级等特性进行分类。

1.4.2 指示式测量仪器

指示式测量仪器：提供带有被测量量值信息的输出信号的测量仪器。

例：电压表、测微仪、温度计、电子天平。

注：指示式测量仪器可以提供其示值的记录。输出信号能以可视形式或声响形式表示，也可传输到一个或多个其他装置。

1.4.3 显示式测量仪器

显示式测量仪器：输出信号以可视形式表示的指示式测量仪器。

1.4.4 实物量具

实物量具：具有所赋量值，使用时以固定形态复现或提供一个或多个量值的测量仪器。

例：标准砝码、容积量器（提供单个或多个量值，带或不带量的标尺）、标准电阻器、线纹尺、量块、标准信号发生器、有证标准物质。

注：实物量具的示值是其所赋的量值。实物量具可以是测量标准。

实物量具的主要特性是能复现或提供某个量的已知量值。上述定义中的“固定形态”应理解为实物量具是一种实物，它应具有恒定的物理化学状态，以保证实物量具在使用时能确定地复现并保持已知量值，获得已知量值的方式可以是复现的也可以是提供的，如砝码是实物量具，它本身的已知值就是复现了一个质量单位量值的实物；如信号发生器是一种实物量具，但它本身只是一种提供多个已知量值作为供给量的输出。已知量值应理解为量的测量单位、数值及其测量不确定度均为已知。可见实物量具的特点是：

①本身直接复现或提供了单位量值，即实物量具的示值就是单位量值的实际大小，如量块、线纹尺本身就复现了长度单位量值。

②在结构上一般没有测量机构，如砝码、标准电阻只是复现单位量值的一个实物。

③由于没有测量机构，在一般情况下，如不依赖其他配用的测量仪器，就不能直接测量出被测量值，如砝码要配用天平，量块要配用干涉仪、光学计才能测出其量值。因此，实物量具往往是一种被动式测量仪器。

实物量具按其复现或提供的量值可以分为单值实物量具，如量块、标准电池、砝码等不带标尺；多值实物量具，如线纹尺、电阻箱等带有标尺，多值实物量具也包含成套实物量具，如砝码组、量块组等。实物量具从工作方式可分为从属实物量具和独立实物量具，必须借助其他测量仪器才能进行测量的实物量具，称为从属实物量具，如砝码只有借助天平或质量比较仪才能进行质量的测量；不必借助其他测量仪器即可进行测量的称为独立实物量具，如尺子、量器等。

必须注意实物量具和一般测量仪器的区别，实物量具本身复现或提供的是已知量值，即给定量就是其量值的实际大小，而一般测量仪器所指示的量值往往是一种等效信息，如体温计所指示的温度自身并不能提供一个实际温度值，而只是一种等效信息。可见千分尺、游标卡尺、百分表，虽然社会上习惯称之为“通用量具”，但按定义它们并不是实物量具。

1.4.5 测量设备

测量设备：为实现测量过程所必需的测量仪器、软件、测量标准、标准物质、辅助设备或其组合。

1.4.6 测量系统

测量系统：一套组装的并适用于特定量在规定区间内给出测得值信息的一台或多台测量仪器，通常还包括其他装置，诸如试剂和电源。

注：一个测量系统可以仅包括一台测量仪器。

1.4.7 测量传感器

测量传感器：用于测量的，提供与输入量有确定关系的输出量的器件或器具。

例：热电偶、电流互感器、应变片、pH 电极、波登管、双金属片。

1.4.8 敏感器

敏感器：测量系统中直接受带有被测量的现象、物体或物质作用的测量系统的元件。

例：铂电阻温度计的敏感线圈、涡轮流量计的转子、压力表的波登管、液面测量仪的浮子、光谱光度计的光电池、随温度而改变颜色的热致液晶。

注：在某些领域，此概念用术语“检测器”表示。

1.4.9 检测器

检测器：当超过关联量的阈值时，指示存在某现象、物体或物质的装置或物质。

例：卤素检漏器、石蕊试纸。

注：在某些领域，此术语表示“敏感器”的概念。在化学领域，此概念常用术语“指示器”表示。

1.4.10 测量链

测量链：从敏感器到输出单元构成的单一信号通道测量系统中的单元系列。

例：

1. 由传声器、衰减器、滤波器、放大器和电压表构成的电声测量链。
2. 由波登管、杠杆系统、两个齿轮和机械刻度盘构成的机械测量链。

1.4.11 显示器

显示器：测量仪器显示示值的部件。

1.4.12 记录器

记录器：提供示值记录的测量仪器部件。

1.4.13 指示器

指示器：根据相对于标尺标记的位置即可确定示值的，显示单元中固定的或可动的部件。

例：指针、光点、液面、记录笔。

1.4.14 测量仪器的标尺

测量仪器的标尺（简称标尺）：测量仪器显示单元的部件，由一组有序的带数码的标记构成。

注：这些标记称为标尺标记。

1.4.15 标尺长度

标尺长度：在给定标尺上，始末两条标尺标记之间且通过全部最短标尺标记各中点的光滑连线的长度。

注：此线可以是实线或虚线，曲线或直线。标尺长度用长度单位表示，而不论被测量的单位或标在标尺上的单位如何。

1.4.16 标尺分度

标尺分度：标尺上任何两相邻标尺标记之间的部分。

1.4.17 标尺间距

标尺间距：沿着标尺长度的同一条线测得的两相邻标尺标记间的距离。

注：标尺间距用长度单位表示，而与被测量的单位和标在标尺上的单位无关。

1.4.18 标尺间隔

标尺间隔（又称分度值）：对应两相邻标尺标记的两个值之差。

注：标尺间隔用标在标尺上的单位表示。

1.5 测量仪器的特性

1.5.1 示值

示值：由测量仪器或测量系统给出的量值。

注：

1. 示值可用可视形式或声响形式表示，也可传输到其他装置。示值通常由模拟输出显示器上指示的位置、数字输出所显示或打印的数字、编码输出的码形图、实物量具的赋值给出。
2. 示值与相应的被测量值不必是同类量的值。

1.5.2 空白示值

空白示值（又称本底示值）：假定所关注的量不存在或对示值没有贡献，而从类似于被研究的量的现象、物体或物质中所获得的示值。

1.5.3 示值区间

示值区间：极限示值界限内的一组量值。

注：

1. 示值区间可以用标在显示装置上的单位表示，例如：99 V～201 V。
2. 在某些领域中，示值区间也称“示值范围”。

1.5.4 标称量值

标称量值（简称标称值）：测量仪器或测量系统特征量的经化整的值或近似值，以便为适当使用提供指导。

例：标在标准电阻器上的标称量值：100 Ω；标在单刻度量杯上的量值：1 000 mL；盐酸溶液 HCl 的物质的量浓度：0.1 mol/L；恒温箱的温度：－20 ℃。

注：“标称量值”和“标称值”不要和“标称特性值”相混淆。

通常标称值是对实物量具而言，以固定形态复现或提供给定量的那个值。这个值经修约取整，往往是通过标准器对比所确定的量值的近似值。它可以表明实物量具的特性或指导其使用。例如标在标准电阻上的量值 100 Ω，标在砝码上的量值 10 g，标在单刻度量杯上的量值 1 L，标在量块上的量值 100 mm，该标称值就是实物量具本身所复现的量值。示值的概念是广义的，对于实物量具而言，示值就是它所标出的值，即标称值。但这二者仍是有区别的，示值是指测量仪器所显示（或指示）的量值，标称值是指测量仪器上表明其特性或指导其使用的量值，示值的概念如应用于实物量具，则实物量具的标称值就是示值。

1.5.5 标称示值区间

标称示值区间（简称标称区间）：当测量仪器或测量系统调节到特定位置时获得并用于指明该位置的、由可修约或近似的极限示值所界定的一组量值。

注：

1. 标称示值区间通常以它的最小和最大量值表示，例如 100 V～200 V。
2. 在某些领域，标称示值区间也称“标称范围”。
3. 在我国，标称示值区间也简称“量程”。

1.5.6 标称示值区间的量程

标称示值区间的量程：标称示值区间的两极限量值之差的绝对值。

例：对－10 V～＋10 V 的标称示值区间，其标称示值区间的量程为 20 V。

1.5.7 测量区间

测量区间（又称工作区间）：在规定条件下，由具有一定的仪器的测量不确定度的测量仪器或测量系统能够测量出的一组同类量的量值。

注：

1. 在某些领域，测量区间也称“测量范围”或“工作范围”。
2. 测量区间的下限不应与检测限相混淆。

1.5.8 稳态工作条件

稳态工作条件：为使由校准所建立的关系保持有效，测量仪器或测量系统的工作条件，即使被测量随时间变化。

1.5.9 额定工作条件

额定工作条件：为使测量仪器或测量系统按设计性能工作，在测量时必须满足的工作条件。

注：额定工作条件通常要规定被测量和影响量的量值区间。

额定工作条件就是指测量仪器的正常工作条件。额定工作条件一般要规定被测量和影响量的范围或额定值，只有在规定的范围和额定值下使用，测量仪器才能满足规定的计量特性或规定的示值允许误差，满足规定的正常使用要求。有的测量仪器其影响量的变化对计量特性具有较大的影响，随着影响量的变化会增大测量仪器的附加误差，则还需要规定影响量如温度、湿度、振动等的范围和额定值的要求。通常在仪器使用说明书中对这些内容应做出规定。在使用测量仪器时弄清额定工作条件十分重要，只有满足这些条件时，才能保证测量仪器的测量结果准确和可靠。当然在额定工作条件下，测量仪器的计量特性仍会随着测量或影响量的变化而变化，但此时变化量的影响，仍能保证测量仪器在规定的允许误差极限内。

1.5.10 极限工作条件

极限工作条件：为使测量仪器或测量系统所规定的计量特性不受损害也不降低，其后仍可在额定工作条件下工作，所能承受的极端工作条件。

注：储存、运输和运行的极限工作条件可以不同。极限工作条件可包括被测量和影响量的极限值。

极限工作条件是指测量仪器能承受的极端工作条件。极限工作条件应规定被测量和影响量的极限值。例如有些测量仪器可以进行测量上限10%的超载试验；有的允许在包装条件下进行振动的试验；有的考虑到运输、储存和运行的条件，如进行－40 ℃～＋50 ℃的温度试验或相对湿度为95%以上的湿度试验，这些都属于测量仪器的极限工作条件。在经受极限工作条件后，测量仪器在规定的正常工作条件使用仍能保持其规定的计量特性而不受影响和损坏。通常测量仪器所进行的型式试验中，有些试验项目就属于是一种极端工作条件下对测量仪器的考核。

1.5.11 参考工作条件

参考工作条件（简称参考条件）：为测量仪器或测量系统的性能评价或测量结果的相互比较而规定的工作条件。

注：

1. 参考条件通常规定了被测量和影响量的量值区间。
2. 在 IEC 60050－300 第 311－06－02 条款中，术语“参考条件”是指仪器测量不确定度为最小可能值时的工作条件。

参考工作条件是指测量仪器在性能试验或进行检定、校准、比对时的工作条件。参考工作条件就是标准工作条件（简称标准条件）。测量仪器具有其本身的基本计量特性，如准确度、测量仪器的最大允许测量误差等，而这种特性是在有影响量的影响下考核其本身的性能，所以其工作条件应规定得更为严格，应对包括作用于测量仪器的影响量的参考量值或参考范围做出明确规定。只有这样，才能真正反映测量仪器的计量性能和保证测量结果可比性。

开展检定、校准、试验工作，通常参考工作条件就是计量检定规程或校准规范中规定的工作条件，当然不同的测量仪器具有不同的要求。测量仪器的基本计量性能就是这种标准工作条件下所确定的。

1.5.12 测量系统的灵敏度

测量系统的灵敏度（简称灵敏度）：测量系统的示值变化除以相应的被测量值变化所得的商。

注：

1. 测量系统的灵敏度可能与被测量的量值有关。
2. 所考虑的被测量值的变化必须大于测量系统的分辨力。

1.5.13 测量系统的选择性

测量系统的选择性（简称选择性）：测量系统按规定的测量程序使用并提供一个或

多个被测量的测得值时，使每个被测量的值与其他被测量或所研究的现象、物体或物质中的其他量无关的特性。

例：

1. 含质谱仪的测量系统在测量由两种指定化合物产生的离子流比时，具有不会被其他指定的电流源干扰的能力；

2. 测量系统测量给定频率下某信号分量的功率，具有不会受到诸多其他信号分量或其他频率信号干扰的能力；

3. 由于经常会有与所要信号频率略有不同的频率存在，接收机具有区分所要信号和不要信号的能力；

4. 存在伴生辐射情况下，电离辐射测量系统具有对被测的给定辐射的反应能力；

5. 测量系统用某种程序测量血浆中肌氨酸尿的物质的量浓度时，具有不受葡萄糖、尿酸盐、酮和蛋白质影响的能力；

6. 质谱仪测量地质矿中^{28}Si同位素和^{30}Si同位素的物质的量时，具有不受两者间的影响或来自^{29}Si同位素影响的能力。

1.5.14　分辨力

分辨力：引起相应示值产生可觉察到变化的被测量的最小变化。

注：分辨力可能与诸如噪声（内部或外部的）或摩擦有关，也可能与被测量的值有关。

1.5.15　显示装置的分辨力

显示装置的分辨力：能有效辨别的显示示值间的最小差值。

1.5.16　鉴别阈

鉴别阈：引起相应示值不可检测到变化的被测量值的最大变化。

注：鉴别阈可能与诸如噪声（内部或外部的）或摩擦有关，也可能与被测量的值及其变化是如何施加的有关。

1.5.17　死区

死区：当被测量值双向变化时，相应示值不产生可检测到的变化的最大区间。

注：死区可能与变化速率有关。

1.5.18　测量仪器的稳定性

测量仪器的稳定性（简称稳定性）：测量仪器保持其计量特性随时间恒定的能力。

注：稳定性可用几种方式量化。

例：

1. 用计量特性变化到某个规定的量所经过的时间间隔表示；

2. 用特性在规定时间间隔内发生的变化表示。

通常测量仪器的稳定性是指测量仪器的计量特性随时间不变化的能力。若测量仪器的稳定性不是对时间而言，而是对其他量而言，则应该明确说明。测量仪器的稳定性可以进行定量的表征，主要是确定计量特性随时间变化的关系。通常可以用以下两种方式：用计量特性变化某个规定的量所需经过的时间，或用计量特性经过规定的时间所发生的变化量来进行定量表示。例如：对于标准电池，对其长期稳定性（电动势的年变化幅度）和短期稳定性（3～5 天内电动势变化幅度）均有明确的要求；量块尺寸的稳定性，以其规定的长度每年允许的最大变化量（微米/年）来进行考核，上述测量仪器的稳定性指标均是划分准确度等级的重要依据。再如电子式标准电能表在检定周期内基本误差改变量的绝对值不超过基本误差限的绝对值，在 24 h 内基本误差改变量的绝对值不超过基本误差限的绝对值的 1/5。

对于测量仪器，尤其是基准、测量标准或某些实物量具，测量仪器的稳定性是其重要的计量性能之一，示值的稳定是保证量值准确的基础。测量仪器产生不稳定的因素很多，主要原因是元器件的老化、零部件的磨损，以及使用、贮存、维护工作不细致等所致。测量仪器进行的周期检定或校准，就是对其稳定性的一种考核。测量仪器的稳定性也是科学合理地确定检定周期的重要依据之一。

在 JJF 1033 中计量标准的稳定性的定义：计量标准保持其计量特性随时间恒定的能力。

1.5.19 仪器偏移

仪器偏移：重复测量示值的平均值减去参考量值。

1.5.20 仪器漂移

仪器漂移：由于测量仪器计量特性的变化引起的示值在一段时间内的连续或增量变化。

注：仪器漂移既与被测量的变化无关，也与任何认识到的影响量的变化无关。

1.5.21 影响量引起的变差

影响量引起的变差：当影响量依次呈现两个不同的量值时，给定被测量的示值差或实物量具提供的量值差。

1.5.22 阶跃响应时间

阶跃响应时间：测量仪器或测量系统的输入量值在两个规定常量值之间发生突然变化的瞬间，到与相应示值达到其最终稳定值的规定极限内时的瞬间，这两者间的持续时间。

1.5.23 仪器的测量不确定度

仪器的测量不确定度：由所用的测量仪器或测量系统引起的测量不确定度的分量。

注：

1. 除原级测量标准采用其他方法外，仪器的测量不确定度通过对测量仪器或测量系统校准得到。
2. 仪器的测量不确定度通常按 B 类测量不确定度评定。
3. 对仪器的测量不确定度的有关信息可在仪器说明书中给出。

1.5.24 零的测量不确定度

零的测量不确定度：测得值为零时的测量不确定度。

注：

1. 零的测量不确定度与零位或接近零的示值有关，它包含被测量小到不知是否能检测的区间或仅由噪声引起的测量仪器的示值区间。

2. 零的测量不确定度的概念也适用于当对样品与空白进行测量并获得差值时。

1.5.25 准确度等级

准确度等级：在规定工作条件下，符合规定的计量要求，使测量误差或仪器的测量不确定度保持在规定极限内的测量仪器或测量系统的等别或级别。

注：

1. 准确度等级通常用约定采用的数字或符号表示。

2. 准确度等级也适用于实物量具。

1.5.26 最大允许测量误差

最大允许测量误差（简称最大允许误差，又称误差限）：对给定的测量、测量仪器或测量系统，由规范或规程所允许的，相对于已知参考量值的测量误差的极限值。

注：

1. 通常，术语“最大允许误差”或“误差限”是用在有两个极端值的场合。

2. 不应该用术语“容差”表示“最大允许误差”。

最大允许误差是指在规定的参考条件下，测量仪器在技术标准、计量检定规程等技术规范上所规定的允许误差的极限值，即测量仪器各计量性能所要求的最大允许误差值。最大允许误差可用绝对误差、相对误差或引用误差等来表述。

例如：测量范围为25 ℃～50 ℃的分度值为0.05 ℃的一等标准水银温度计，其示值的最大允许误差为±0.10 ℃；准确度等级为1级的配热电阻测温用动圈式测量仪表，其测量范围为0 ℃～500 ℃，是用引用误差表述，则其示值的最大允许误差为±500 ℃×1.0%=±5 ℃；非连续累计自动衡器（料斗秤）在物料试验中，对自动称量误差的评定是以累计载荷质量的百分比相对误差进行计算，准确度等级分别为0.2级、0.5级的其首次检定自动称量误差不得超过累计载荷质量的±0.10%和±0.25%。最大允许误差是评定测量仪器是否合格的最主要指标之一，当然它也直接反映了测量仪器的准确度。

在JJF 1033中计量标准的最大允许误差的定义：对给定的计量标准，由规范或规程所允许的，相对于已知参考量值的测量误差的极限值。

1.5.27 示值误差

示值误差：测量仪器示值与对应输入量的参考量值之差。

1.5.28 基值测量误差

基值测量误差（简称基值误差）：在规定的测得值上测量仪器或测量系统的误差。

1.5.29 零值误差

零值误差：测得值为零值时的基值测量误差。

注：零值误差不应与没有测量误差相混淆。

1.5.30 基本误差

基本误差（又称固有误差）：在参考条件下确定的测量仪器或测量系统的误差。

基本误差强调的是测量仪器或测量系统在参考条件下的误差。其主要来源于测量仪器自身的缺陷，如仪器的结构、原理、使用、安装、测量方法及其测量标准传递等造成的误差。基本误差的大小直接反映了该测量仪器的准确度。一般基本误差都是对示值误差而言，因此基本误差是测量仪器划分准确度的重要依据。测量仪器的最大允许误差就是测量仪器在参考条件下，反映测量仪器自身存在的所允许的基本误差极限值。

基本误差这一术语是相对于附加误差而言的。附加误差就是测量仪器在非标准条件下所增加的误差。额定工作条件、极限工作条件等都属于非标准条件。测量仪器在非标准条件下工作的误差，必然会比参考条件下的固有误差要大一些，这个增加的部分就是附加误差。它主要是由于影响量超出参考条件规定的范围，对测量仪器带来影响所增加的误差，即属于外界因素所造成的误差。因此，测量仪器使用时与检定、校准时因环境条件不同而引起的误差，就是附加误差；测量仪器在静态条件下检定、校准，而在实际动态条件下使用，则也会引起附加误差。

正确区别和理解示值误差、最大允许误差和基本误差之间的关系很重要。对测量仪器本身而言，最大允许误差是指技术规范（如标准、检定规程）所规定的允许的误差极限值，是判定是否合格的一个规定要求；而示值误差是测量仪器某一示值其误差的实际大小，其中并没有规定条件；基本误差是特指在参考条件下，通过检定、校准所得到的一个值，可以评价是否满足最大允许误差的要求，从而判断该测量仪器是否合格，或根据实际需要提供修正值，以提高测量仪器的准确度。

1.5.31 引用误差

引用误差：测量仪器或测量系统的误差除以仪器的特定值。

注：该特定值一般称为引用值，例如，可以是测量仪器的量程或标称范围的上限。

1.6 测量标准

1.6.1 测量标准

测量标准：有确定的量值和相关联的测量不确定度，实现给定量定义的参照对象。

例：

1. 具有标准测量不确定度为 3 μg 的 1 kg 质量测量标准；
2. 具有标准测量不确定度为 5 μΩ 的 100 Ω 测量标准电阻器；
3. 具有相对标准测量不确定度为 2×10^{-15} 的铯频率标准；
4. 提供具有测量不确定度的量值的有证标准物质。

注：

1. 在我国，测量标准按其用途分为计量基准和计量标准。

2. 给定量的定义可通过测量系统、实物量具或有证标准物质复现。

3. 测量标准经常作为参照对象用于为其他同类量确定量值及其测量不确定度。通过其他测量标准、测量仪器或测量系统对其进行校准，确立其测量溯源性。

4. 这里所用的“实现”是按一般意义说的。“实现”有三种方式：一是根据定义，物理实现测量单位，这是严格意义上的实现；二是基于物理现象建立可高度复现的测量标准，它不是根据定义实现的测量单位，所以称“复现”，如使用稳频激光器建立米的测量标准，利用约瑟夫森效应建立伏特测量标准或利用霍尔效应建立欧姆测量标准；三是采用实物量具作为测量标准，如 1 kg 的质量测量标准。

5. 测量标准的标准测量不确定度是用该测量标准获得的测量结果的合成标准测量不确定度的一个分量。

6. 量值及其测量不确定度必须在测量标准使用的当时确定。

7. 几个同类量或不同类量可由一个装置实现，该装置通常也称测量标准。

8. 术语“测量标准”有时用于表示其他计量工具，例如“软件测量标准”（见 ISO 5436－2）。

测量标准是计量基准和计量标准的统称。在我国，测量标准明确地分计量基准、计量标准两大类，二者的地位和作用在《中华人民共和国计量法》（以下简称《计量法》）中已分别阐明。在 JJF 1033 中，计量标准约定由计量标准器及配套设备组成。我国的计量标准，按其法律地位、使用和管辖范围不同，可以分为社会公用计量标准、部门计量标准和企业、事业单位计量标准。

1.6.2 国际测量标准

国际测量标准：由国际协议签约方承认的并旨在世界范围使用的测量标准。

例：国际千克原器；维也纳标准平均海水（VSMOW2）由国际原子能机构（IAEA）为不同种稳定同位素物质的量比率测量而发布。

1.6.3 国家测量标准

国家测量标准（简称国家标准）：经国家权威机构承认，在一个国家或经济体内作为同类量的其他测量标准定值依据的测量标准。

注：在我国称其为计量基准或国家计量标准。

1.6.4 原级测量标准

原级测量标准（简称原级标准）：用原级参考测量程序或约定选用的一种人造物品建立的测量标准。

例：

1. 物质的量浓度的原级测量标准由将已知物质的量的化学成分溶解到已知体积的溶液中制备而成。

2. 压力的原级测量标准基于对力和面积的分别测量。

3. 同位素物质的量比率测量的原级测量标准通过混合已知物质的量的规定的同位素制备而成。

4. 水的三相点瓶作为热力学温度的原级测量标准。

5. 国际千克原器是一个约定选用的人造物品。

1.6.5 次级测量标准

次级测量标准（简称次级标准）：通过用同类量的原级测量标准对其进行校准而建

立的测量标准。

注：

1. 次级测量标准与原级测量标准之间的这种关系可通过直接校准得到，也可通过一个经原级测量标准校准过的媒介测量系统对次级测量标准赋予测量结果。

2. 通过原级参考测量程序按比率给出其量值的测量标准是次级测量标准。

1.6.6 参考测量标准

参考测量标准（简称参考标准）：在给定组织或给定地区内指定用于校准或检定同类量其他测量标准的测量标准。

注：在我国，这类标准被称为计量标准。

该定义给出了参考测量标准存在的范围及其性质和作用。在我国它与社会公用计量标准、部门和企业、事业单位的最高计量标准相当。按照现行《计量法》，参考测量标准属于应进行强制检定的计量标准，要进行计量标准考核。

1.6.7 工作测量标准

工作测量标准（简称工作标准）：用于日常校准或检定测量仪器或测量系统的测量标准。

注：工作测量标准通常用参考测量标准校准或检定。

1.6.8 搬运式测量标准

搬运式测量标准（简称搬运式标准）：为能提供在不同地点间传送、有时具有特殊结构的测量标准。

例：由电池供电工作的便携式^{133}Cs 频率测量标准。

1.6.9 传递测量装置

传递测量装置（简称传递装置）：在测量标准比对中用作媒介的装置。

注：有时用测量标准作为传递测量装置，此时测量标准也称传递标准。

在测量标准相互比较中，传递测量装置包括同级标准间相互比对或上一级标准向下一级标准传递量值中间作为媒介的装置。如国际间大力值的比对，其媒介就是高准确度高稳定的力传感器，它就是传递标准。传递标准应用非常广泛，开展验证活动离不开传递标准。

1.6.10 核查装置

核查装置：用于日常验证测量仪器或测量系统性能的装置。

注：有时核查装置也称核查标准。

1.6.11 本征测量标准

本征测量标准（简称本征标准）：基于现象或物质固有和可复现的特性建立的测量标准。

例：

1. 水三相点瓶作为热力学温度的本征测量标准；

2. 基于约瑟夫森效应的电位差的本征测量标准；

3. 基于量子霍尔效应的电阻的本征测量标准；

4. 铜的样本作为电导率的本征测量标准。

注：

1. 本征测量标准的量值是通过协议给定，不需要通过与同类的其他测量标准的关系确定，其测量不确定度的确定应考虑两个分量：与其协议的量值有关的分量及与其结构、运行和维护有关的分量。

2. 本征测量标准通常由一个系统组成，该系统根据协议程序的要求建立，并要进行定期验证。

1.6.12 测量标准的保持

测量标准的保持：为使测量标准的计量特性能保持在规定极限内所必须的一组操作。

注："保持"通常包括对预先规定的计量特性的周期检定或校准，在合适条件下的储存以及精心维护和使用。

1.6.13 校准器

校准器：用于校准的测量标准。

注：术语"校准器"仅用于某些领域。

1.6.14 参考物质

参考物质（又称标准物质）：具有足够均匀和稳定的特定特性的物质，其特性被证实适用于测量中或标称特性检查中的预期用途。

注：

1. 标称特性的检查提供一个标称特性值及其不确定度。该不确定度不是测量不确定度。

2. 赋值或未赋值的标准物质都可用于测量精密度控制，只有赋值的标准物质才可用于校准或测量正确度控制。

1.6.15 有证标准物质

有证标准物质：附有由权威机构发布的文件，提供使用有效程序获得的具有不确定度和溯源性的一个或多个特性量值的标准物质。

例：在所附证书中，给出胆固醇浓度赋值及其测量不确定度的人体血清，用作校准器或测量正确度控制的物质。

注：

1. "文件"是以"证书"的形式给出。

2. 有证标准物质制备和颁发证书的程序是有规定的。

3. 在定义中"不确定度"包含了"测量不确定度"和"标称特性值的不确定度"两个含义，这样做是为了一致和连贯。"溯源性"既包含量值的计量溯源性，也包含标称特性值的追溯性。

4. "有证标准物质"的特定量值要求附有测量不确定度的计量溯源性。

1.6.16 参考数据

参考数据：由鉴别过的来源获得，并经严格评价和准确性验证的，与现象、物体或物质特性有关的数据，或与已知化合物成分或结构系统有关的数据。

例：由国际理论和应用物理联合会（IUPAP）发布的化学化合物溶解性的参考数据。

注：在定义中，“准确性”包含如测量准确性和标称特性值的准确性。

1.6.17 标准参考数据

标准参考数据：由公认的权威机构发布的参考数据。

例：

1. 国际科学联合会科学技术数据委员会（ICSU CODATA）作为法规评定和发布的基本物理常量的值。

2. 元素的相对原子质量值，也称原子重量值，由国际理论和应用化学联合会（IUPAC－CIAAW）在国际理论和应用化学联合会（IUPAC）全会上每两年评定一次并在《纯应用化学》和《物理化学参考数据》上发布。

1.6.18 参考量值

参考量值（简称参考值）：用作与同类量的值进行比较的基础的量值。

注：

1. 参考量值可以是被测量的真值，这种情况下它是未知的；也可以是约定量值，这种情况下它是已知的。

2. 带有测量不确定度的参考量值通常由以下参照对象提供：

（1）一种物质，如有证标准物质；

（2）一个装置，如稳态激光器；

（3）一个参考测量程序；

（4）与测量标准的比较。

1.7 法制计量与计量管理

1.7.1 法制计量

法制计量：为满足法定要求，由有资格的机构进行的涉及测量、测量单位、测量仪器、测量方法和测量结果的计量活动，它是计量学的一部分。

如果从测量的性质来探讨什么是法制计量，在早期的定义是：法制计量是存在利益冲突的领域中的计量。这是因为早期人类社会科技不发达，社会的主要经济活动是自给自足为主的生产和一部分产品的交换。当时的法制计量，主要是商贸领域的计量，其特点是买卖双方可能会因为测量不准而存在着利益冲突。这种类型的计量，目前仍然是法制计量中的重要部分，而且仍然是老百姓关心的主要部分。这部分的工作仍然在随着生产的发展而发展。

随着生产的发展，测量越来越重要。测量结果的准确与否，直接影响到公众的利益，但它不一定引起利益的冲突。因此，除上述商贸中的计量外，法制计量还包括：

医疗卫生领域中的计量，因为在这个领域中所用的测量仪器的测量结果，是医生对病情诊断的依据之一，或者它直接影响病人的治疗效果。

有关安全防护的计量，如各种压力表、剂量计等测量仪器的不准确，会影响有关人员的身体健康，甚至会危及生命安全。此外，如警察所用的呼出气体酒精含量探测仪、雷达测速仪，其主要考虑也是安全防护。

环境检测中有关的计量，如声级计、有害气体分析仪，烟尘、粉尘测量，水质污染监测 CO_2 排放量等，这些测量结果的不准将直接影响公众的利益。

此外，随着各国经济的发展，资源消耗日趋严重，为了实现可持续发展，各国对资源的评估日益重视，因此国际法制计量组织（OIML）认为有关资源的测量也应纳入法制计量的范畴。

在有些国家（包括我国），量值传递或量值溯源也是法制计量的管辖范围。此外，为保证各种实验室的检测工作质量，必须对其制定法定要求并进行考核。而所有这些工作一般都由法定计量机构来执行。

1.7.2 计量法

计量法：定义法定计量单位、规定法制计量任务及其运作的基本架构的法律。

1.7.3 计量保证

计量保证：法制计量中用于保证测量结果可信性的所有法规、技术手段和必要活动。

1.7.4 法制计量控制

法制计量控制：用于计量保证的全部法制计量活动。

注：法制计量控制包括：测量仪器的法制控制；计量监督；计量鉴定。

1.7.5 法定计量机构

法定计量机构：负责在法制计量领域实施法律或法规的机构。

注：法定计量机构可以是政府机构，也可以是国家授权的其他机构，其主要任务是执行法制计量控制。

法制计量工作必须有相应的组织机构和资源，其中组织机构即法定计量机构。按照《计量法》，我国的法定计量机构有如下几类：

①国务院计量行政部门，即国家市场监督管理总局。

②县以上地方人民政府计量行政部门，即各级市场监督管理局。

③各级计量行政部门设立的计量技术机构，即各级计量（院）所。

④各级计量行政部门授权的计量检定机构在其授权的工作范围内也属法定计量机构。

⑤各级计量行政部门授权的可建立社会公用计量标准、授权进行定型鉴定和样机试验的技术机构，在其授权的工作范围内也属法定计量机构。

其中，计量行政机构负责相应法律法规的制定、组织实施和监督；技术机构在各级行政机构的领导下负责基准、标准的建立，量值的传递和溯源，研究发展测量方法，负责仪器的检定和校准等，为法制计量的实施提供技术保障。

1.7.6 测量仪器的法制控制

测量仪器的法制控制：针对测量仪器所规定的法定活动的总称，如型式批准、检定等。

1.7.7 计量监督

计量监督：为检查测量仪器是否遵从计量法律、法规要求并对测量仪器的制造、进口、安装、使用、维护和维修所实施的控制。

注：计量监督还包括对商品量和向社会提供公证数据的检测实验室能力的监督。

1.7.8 计量鉴定

计量鉴定：以举证为目的的所有操作，例如参照相应的法定要求，为法庭证实测量仪器的状态，并确定其计量性能，或者评价公证用产品检测数据的正确性。

1.7.9 型式评价

型式评价：根据文件要求对测量仪器指定型式的一个或多个样品性能所进行的系统检查和试验，并将其结果写入型式评价报告中，以确定是否可对该型式予以批准。

1.7.10 型式批准

型式批准：根据型式评价报告所做出的符合法律规定的决定，确定该测量仪器的型式符合相关的法定要求并适用于规定领域，以期它能在规定的期间内提供可靠的测量结果。

1.7.11 有限型式批准

有限型式批准：受到一个或多个特别限制的测量仪器的型式批准。

注：这些限制诸如：有效期；批准所允许的测量仪器数量；向每台测量仪器安装地点的主管部门报告的义务；测量仪器的使用等。

1.7.12 批准型式符合性检查

批准型式符合性检查：为查明测量仪器是否与批准的型式相符而进行的检查。

1.7.13 型式批准的承认

型式批准的承认：自愿或根据双边或多边协议所做出的法制性决定，一方承认另一方进行的型式批准符合相关法规的要求，不再颁发新的型式批准证书。

1.7.14 型式批准的撤销

型式批准的撤销：取消已批准的型式的决定。

1.7.15 测量仪器的合格评定

测量仪器的合格评定：为确认单台仪器、一个仪器批次或一个产品系列是否符合该仪器型式的全部法定要求而对测量仪器进行的试验和评价。

注：合格评定不仅关注计量要求，而且还可能关注下列要求：安全性；电磁兼容性；软件一致性；使用的方便性；标记等。

1.7.16 预检查

预检查：对在安装地点才能完成全部检定的测量仪器进行特定部件的部分检查，或对测量仪器特定部件装配前的检查。

1.7.17 测量仪器的检定

测量仪器的检定（又称计量器具的检定，简称计量检定或检定）：查明和确认测量仪器符合法定要求的活动，它包括检查、加标记和/或出具检定证书。

注：在 VIM 中，将“提供客观证据证明测量仪器满足规定的要求”定义为验证。

检定是法制计量工作中的重要组成部分，它的对象是法制管理范围内的计量器具。通过检定，查明和确认计量器具是否满足法规中所规定的计量要求、技术要求及有关行政要求。《计量法》规定：计量检定必须按照国家计量检定系统表进行，计量检定必须执行计量检定规程。强制周期检定应由法定计量检定机构或授权的计量检定机构执行，并实行定点定期检定。

定义中指出检定包括检查、加标记和（或）出具检定证书。通过检定的测量仪器必须做出合格与否的结论，并加标记和出证书。

检定原则上分两类：首次检定和后续检定。

校准和检定的主要区别如下：

①校准不具法制性，是企业自愿溯源的行为。检定具有法制性，是属法制计量管理范畴的执法行为。

②校准主要用以确定计量器具的示值误差。检定是对计量器具的计量特性和技术要求的全面评定。

③校准的依据是校准规范、校准方法，可做统一规定也可自行制定。检定的依据必须是检定规程。

④校准不判断计量器具合格与否，但需要时，可确定计量器具的某一性能是否符合预期的要求。检定要对所检的计量器具做出合格与否的结论。

⑤校准结果通常是出具校准证书或校准报告。检定结果合格的出具检定证书，不合格的出具不合格通知书（根据现行《计量法》，不合格通知书称为“检定结果通知书”）。

1.7.18 抽样检定

抽样检定：以同一批次测量仪器中按统计方法随机选取适当数量样品检定的结果，作为该批次仪器检定结果的检定。

1.7.19 首次检定

首次检定：对未被检定过的测量仪器进行的检定。

1.7.20 后续检定

后续检定：测量仪器在首次检定后的一种检定，包括强制周期检定和修理后检定。

1.7.21 强制周期检定

强制周期检定：根据规程规定的周期和程序，对测量仪器定期进行的一种后续检定。

1.7.22 自愿检定

自愿检定：并非由于强制要求而申请的任何一种检定。

1.7.23 仲裁检定

仲裁检定：用计量基准或社会公用计量标准进行的以裁决为目的的检定活动。

1.7.24 测量仪器的禁用

测量仪器的禁用：需要强制检定的测量仪器不符合规定的要求，禁止其用于强制检定的应用领域的决定。

1.7.25 检定的承认

检定的承认：自愿或根据双边或多边协议，一方承认另一方签发的检定证书和/或检定标记符合相关法规规定的要求所做出的法律上的决定。

1.7.26 测量仪器的监督检验

测量仪器的监督检验：为验证使用中的测量仪器符合要求所做的检查。

注：检查项目一般包括：检定标记和/或检定证书有效性，封印是否被损坏，检定后测量仪器是否遭到明显改动，其误差是否超过使用中的最大允许误差。

1.7.27 ［加］标记

［加］标记：施加在测量仪器上的一个或多个标记，诸如检定标记、禁用标记、封印标记和型式批准标记。

1.7.28 检定标记的清除

检定标记的清除：当发现测量仪器不再符合法定要求时，对其检定标记的去除。

1.7.29 型式批准证书

型式批准证书：证明型式批准已获通过的文件。

1.7.30 检定证书

检定证书：证明计量器具已经检定并符合相关法定要求的文件。

1.7.31 不合格通知书

不合格通知书：说明计量器具被发现不符合或不再符合相关法定要求的文件。

1.7.32 计量鉴定证书

计量鉴定证书：以举证为目的，由授权机构发布和注册的文件，该文件说明进行计量鉴定的条件和所做的调查报告及获得的结果。

1.7.33 禁用标记

禁用标记：以明显方式施加于测量仪器上表明其不符合法定要求的标记。

注：贴禁用标记时，应同时清除先前施加的检定标记。

1.7.34 封印标记

封印标记：用于防止对测量仪器进行任何未经授权的修改、再调整或拆除部件等的标记。

1.7.35 型式批准标记

型式批准标记：施加于测量仪器上用于证明该仪器已通过型式批准的标记。

1.7.36 法定受控的测量仪器

法定受控的测量仪器：符合法定计量规定要求的测量仪器。

1.7.37 可接受检定的测量仪器

可接受检定的测量仪器：型式已获批准或满足相关规范可免予型式批准的测量仪器。

1.7.38 获准型式

获准型式：获准可作为法定使用测量仪器的已确定型号或系列，并由颁发的型式批准证书确认。

1.7.39 获准型式的样本

获准型式的样本：获准型式的测量仪器或与其相关文件一起，用作检查其他测量仪器是否符合获准型式的参照物。

1.7.40 型式评价报告

型式评价报告：型式评价中对代表一种型式的一个或多个样本进行检测结果的报

告，该报告根据规定的格式编写并给出是否符合规定要求的结论。

1.7.41 预包装商品

预包装商品：销售前用包装材料或者包装容器及浸泡液将商品包装好，并有预先确定的量值（或者数值）的商品。

1.7.42 定量包装商品

定量包装商品：以销售为目的，在一定量限范围内具有统一的质量、体积、长度、面积、计数标注等标识内容的批量预包装商品。

1.7.43 定量包装商品净含量

定量包装商品净含量：定量包装商品中除去包装容器和其他包装材料或浸泡液后内装商品的量。

注：不但商品的包装材料，而且任何与该商品包装在一起的其他材料，均不得记为净含量。

1.7.44 计量标准考核

计量标准考核：国家主管部门对计量标准测量能力的评定或利用该标准开展量值传递的资格的确认。

1.7.45 计量标准的考评

计量标准的考评：在计量标准考核过程中，计量标准考评员对计量标准测量能力的评价。

①计量标准考评是计量标准考核过程中的一个重要环节，该环节主要是进行技术评价。

②计量标准考评由计量标准考评员实施，特殊情况由计量标准考评员和有关技术专家组成考评组共同实施。

③计量标准的考评是通过书面审查资料、现场考评等方式来评价计量标准的测量能力。

1.7.46 计量标准的文件集

计量标准的文件集：关于计量标准的选择、批准、使用和维护等方面文件的集合。

1.7.47 检测

检测：对给定产品，按照规定程序确定某一种或多种特性、进行处理或提供服务所组成的技术操作。

1.7.48 实验室认可

实验室认可：对校准和检测实验室有能力进行特定类型校准和检测所做的一种正式承认。

1.7.49 能力验证

能力验证：利用实验室间比对确定实验室的检定、校准和检测的能力。

1.7.50 期间核查

期间核查：根据规定程序，为了确定计量标准、标准物质或其他测量仪器是否保持其原有状态而进行的操作。

1.7.51 计量检定规程

计量检定规程：为评定计量器具的计量特性，规定了计量性能、法制计量控制要求、检定条件和检定方法以及检定周期等内容，并对计量器具做出合格与否的判定的计量技术规范。

1.7.52 国家计量检定规程

国家计量检定规程：由国家计量主管部门组织制定并批准颁布，在全国范围内施行，作为计量器具特性评定和法制管理的计量技术规范。

1.7.53 计量确认

计量确认：为确保测量设备处于满足预期使用要求的状态所需要的一组操作。

注：

1. 计量确认通常包括：校准和验证、各种必要的调整或维修及随后的再校准、与设备预期使用的计量要求相比较以及所要求的封印和标签。

2. 只有测量设备已被证实适合于预期使用并形成文件，计量确认才算完成。

3. 预期使用要求包括：测量范围、分辨力、最大允许误差等。

4. 计量要求通常与产品要求不同，并不在产品要求中规定。

1.7.54 测量管理体系

测量管理体系：为实现计量确认和测量过程的连续控制而必需的一组相关的或相互作用的要素。

1.7.55 溯源等级图

溯源等级图：一种代表等级顺序的框图，用以表明测量仪器的计量特性与给定量的测量标准之间的关系。

注：溯源等级图是对给定量或给定类别的测量仪器所用比较链的一种说明，以此作为其溯源性的证据。

1.7.56 国家溯源等级图

国家溯源等级图：在一个国家内，对给定量的测量仪器有效的一种溯源等级图，包括推荐（或允许）的比较方法或手段。

注：在我国，国家溯源等级图也称国家计量检定系统表。

1.7.57 量值传递

量值传递：通过对测量仪器的校准或检定，将国家测量标准所实现的单位量值通过各等级的测量标准传递到工作测量仪器的活动，以保证测量所得的量值准确一致。

练习题

一、选择题

1. 后续检定在计量器具首次检定后进行，它包括______检定。

A. 强制的周期检定　　B. 修理后的检定　　C. 周期检定有效期内的检定

2. 计量器具使用中的最大允许误差与首次检定时的最大允许误差______。

A. 有时相同　　B. 之比有时为 2　　C. 必然不同

3. 校准规范是量值溯源的依据之一，所以它______制定。

A. 应由国家计量行政部门组织

B. 与计量检定规程一样按国家、地方、部门三种形式

C. 可以统一制定或根据需要自行制定

4. 周期检定是后续检定的一种形式，规定的周期______。

A. 一般是最长的　　B. 只允许缩短，不允许延长

C. 在特定的情况下可以延长，也可以缩短

5. 下列三组量中的特定量是______。

A. 发光强度　　B. 物质的量　　C. 泰山的海拔高度

6. 下列三组量中的同类量是______。

A. 厚度、直径、深度

B. 重力、表面张力、压力

C. 功、热、能

7. 标称范围是指测量仪器的______范围。

A. 测量　　B. 示值　　C. 工作

8. 测量仪器的量程是______范围两极限之差的绝对值。

A. 标称　　B. 测量　　C. 示值

9. 为测量仪器进行性能试验及正常使用所规定的条件，分别称为______。

A. 极限工作条件及额定工作条件

B. 额定工作条件及参考条件

C. 参考条件及额定工作条件

10. 有一个 50 g 的物体，在天平上称量并处于平衡状态。当在砝码盘上逐一轻缓地增加小砝码到 0.4 mg 时，天平指针才发生肉眼可观察的变动，则可以说天平在 50 g 载荷下的______不大于 0.4 mg。

A. 灵敏度　　B. 分辨力　　C. 鉴别阈

二、是非题

1. 量值是由一个数乘以测量单位所表示的特定量的大小，它不随测量单位的改变而改变。

2. 首次检定是对未曾检定过的新制造的计量器具进行的一种检定，所以必须在出厂前进行。

3. 后续检定在首次检定后进行，其实就是当计量器具重新安装、重新调整及修理后实施的一种检定。

4. 在SI中长度是基本量，m、mm和km都是基本量长度的单位，所以也都是基本单位。

5. SI是一贯单位制，其全部导出单位及倍数单位都是一贯单位。

6. 参考标准是一个国际通用的计量术语，它相当于企业、事业单位使用的最高计量标准，而各省、市最高计量标准及国家计量基准其实也是参考标准。

7. 参考标准既可以用来校准工作标准，也可以用于日常校准或核查测量仪器。

8. 计量器具的检定包括对计量器具的检查、加标记和/或出具检定证书。

9. 测量仪器的响应特性，是确定条件下激励与对应响应之间的关系，此处的激励就是被测量，而响应就是测量仪器对应给出的示值。

10. 显示装置的分辨力，是其能有效辨别的最小的示值差，对于数字式显示装置而言，就是当变化半个末位有效数字时其实质的变化。

11. 实物量具使用时是以固定形态来复现或提供给定量的一个或多个已知值，因此习惯上称为“通用量具”的千分尺、游标卡尺、百分表其实不是实物量具。

参考答案：

一、选择题

1. ABC　2. AB　3. C　4. AC　5. C　6. AC　7. B　8. AC　9. C　10. C

二、是非题

1，6，8，9，11 正确；2，3，4，5，7，10 错误

2 国际单位制与我国的法定计量单位

2.1 单位制和国际单位制

2.1.1 单位制

所谓单位制就是选定了基本单位以后，再以一定的关系由基本单位、导出单位、其倍数单位和分数单位构成的一个完整的单位体系。

由于基本单位选择的不同，而有不同的单位制。例如，以厘米、克、秒为基本单位的 CGS 单位制，曾作为物理学的单位制；以米、吨、秒为基本单位的 MTS 制以及以米、千克、秒为基本单位的 MKS 制，曾作为工程技术领域的单位制；以米、千克、秒、安培为基本单位的 MKSA 单位制，曾作为电磁学的单位制。

2.1.2 国际单位制

2.1.2.1 国际单位制历史

为了统一计量单位，从 17 世纪起科学家们就开始寻找一个适用于国际的通用单位，以使各国都能接受。18 世纪末，法国采用了米制单位，随即开始向全世界普及。1875 年 5 月 20 日，17 个国家签署了《米制公约》并成立了国际计量局（BIPM）。我国也于 1977 年加入《米制公约》。

1948 年第九届国际计量大会根据其决议 6，责成国际计量委员会（CIPM）“研究制定一整套计量单位规则，对建立《米制公约》的所有签字国都能接受的一种实用计量单位制提出建议”。

1954 年第十届国际计量大会通过决议 6，决定采用以米、千克、秒、开尔文、安培、坎德拉为 6 个基本单位作为长度、质量、时间、热力学温度、电流、发光强度 6 个基本量的实用单位制的基本单位。

1960 年第十一届国际计量大会通过的决议 12，把这种实用的计量单位制的名称定名为国际单位制，其国际简称为 SI，它是法文“Système International d'Unités”的缩写。同时，该决议给出了词头、导出单位和辅助单位的规则以及其他一些规定，由此建立了比较完整的国际计量单位制。

1971 年第十四届国际计量大会通过决议 3，将“摩尔”作为“物质的量”的基本单位加入 SI。至此，SI 包括 7 个基本单位。

SI 是在米制基础上发展起来的，它的 7 个基本单位有严格的定义，其导出单位通过选定的方程式用基本单位来定义，从而使量的单位之间有直接内在的物理联系，使科学技术、工业生产、国内外贸易以及日常生活各方面使用的计量单位都能统一。

2.1.2.2 国际单位制的构成

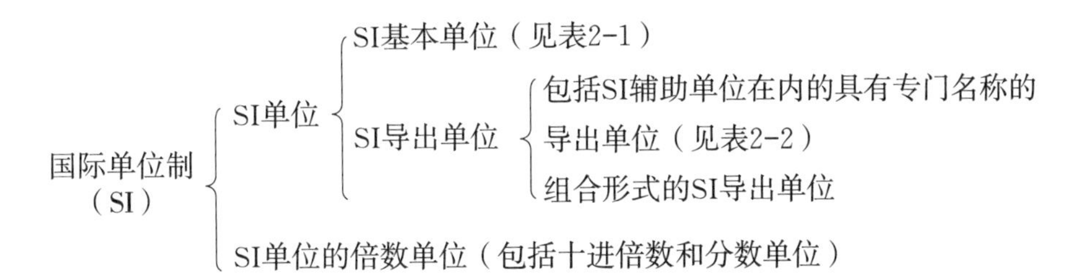

SI 单位是国际单位制中构成一贯制的那些单位，除质量外，均不带词头（质量的 SI 单位为千克）。

表 2-1 SI 基本单位

量的名称	单位名称	单位符号
长度	米	m
质量	千克（公斤）	kg
时间	秒	s
电流	安[培]	A
热力学温度	开[尔文]	K
物质的量	摩[尔]	mol
发光强度	坎[德拉]	cd

注：

1.（ ）内的字为前者的同义语。

2.[ ] 内的字，是在不致混淆的情况下，可以省略的字。

SI 单位是一个具有特定含义的词组，如毫米，它是国际单位制的单位，但不是 SI 单位，长度的 SI 单位是米，而毫米只是这个 SI 单位的分数单位，由于它有了词头，不再能与其他 SI 单位构成一贯制。所以，国际单位制单位与 SI 单位这个词的含义是不同的。国际单位制单位是指国际单位制的全部单位，包括 SI 单位、SI 单位的十进倍数和分数单位；而 SI 单位只包括 SI 基本单位、SI 辅助单位和 SI 导出单位。

2.1.2.3 SI 基本单位

SI 基本单位是构成整个 SI 的基础，其量的名称、单位名称和符号见表 2-1。

2018 年 11 月 16 日，在第 26 届国际计量大会上，经包括中国在内的 53 个成员国集体表决，全票通过了《关于“修订国际单位制（SI）”的 1 号决议》。根据决议，千克（kg）、安培（A）、开尔文（K）和摩尔（mol）将被重新定义，自 2019 年 5 月 20 日起，SI 基本单位采用以下定义：

（1）时间单位——秒

秒，符号 s，SI 的时间单位。当铯的频率 $\Delta\nu_{Cs}$，即铯-133 原子不受干扰的基态超精细能级跃迁频率以单位 Hz 即 s^{-1} 表示时，将其固定数值取为 9 192 631 770 来定义秒。

表 2-2　SI 辅助单位和具有专门名称的 SI 导出单位

量的名称	单位名称	单位符号	其他表示示例
平面角	弧度	rad	
立体角	球面度	sr	
频率	赫［兹］	Hz	s^{-1}
力；重力	牛［顿］	N	$kg \cdot m/s^2$
压力；压强；应力	帕［斯卡］	Pa	N/m^2
能量；功；热	焦［尔］	J	N・m
功率；辐射通量	瓦［特］	W	J/s
电荷量	库［仑］	C	A・s
电位；电压；电动势	伏［特］	V	W/A
电容	法［拉］	F	C/V
电阻	欧［姆］	Ω	V/A
电导	西［门子］	S	A/V
磁通量	韦［伯］	Wb	V・s
磁通量密度，磁感应强度	特［斯拉］	T	Wb/m^2
电感	亨［利］	H	Wb/A
摄氏温度	摄氏度	℃	
光通量	流［明］	lm	cd・sr
光照度	勒［克斯］	lx	lm/m^2
放射性活度	贝可［勒尔］	Bq	s^{-1}
吸收剂量	戈［瑞］	Gy	J/kg
剂量当量	希［沃特］	Sv	J/kg

（2）长度单位——米

米，符号 m，SI 的长度单位。当真空中光的速度 c 以单位 m/s 表示时，将其固定数值取为 299 792 458 来定义米，其中秒用 $\Delta\nu_{Cs}$ 定义。

（3）质量单位——千克

千克，符号 kg，SI 的质量单位。当普朗克常数 h 以单位 J・s 即 $kg \cdot m^2 \cdot s^{-1}$ 表示时，将其固定数值取为 $6.626\ 070\ 15 \times 10^{-34}$ 来定义千克，其中米和秒用 c 和 $\Delta\nu_{Cs}$ 定义。

（4）电流单位——安培

安培，符号 A，SI 的电流单位。当基本电荷 e 以单位 C 即 A・s 表示时，将其固定数值取为 $1.602\ 176\ 634 \times 10^{-19}$ 来定义安培，其中秒用 $\Delta\nu_{Cs}$ 定义。

（5）热力学温度单位——开尔文

开尔文，符号 K，SI 的热力学温度单位。当玻尔兹曼常数 k 以单位 $J \cdot K^{-1}$ 即 $kg \cdot m^2 \cdot s^{-2} \cdot K^{-1}$ 表示时，将其固定数值取为 $1.380\ 649 \times 10^{-23}$ 来定义开尔文，其中千克、米和秒用 h、c 和 $\Delta\nu_{Cs}$ 定义。

（6）物质的量单位——摩尔

摩尔，符号 mol，SI 的物质的量的单位。1 mol 精确包含 6.022 140 76×10^{23}个基本单元。该数称为阿伏伽德罗数，是以单位 mol^{-1}表示的阿伏伽德罗常数 N_A的固定数值。

一个系统的物质的量，符号 n，是该系统包含的特定基本单元数量的量度。基本单元可以是原子、分子、离子、电子及其他任意粒子或粒子的特定组合。

（7）发光强度单位——坎德拉

坎德拉，符号 cd，沿给定方向发光强度的 SI 单位。当频率为 540×10^{12} Hz 的单色辐射的光视效能 K_{cd}以单位 lm·W^{-1}即 cd·sr·W^{-1}或 cd·sr·kg^{-1}·m^{-2}·s^3表示时，将其固定数值取为 683 来定义坎德拉，其中千克、米、秒分别用 h、c 和 $\Delta\nu_{Cs}$定义。

2.1.2.4 SI 辅助单位

SI 辅助单位包括两个单位，见表 2－2。1980 年国际计量委员会明确指出，在 SI 中，平面角与立体角这两个量作为无量纲的导出量，因而弧度和球面度这两个 SI 辅助单位应作为无量纲的 SI 导出单位，它可以用在 SI 导出单位的关系式中，也可以不用。GB/T 3101—1993 已将 SI 辅助单位归入 SI 导出单位。

弧度（rad）是一圆内两条半径之间的平面角，这两条半径在圆周上截取的弧长与半径相等。

弧度与基本单位的关系式为：1 rad＝1 m/1 m。

球面度（sr）是一立体角，其顶点位于球心，而它在球面上所截取的面积等于以球半径为边长的正方形面积。

球面度与基本单位的关系式为：1 sr＝1 m^2/1 m^2。

2.1.2.5 SI 导出单位

SI 导出单位是用 SI 基本单位或 SI 辅助单位以代数式的乘、除数学运算所表示的单位。如速度的 SI 单位为米每秒（m/s）。

某些 SI 导出单位应用相当普遍，如果用 SI 基本单位来表达，则比较麻烦，为此对其规定了专门的名称和特定的符号（见表 2－2），这些专门的名称和符号又可以用来表示其他 SI 导出单位，从而比用 SI 基本单位表示更简单些。如力的单位牛顿（N），如果用 SI 基本单位表示则为 m·kg·s^{-2}。

SI 导出单位可以用几种方式来表示，但为了使相同量纲的量比较易于区分，国际计量委员会认为，可以使用某些组合名称或某些专门名称，例如，用赫兹表示频率单位而不用每秒；用牛顿米表示力矩单位而不用焦耳。

19 个具有专门名称的 SI 导出单位的定义为

①赫兹（Hz）是周期为 1 秒的周期现象的频率。

$$1\ \mathrm{Hz}=1\ \mathrm{s}^{-1}$$

②牛顿（N）是使质量为 1 千克的物体产生加速度为 1 米每二次方秒的力。

$$1\ \mathrm{N}=1\ \mathrm{kg}\cdot\mathrm{m}\cdot\mathrm{s}^{-2}$$

③帕斯卡（Pa）是 1 牛顿的力均匀而垂直地作用在 1 平方米的面上所产生的压力。

$$1\ \mathrm{Pa}=1\ \mathrm{N}\cdot\mathrm{m}^{-2}$$

帕斯卡不但是压力、压强的单位，而且也是应力的单位。

④焦耳（J）是1牛顿的力使其作用点在力的方向上位移1米所做的功。

$$1\ \mathrm{J}=1\ \mathrm{N}\cdot\mathrm{m}$$

也可直接定义为：焦耳（J）是能量、功、热等的单位，1焦耳等于1牛顿米。

⑤瓦特（W）是1秒内产生1焦耳能量的功率。

$$1\ \mathrm{W}=1\ \mathrm{J/s}$$

也可直接定义为：瓦特（W）是功率、辐射通量等的单位，1瓦特等于1焦耳每秒。

⑥库仑（C）是1安培恒定电流在1秒内所传输的电荷量。

$$1\ \mathrm{C}=1\ \mathrm{A}\cdot\mathrm{s}$$

⑦伏特（V）是两点间的电位差，在载有1安培恒定电流导线的这两点间消耗1瓦特的功率。

$$1\ \mathrm{V}=1\ \mathrm{W/A}$$

也可直接定义为：伏特（V）是电位、电位差、电压、电动势等的单位，1伏特等于1瓦特每安培。

⑧法拉（F）是电容器的电容，当该电容器充以1库仑电荷量时，电容器两极板间产生1伏特的电位差。

$$1\ \mathrm{F}=1\ \mathrm{C/V}$$

⑨ 欧姆（Ω）是一导体两端间的电阻，当在此两端间加上1伏特的电压时，在导体内产生1安培的电流。

$$1\ \Omega=1\ \mathrm{V/A}$$

也可直接定义为：欧姆（Ω）是电阻、电抗等的单位，1欧姆等于1伏特每安培。

⑩西门子（S）是1欧姆的电导。

$$1\ \mathrm{S}=1\ \Omega^{-1}$$

⑪韦伯（Wb）是单匝环路的磁通量，当它在1秒内均匀地减小到零时，环路内产生1伏特的电动势。

$$1\ \mathrm{Wb}=1\ \mathrm{V}\cdot\mathrm{s}$$

⑫特斯拉（T）是1韦伯的磁通量均匀而垂直地通过1平方米面积的磁通量密度。

$$1\ \mathrm{T}=1\ \mathrm{Wb/m^2}$$

也可直接定义为：特斯拉（T）是磁通密度、磁感应强度、磁极化强度等的单位，1特斯拉等于1韦伯每平方米。

⑬亨利（H）是一闭合回路的电感，当此回路中流过的电流以1安培每秒的速率变化时，回路中产生1伏特的电动势。

$$1\ \mathrm{H}=1\ \mathrm{V}\cdot\mathrm{s/A}$$

也可直接定义为：亨利（H）是电感、磁导等的单位，1亨利等于1伏特秒每安培。

⑭摄氏度（℃）是用以代替开尔文表示摄氏温度的专门名称。作为单位来说，℃等同于K。

摄氏温度间隔或温差，既可以用摄氏度表示，又可以用开尔文表示。以摄氏度（℃）表示的摄氏温度（t）与以开尔文（K）表示的热力学温度（T）之间的数值关系是：

$$t/℃=T/\mathrm{K}-273.15$$

⑮流明（lm）是发光强度为1坎德拉的均匀点光源在1球面度立体角内发射的光通量。

$$1\ \mathrm{lm}=1\ \mathrm{cd}\cdot\mathrm{sr}$$

⑯勒克斯（lx）是1流明的光通量均匀分布在1平方米表面上产生的光照度。

$$1\ \mathrm{lx}=1\ \mathrm{lm/m^2}$$

⑰贝可勒尔（Bq）是每秒产生一次衰变的放射性活度。

$$1\ \mathrm{Bq}=1\ \mathrm{s^{-1}}$$

⑱戈瑞（Gy）是1焦耳每千克的吸收剂量。

$$1\ \mathrm{Gy}=1\ \mathrm{J/kg}$$

⑲希沃特（Sv）是1焦耳每千克的剂量当量。

$$1\ \mathrm{Sv}=1\ \mathrm{J/kg}$$

2.1.2.6　SI词头

1960年第十一届国际计量大会决议12通过了构成SI单位的十进倍数与分数单位的第一批词头名称及符号，代表的因数为10^{-12}～10^{12}。10^{-15}和10^{-18}的词头是第十二届国际计量大会决议8所加。10^{15}和10^{18}的词头是第十五届国际计量大会决议10所加。10^{21}、10^{24}、10^{-21}、10^{-24}的词头是根据第十九届国际计量大会决议12所增加的。SI词头见表2-3。

表2-3　用于构成十进倍数和分数单位的词头

所表示的因数	词头名称	词头符号	所表示的因数	词头名称	词头符号
10^{24}	尧［它］	Y	10^{-24}	幺［科托］	y
10^{21}	泽［它］	Z	10^{-21}	仄［普托］	z
10^{18}	艾［可萨］	E	10^{-18}	阿［托］	a
10^{15}	拍［它］	P	10^{-15}	飞［母托］	f
10^{12}	太［拉］	T	10^{-12}	皮［可］	p
10^{9}	吉［咖］	G	10^{-9}	纳［诺］	n
10^{6}	兆	M	10^{-6}	微	μ
10^{3}	千	k	10^{-3}	毫	m
10^{2}	百	h	10^{-2}	厘	c
10^{1}	十	da	10^{-1}	分	d

2.2　我国的法定计量单位

法定计量单位是政府以法令的形式明确规定要在全国采用的计量单位。

1984年2月27日国务院颁发了《关于在我国统一实行法定计量单位的命令》（国发〔1984〕28号），其中规定我国的计量单位一律采用法定计量单位。

2.2.1 我国法定计量单位的构成

我国的法定计量单位是以国际单位制单位为基础，并根据我国的实际情况适当地采用一些非国际单位制单位构成的。我国法定计量单位包括：

①SI 基本单位（见表 2-1）；

②SI 辅助单位（见表 2-2）；

③具有专门名称的 SI 导出单位（见表 2-2）；

④国家选定的非国际单位制单位（见表 2-4）；

⑤由以上单位构成的组合形式的单位；

⑥由词头和以上单位构成的十进倍数和分数单位（词头见表 2-3）。

组合形式的单位是一个单位与数学符号组合，或一个以上单位与数学符号组合而构成的新单位，简称组合单位，例如：m^2、m^{-1}、$m \cdot s^{-2}$、$N \cdot m$ 等。我国法定计量单位中的组合单位包括除 21 个具有专门名称的 SI 导出单位以外的全部导出单位，还包括国家选定的非国际单位制单位与 SI 单位可能构成的组合形式的单位，如安·时（A·h）、千瓦·时（kW·h）等。

表 2-4 国家选定的非国际单位制单位

量的名称	单位名称	单位符号	换算关系和说明
时间	分 [小] 时 天（日）	min h d	1 min=60 s 1 h=60 min=3 600 s 1 d=24 h=86 400 s
平面角	[角] 秒 [角] 分 度	(″) (′) (°)	1″=（π/648 000）rad（π 为圆周率） 1′=60″=（π/10 800）rad 1°=60′=（π/180）rad
旋转速度	转每分	r/min	1 r/min=（1/60）s^{-1}
长度	海里	n mile	1 n mile=1 852 m（只用于航行）
速度	节	kn	1 kn=1 n mile/h=（1 852/3 600）m/s（只用于航行）
质量	吨 原子质量单位	t u	1 t=10^3 kg 1 u≈1.660 565 5×10^{-27} kg
体积	升	L，(l)	1 L=1 dm^3=10^{-3} m^3
能	电子伏	eV	1 eV≈1.602 189 2×10^{-19} J
级差	分贝	dB	
线密度	特 [克斯]	tex	1 tex=1 g/km
土地面积	公顷	hm^2	1 hm^2=10 000 m^2

注：

1. 角度单位（度、分、秒）的符号不处于数字后时，用括弧。
2. r 为“转”的符号。
3. 人民生活和贸易中，质量习惯被称为重量。
4. 升的符号中，小写字母 l 为备用符号。

2.2.2　我国法定计量单位的使用

1984年6月国家计量局发布了《中华人民共和国法定计量单位使用方法》，1993年国家技术监督局发布了修订后的GB 3100—1993《国际单位制及其应用》、GB 3101—1993《有关量、单位和符号的一般原则》、GB 3102—1993《量和单位》。这些国家标准为准确使用我国法定计量单位做出了规定和要求。正确使用我国法定计量单位必须注意法定计量单位的名称、单位和词头符号的读法和书写。

2.2.2.1　法定计量单位的名称

法定计量单位的名称有全称和简称之分。我国法定计量单位所列的44个单位名称（SI基本单位7个、SI中具有专门名称的导出单位21个、国家选定的非国际单位制单位16个）和用于构成十进倍数单位的词头名称均为单位的全称。在使用时，把其中的方括号内的字省略掉即为该单位的简称。如力的单位全称为牛顿，简称为牛；电阻单位全称为欧姆，简称为欧。对没有方括号的（即没有简称的）单位名称，就只能用全称。如摄氏温度的单位为摄氏度，不能称之为度；立体角的单位为球面度。在不致混淆的场合下，简称等效于它的全称，使用起来较为方便。

法定计量单位名称的使用方法如下：

①组合单位的中文名称与其符号表示的顺序一致。符号中的乘号没有对应的名称，除号的对应名称为“每”字，无论分母中有几个单位，“每”字只能出现一次。

例如：比热容的单位符号是J/（kg·K），其单位名称是“焦耳每千克开尔文”而不是“每千克开尔文焦耳”或“焦耳每千克每开尔文”。

我国曾流行一种习惯，读名称时先读分母后读分子，如m/s读成“秒米”，m^3/s读成“秒立方米”。很明显，这种方式无法区分相乘的单位，而且在组合形式的单位中，当包含有较多单个单位时，更无法区分。另一种读法是“每秒米”“每秒立方米”等，同样也不能区分分子与分母，而且读的次序与书写次序不协调会带来不必要的麻烦。现在规定的“顺序一致”原则，虽与口语习惯不是很协调，如：口语中把速度10 km/h表示为“每小时10公里”，按“顺序一致”原则，应表达为“10公里每小时”，但后者是不难习惯的。

②乘方形式的单位名称，其顺序应是指数名称在前，单位名称在后。相应的指数名称由数字加“次方”二字而成。

例如：断面惯量矩的单位m^4的名称为“四次方米”。

这一条之所以必需，是因为我国采用了部分数词作为词头的名称，如果完全按次序读，有些情况就无法区别。例如：2 km^2与2 000 m^2按次序就都读成“二千米平方”而造成混淆。本条规定使得前者读成“二平方千米”，而后者读成“二千平方米”。

③如果长度的2次幂和3次幂是表示面积和体积，则相应的指数名称为“平方”和“立方”，并置于长度单位之前，否则应称为“二次方”和“三次方”。

例如：体积单位cm^3的名称是“立方厘米”，而断面系数单位m^3的名称是“三次方米”。

④书写单位名称时不加任何表示乘或除的符号或其他符号。

例如：电阻率单位Ω·m的名称为“欧姆米”，而不是“欧姆·米”“欧姆-米”

“［欧姆］［米］”等。

例如：密度单位 kg/m^3 的名称为“千克每立方米”，而不是“千克/立方米”。

总的原则是，单位的名称中不得夹带任何符号，包括乘、除、指数、括弧等。而名称既可以是全称，也可以是简称。

2.2.2.2　法定计量单位和词头

（1）法定计量单位和词头的符号的使用方法

①在小学、初中课本和普通书刊中有必要时，可将单位的简称（包括带有词头的单位简称）作为符号使用，这样的符号称为“中文符号”。

②法定计量单位和词头的符号，不论拉丁字母或希腊字母，一律用正体，不附省略点，且无复数形式。

③单位符号的字母一般用小写字体，若单位名称来源于人名，则其符号的第一个字母用大写体。

例如：时间单位“秒”的符号是 s。

例如：压力、压强的单位“帕斯卡”的符号是 Pa。

在法定计量单位中，目前只有升这一单位的符号例外，它不认为是来源于人名，过去它一直是用小写字母“l”表示，但“l”极易与数字“1”混淆。在国际计量大会上有代表建议将小写字母“l”改成大写字母“L”，但未通过，也未否决。通过的决议是“目前暂保持用两种符号，待将来意见成熟再表决取消其中哪一个”。

④词头符号的字母当其所表示的因数小于 10^6 时，一律用小写体，大于或等于 10^6 时用大写体。

词头符号中的 M 与 m；Y 与 y；Z 与 z 必须注意区分。其他字母虽无大小写均出现的情况，其字母的大小写亦应按规定，以减少误认为单位符号的可能。例如：k 是词头，表示 10^3，但 K 则是热力学温度的 SI 单位——开尔文的符号了。

国际上曾有建议将倍数单位的词头用大写字母、分数单位的词头用小写字母，但考虑到 SI 的稳定和既成习惯，该项建议未通过。

⑤由两个以上单位相乘构成的组合单位，其符号有下列两种形式：

N·m　　　　N m

若组合单位符号中某单位的符号同时又是某词头的符号，并有可能发生混淆时，则应尽量将它置于右侧。

例如：力矩单位“牛顿米”的符号应写成 N m，而不宜写成 m N，以免误解为“毫牛顿”。

关于单位相乘中，孰在前孰在后的问题，国际上没做原则规定，而只有上述避免混淆的要求。但是事实上存在某些习惯，违反这些习惯，使人感到别扭。例如：动力黏度的 SI 单位，只用 Pa·s 而不习惯用 s·Pa，尽管后者并非什么错误。单位相乘中，表示温度和时间的单位习惯置于最后。例如：J/（kg·K）、kW·h、lm·s、lx·s、J/（mol·K）。

以下 4 个法定计量单位符号，同时也是词头的符号：

m（米）：作为词头为毫，10^{-3}；

h（小时）：作为词头为百，10^2；

T（特斯拉）：作为词头为太，10^{12}；

a（年）：作为词头为阿，10^{-18}。

⑥由两个以上单位相乘构成的组合单位，其中文符号只有一种形式，即用居中圆点代表乘号。

例如：力矩单位“牛顿米”的中文符号是“牛·米”而不是“牛米”“[牛]·[米]”“[牛][米]”“牛-米”“（牛）-（米）”“牛顿·米”等。

注意中文符号不应与中文名称，特别是简称混淆。上例中，“牛米”作为名称是对的，但作为符号则是不对的。

⑦由两个以上单位相除构成的组合单位，其符号可用下列3种形式之一：

$$\mathrm{kg/m^3} \qquad \mathrm{kg\cdot m^{-3}} \qquad \mathrm{kg\ m^{-3}}$$

当可能发生误解时，应尽量用居中圆点或斜线（/）的形式。

例如：速度单位“米每秒”的符号用 $\mathrm{m\cdot s^{-1}}$ 或 m/s，而不宜用 $\mathrm{m\ s^{-1}}$，以免将其误解为“每毫秒”。

⑧由两个以上单位相除构成的组合单位，其中文符号可用以下2种形式之一：

$$千克/米^3 \qquad 千克\cdot 米^{-3}$$

⑨在进行运算时，组合单位中的除号可用水平横线表示。

例如：速度单位可以写成$\frac{米}{秒}$。

⑩分子无量纲分母有量纲的组合单位即分子为1的组合单位的符号，一般不用分式而用负数幂的形式。

例如：波数单位的符号是 $\mathrm{m^{-1}}$，一般不用 1/m。

ISO 31－0 无此项规定。我国的这一条规则也不是严格的，而是带有建议性的。$\mathrm{m^{-1}}$读成“每米”，1/m 而只能读成“一每米”。后者在两种情况下易产生混淆：一是“1”易混淆为升的符号；二是在单位前有数字时，如 10 $\mathrm{m^{-1}}$写成 101/m 读起来即成为“十一每米”，混淆为 11 $\mathrm{m^{-1}}$。

⑪在斜线表示相除时，单位符号的分子和分母都与斜线处于同一行内。当分母中包含两个以上单位符号时，整个分母一般应加圆括号。在一个组合单位的符号中，除加括号避免混淆外，斜线不得多于一条。

例如：热导率单位的符号是 W/（m·K），而不是 W/m·K 或 W/m/K。

⑫词头的符号和单位的符号之间不得有间隙，也不加表示相乘的任何符号。

在词头和单位的符号之外加圆括号也是不必要的。例如“每毫秒”的符号为 $\mathrm{ms^{-1}}$ 而不必写成 $\mathrm{(ms)^{-1}}$。

⑬单位和词头符号应按其名称或者简称读音，而不得按其字母读音。

⑭摄氏温度的单位“摄氏度”的符号℃，可作为中文符号使用，可与其他中文符号构成组合形式的单位。

这是唯一的例外。其余符号均不得作为中文符号使用。

J/℃的中文符号可以写成：焦/℃。

⑮非物理量的单位（如：件、台、元等）可用汉字与符号构成组合形式的单位。

计量单位的中文符号与这类汉字构成组合形式的中文符号比较常见，例如：表示年产量用：台/年。在全部用中文符号的一本书籍或一篇文章中，这样使用未必不可。但全部采用字母符号的一本书籍或一篇文章中，也可以用汉字的计数单位名称与单位的符号组合使用，如：台/a。

（2）法定计量单位和词头的使用规则及注意事项

①单位和词头的名称，一般只宜在叙述性文字中使用。单位和词头的符号，在公式、数据表、曲线图、刻度盘和产品铭牌等需要简单明了表示的地方使用，也可用于叙述性文字中。

应优先采用符号。

事实上，在科技出版物中，采用符号代替名称，读者阅读起来是方便的。特别是叙述特定量的大小时，例如："……50 km/h……"。对于某些非确定大小的量值，例如"……几十公里每小时……"，不能写成"……几十 km/h……"。

这一条只提出了使用符号的一般原则，对于具体的不同情况，还是由使用者根据方便、习惯去决定。

②单位的名称或符号必须作为一个整体使用，不得拆开。

例如：摄氏温度单位"摄氏度"表示的量值应写成并读成"20 摄氏度"，不得写成并读成"摄氏 20 度"。

例如：30 km/h 应读成"三十千米每小时"。因为"千米每小时"是单位的名称，应视为一个整体。

把 20℃写成或印成 20° C 也是错误的。因为℃是一个符号的整体。

③选用 SI 单位的倍数单位或分数单位，一般应使量的数值处于 0.1～1 000 范围内。

例如：1.2×10^{4} N 可以写成 12 kN；

0.003 94 m 可以写成 3.94 mm；

11 401 Pa 可以写成 11.401 kPa；

3.1×10^{-8} s 可以写成 31 ns。

某些场合习惯使用的单位可以不受上述限制。

例如：大部分机械制图使用的长度单位可以用"mm（毫米）"；导线截面积使用的面积单位可以用"mm^2（平方毫米）"

在同一个量的数值表中或叙述同一个量的文章中，为对照方便而使用相同的单位时，数值不受限制。

词头 h、da、d、c（百、十、分、厘），一般用于某些长度、面积和体积的单位中，但根据习惯和方便也可用于其他场合。

某些专业领域只习惯某一种或少数几种倍数或分数单位。例如：电力系统中发电能力的单位符号用 kW、MW；运输行业中运输量的单位符号用 t·km；土地（特别是指国家和行政区划）面积的单位符号用 km^2；工程压力的单位符号用 MPa；材料物理性能的单位符号用 N/mm^2 等。

选择单位使数值处于 0.1～1 000 范围时，应注意不得改变有效位数的多少。

④有些非法定计量单位，可以按习惯用 SI 词头构成倍数单位或分数单位。

例如：mCi、mGal、mR 等。

法定计量单位中的摄氏度以及非十进制的单位，如平面角单位“度”“分”“秒”与时间单位“分”“时”“日”等，不得用SI词头构成倍数单位或分数单位。

除以上所指明的不得用SI词头的单位外，在法定计量单位中，还有以下单位不得用SI词头：n mile、kn、u、r/min。

⑤不得使用重叠的词头。

例如：nm不应该用mμm；pF不应该用μμF。

kg虽然是SI基本单位，但是由于历史的原因它已有了词头k，在构成它的倍数单位和分数单位时，也只能在g前加一个词头，而不得在kg前再加。因此1 000 kg如用词头表示，只能是1.000 Mg。

⑥亿（10^8）、万（10^4）等是我国习惯用的数词，仍可使用，但不是词头。习惯使用的统计单位，如万公里可记为“万km”或“10^4 km”；万吨公里可记为“万t·km”或“10^4 t·km”。

⑦只是通过相乘构成的组合单位在加词头时，词头通常加在组合单位中的第一个单位之前。

例如：力矩的单位kN·m，不宜写成N·km。

这只是个一般规定。根据习惯与方便往往并不如此。如电阻率的SI单位Ω·m就常用Ω·cm。ISO 1000有此例。

⑧只通过相除构成的组合单位或通过乘和除构成的组合单位在加词头时，词头一般应加在分子中的第一个单位之前，分母中一般不用词头。但SI基本单位kg，这里不作为有词头的单位对待。

例如：摩尔内能单位kJ/mol不宜写成J/mmol。

比能单位可以是J/kg。

这只是个一般规定。根据习惯与方便不仅词头可以用于分母，甚至分子分母均带有词头。ISO 1000中列有：密度单位g/ml。

⑨当组合单位分母是长度、面积和体积单位时，按习惯与方便，分母中可以选用词头构成倍数单位或分数单位。

例如：密度单位可以选用g/cm^3。

⑩一般不在组合单位的分子分母中同时采用词头，但质量单位kg这里不作为有词头对待。

例如：电场强度的单位不宜用kV/mm，而用MV/m；质量摩尔浓度可以用mmol/kg。

⑪倍数单位和分数单位的指数，指包括词头在内的单位的幂。

例如：$1\ cm^2=1\ (10^{-2}\ m)^2=1\times10^{-4}\ m^2$，而$1\ cm^2\neq10^{-2}\ m^2$。

$1\ \mu s^{-1}=1\ (10^{-6}\ s)^{-1}=1\times10^6\ s^{-1}\neq1\times10^{-6}\ s^{-1}$。

⑫在计算中，建议所有量值都采用SI单位表示，词头以相应的10的幂代替（kg本身是SI单位，故不应换成10^3 g）。

按这一建议，数值方程的系数与相应的量方程系数一致而带来方便，在计算中也不易算错。

⑬将SI词头的部分中文名称置于单位名称的简称之前构成中文符号时，应注意避免与中文数词混淆，必要时应使用圆括号。

例如：体积的量值不得写成 2 千米³。如表示二立方千米，则应写为 2（千米）³（此处“千”为词头）；如表示二千立方米，则应写为 2 千（米）³（此处“千”为数词）。

2.3 数和量的表示方法

2.3.1 数的表示方法

2.3.1.1 数的分节和小数记号

4 位和 4 位以上的数字，采用三位分节法。从小数点起，向左和向右每三位分成一节（也称组），节与节之间空半个阿拉伯数字的位置。例如：

34 500 m，1/1 000，270.005 5 kg，3.040 32×10⁵ Ω

不采用“，”号分节法。例如，34 500 m 不能写成 34，500 m。非科技书刊中的数字目前可不分节。非计量用数也不分节，如 GB 7676、83411 部队、电话 2999222 等。

另外，小数点是位于底线上的圆点，国家标准不采用逗号作为小数点。例如，273.055 5 kg 不能写成 273，055 5 kg。在国际标准化组织（ISO）的文件中小数点是采用逗号的，但 ISO 也认可圆点可以作为小数点记号。

小于 1 的小数应该写出小数点前用以定位的 0。例如，0.25 不得写成 .25。另外，小数点后的有效零也必须写出，例如，当长度的测量不确定度（以下简称不确定度）是 5 mm 时，若测量结果是 15.600 m，则不应写成 15.6 m，如果这样写，这就意味着数字 6 就是不准确的，从而使测量的准确度大大降低。

2.3.1.2 数的书写形式

凡是可以使用阿拉伯数字而又很得体的地方均应使用阿拉伯数字。遇有特殊情况，可以灵活变通，但应力求保持相对统一。

（1）应使用阿拉伯数字的情况

凡记数与计量（包括正负整数、分数、小数、百分比、约数等）均应使用阿拉伯数字。

例：302　−125.03　1/1 000　4.5 倍　3.4%　3∶1　1 764.8 万公里　18 公斤　18 kg　维生素 B_{12}

公历世纪、年代、年、月、日和时刻也应使用阿拉伯数字。

例：20 世纪 90 年代　公元前 440 年　1996 年 9 月 7 日　4 时 20 分　鲁迅（1881-09-25—1936-10-19）

（2）应使用汉字的情况

用数词作词素构成的词组、惯用语等，仍应使用汉字。

例：一律　第三世界　八路军　五省一市　十月革命

邻近的两个数字并列连用，表示概数时应该用汉字。

例：二三米　三五天　十之八九　十三四吨　五六十岁

在叙述句中，如果出现的一位数（一、二、……、九）不是量值的数值部分时，也可以使用汉字。但是，带有计量单位时，必须用阿拉伯数字。

例：一个人　三本书　六条建议　读了七遍　每根长5米

用夏历纪年和表示星期几时，一律用汉字。

例：辛未年二月十一日　星期六

(3) 多位整数的表示方法

根据中国人的习惯，5位以上的数字，尾数零多的，也可以改写为以万和亿作计数单位。一般情况下，不得以十、百、千、十万、百万、千万、十亿、百亿、千亿作计数单位（但使用SI词头不在此例）。例如345 000 000公里可以表示为3.45×10^{11} m或3.45×10^{8} km，也可改写为3.45亿公里或34 500万公里，但不能写作3亿4 500万公里或3亿4千5百万公里。

在叙述句中，中文的计数词是允许和十进倍数单位连用的。例如，可以说“3千千瓦”“25万千瓦”“10亿千瓦时”等。但是，不能将其表示成“3k kW”“250k kW”“1G kWh”这种形式，因为词头不能重叠使用。在科技文献中，对以上量值最好分别表示为“3 MW”（3兆瓦）、“250 MW”（250兆瓦）、“1 TW h”（1太瓦时）。

2.3.1.3　数的相乘

国家标准规定，纯数字相乘时，乘号用“×”。

例如：5×25不能写成5·25；1.85×10^{-3}不能写成$1.85\cdot10^{-3}$。

但是，在用外文书写的文件中，若用逗号作小数点记号时，则可用居中圆点作乘号。

2.3.1.4　数的印刷

国家标准规定，数一般用正体印刷。4位以上数的各组（节）之间的间隙要注意保留。

一个两位和两位以上的数不能被移行排到两行。当为整理版面需要调整字间间隙时，数字应有的间隙不能改变。

2.3.2　量的数学运算和量的表示方法

2.3.2.1　量的符号

量的符号通常是单个拉丁或希腊字母，有时带有下标或其他的说明性标记。无论正文的其他字体如何，量的符号都必须用斜体印刷，符号后不附加圆点（正常语法句子结尾标点符号除外）。

如在某些情况下，不同的量有相同的符号或是对一个量有不同的应用或要表示不同的值，可采用下标予以区分。

根据下列原则印刷下标：

表示物理量符号的下标用斜体印刷；

其他下标用正体印刷。

例：

正体下标	斜体下标
C_{g}（g：气体）	C_p，（p：压力）
g_{n}（n：标准）	$\sum_n a_n \theta_n$（n：连续数）
μ_{r}（r：相对）	$\sum_x a_x b_x$（x：连续数）

E_k（k：动的）　　g_{ik}（i，k：连续数）

χ_e（e：电的）　　p_x（x：x 轴）

$T_{1/2}$（1/2：一半）　　I_λ（λ：波长）

用作下标的数应用正体印刷，表示数的字母符号一般都应用斜体印刷。

关于下标的应用，可参阅 GB/T 3102.6 和 GB/T 3102.10 的特殊说明。

2.3.2.2　量的数学运算

量值表达式为

$$A=\{A\}\cdot[A]$$

式中，A 为物理量的符号。例如，电阻用 R、波长用 λ 等；$[A]$ 为某一单位的符号，例如，电阻的单位 Ω、波长的单位 m 等；$\{A\}$ 为以单位 $[A]$ 表示的量 A 的数值。

当两个或两个以上的物理量，只要都属于可相比较的同一类量，就可以相加或相减。由上式可知，两个单位相同的量 A 和 B 相加减时，应满足下述关系：

$$A\pm B=\{A\}[A]\pm\{B\}[A]=(\{A\}\pm\{B\})\cdot[A]$$

例：$R_1+R_2=10\ \Omega+0.1\ \Omega=(10+0.1)\Omega=10.1\ \Omega$

$R_1-R_2=10\ \Omega-0.1\ \Omega=(10-0.1)\Omega=9.9\ \Omega$

两个量 A 和 B 的乘积应满足下述关系：

$$AB=\{A\}[A]\cdot\{B\}[B]=\{A\}\{B\}\cdot[A][B]$$

例：$F=ma=10\ \text{kg}\times5\ \text{m/s}^2=50\ \text{kg}\cdot\text{m/s}^2=50\ \text{N}$

两个量 A 和 B 的商应满足下述关系：

$$\frac{A}{B}=\frac{\{A\}[A]}{\{B\}[B]}=\frac{\{A\}}{\{B\}}\cdot\frac{[A]}{[B]}$$

例：$v=\dfrac{l}{t}=\dfrac{6\ \text{m}}{2\ \text{s}}=3\ \dfrac{\text{m}}{\text{s}}$

应该注意的是在计算时，公式中应代入具体单位。如果将以上几个算式分别列为

$$R_1+R_2=10+0.1=10.1\ \Omega，R_1-R_2=10-0.1=9.9\ \Omega$$

和

$$F=ma=10\times5=50\ \text{N}，v=\frac{l}{t}=\frac{6}{2}=3\ \frac{\text{m}}{\text{s}}$$

就是不正确的了，因为在计算过程中没有代入单位。

还应该提及的是：当进行具体运算时，最好将单位的词头改用相应的因数表示。这样做的好处是计算方便，而且所得计算结果也必然是相应物理量的 SI 单位（主单位）。这正是一贯单位制的优点所在。

例：$F=ma=2.5\ \text{t}\times50\ \text{m/s}^2=2.5\times10^3\ \text{kg}\times50\ \text{m/s}^2=1.25\times10^5\ \text{N}=125\ \text{kN}$

2.3.2.3　量的表示方法

量的表示方法有如下几点注意事项：

①量是用量值表示的。表示量值时，单位符号应置于数值之后；数值与单位符号间留一空隙。此空隙可为同文中半个阿拉伯数字，也可为 1/4 个汉字。

例：$l=203\ \text{m}$　　100 ℃

但是，平面角的度、分和秒与数值之间却不留空隙。

例：$\alpha=18°$　　$\beta=28.4°$　　$\gamma=0.02'$

不过，如果平面角的单位度、分和秒与其他单位构成组合单位时，该组合单位与它前面的数值之间仍应留有空隙。

②表示带有偏差范围或不确定度的量值时，用圆括号将数值组合，置共同的单位符号于全部数值之后，或写成各个值的和或差：

例：t＝28.4 ℃±0.2 ℃＝(28.4±0.2)℃

不得写成：t＝28.4±0.2 ℃

若用相对偏差范围或相对不确定度表示时，可表示为

t＝28.4×(1±0.007)℃

如果把这个等式写作：t＝28.4 ℃±0.7％是错误的，因为第一项是单位为℃的量值，而第二项只是一个百分数，量纲不相同的两个量值相加减是没有意义的。

③当表示百分比范围时，按下述方式：

40％～60％（不得写成 40～60％）

如果有中心值（设为 50％）或注明标称值时，也可以表示为

(50±10)％

但是，如果表示为

50％±10％

则是不妥当的，因为这个 10％可能理解为 50％的 10％，也可能被理解为 100％的 10％。

④当表示量值范围时，GB 1.1—1987 曾举例为

17～23 ℃　　　　15～20 kg

GB 1.1—2000 中此二例改为

17℃～23 ℃　　　　15 kg～20 kg

⑤根据 GB 1.1—2020 的规定，当表示外形尺寸时，可表示为

80 mm×25 mm×50 mm

不得表示为

80×25×50 mm 或（80×25×50）mm

1. 结合自己的工作写出你所用到的法定计量单位的名称与符号，其中包括十进倍数与分数单位。

2. 可以称 SI 单位为“国际单位制单位”吗？为什么？

3. 我国法定计量单位中规定的组合形式的单位与导出单位有什么关系？

4. 对下述各句中有错误的请指出，并予改正。题后括号内为参考答案与提示。

（1）千克、公斤、米、公尺、千米、公里、厘米、公分、升、公升都是我国的法定计量单位。(公尺、公分、公升不是)

（2）某发电厂的煤耗是 380 克/千瓦时。[克/（千瓦·时)]

（3）某发电厂的煤耗是380克每千瓦时。（正确）

（4）某发电厂的煤耗是380克/（千瓦·时）。（正确）

（5）某发电厂的煤耗是380 g/（kW·h）。（正确）

（6）某发电厂的煤耗是380 g/kWh。[g/（kW·h）]

（7）某商品房的售价是1 980元/平方米。（元/米^2）

（8）某商品房的售价是1 980元/M^2。（元/m^2）

（9）某商品房的售价是1 980元每平米。（元每平方米）

（10）单位t/h的中文名称是“吨每小时”；中文符号是“吨/小时”。（吨/时）

（11）我们这里今年夏天的最高气温是摄氏40度。（40摄氏度）

（12）10 kg·m^2（转动惯量单位）量值的正确读法是“10千克平方米”。（10千克二次方米）

（13）某发电机输出的无功功率为10 MVar。（Mvar）

（14）某线路输送的有功电能为15 KWH，无功电能是2 kVarh。（kWh，kvarh）

3 计量法规

3.1 计量法律制度概述

统一性和准确性是计量工作的基本特征。要想在全国范围内，实现计量单位制的统一和量值的准确可靠，必须建立相应的法律制度，使之具有权威性和强制力。此外，计量事业的不断发展，计量科技水平的日益提高，也必然要求计量法律制度更加完善和计量法制管理进一步加强，使计量工作能够沿着法制管理的轨道，有秩序、高效率地运行，以适应社会主义现代化建设的需要。

3.1.1 计量与计量立法

计量是实现单位统一、量值准确可靠的活动，或者说是以实现单位统一、量值准确可靠为目的的测量。它涉及整个测量领域，并在法律的规定下，对测量起着指导、监督、保证和仲裁的作用。

计量的概念是随着社会生产的发展逐步形成的。当生产和商品交换变成社会性活动时，客观上就需要测量的统一，即要求在一定准确度内对同一物体在不同地点，用不同的测量手段，达到其测量结果的一致。为此，就要求以法定的形式建立统一的单位制。建立计量基准、标准，并以这种计量基准、标准检定/校准其他计量器具，保证量值的准确可靠。从而形成区别于测量的新概念——计量。

计量的本质特征是测量，但它又不同于普通的测量，而是在特定的条件下，具有特定含义、特定目的和特殊形式的测量。从狭义上讲，计量属于测量的范畴。它是一种为使被测量的单位量值在允许范围内溯源到基本单位的测量。从广义上讲，计量是为实现单位统一、量值准确可靠的全部活动，如确定计量单位制，研究建立计量基准、标准，进行计量监督管理等，这又超越了测量的概念，而且在技术和法制管理的要求上，计量要高于一般的测量，以实现国家对全国测量业务的监督。

计量涉及工农业生产、国防建设、科学试验、国内外贸易，以及人民的生活、健康、安全等各个方面，是国民经济的一项重要技术基础。随着社会经济的迅速发展，计量在以往度量衡的基础上逐步发展为长度、温度、力学、电磁学、光学、声学、化学、无线电、时间频率、电离辐射等各种专业，形成了一门独立的学科——计量学。可以说凡是为实现单位制统一，保障量值准确可靠的一切活动，均属于计量的范围。计量工作主要包括：贯彻执行国家计量法律、法规、规章和方针政策；推行法定计量单位；规划、协调和指导全国计量事业的发展；研究建立计量基准、标准；组织开展量值传递；对制造、修理、进口、销售、使用计量器具实施管理；对违法行为追究法律责任；研究计量理论和计量测试技术；开展国际间的计量技术合作与交流等。

计量是一项非常复杂的社会活动，是技术与管理的结合体。计量的技术行为通过准确的测量来体现；计量的监督行为通过实施法制管理来体现。

3.1.2 《计量法》及其基本特征

《计量法》是调整计量法律关系的法律规范的总称。它以法定的形式统一国家计量单位制，利用现代科学技术所能达到的最高准确度建立计量基准、标准，保证全国量值的统一和准确可靠，实现国家对测量业务的监督。

《计量法》作为国家管理计量工作的根本法，是实施计量法制监督的最高准则。其基本内容包括：计量立法宗旨、调整范围、计量单位制、计量器具管理、计量监督、计量授权、计量认证、计量纠纷的处理和计量法律责任等。

当今国际上多数国家的计量立法的原则差异较大，不尽一致。《计量法》遵循的是“统一立法，区别管理”的原则，这是根据我国的国情提出来的。所谓“统一立法”，就是无论是经济建设、国防建设的计量工作，还是与人民生活、健康、安全等有关的计量工作，都要受法律的约束，由政府计量部门实施统一的监督。所谓“区别管理”，就是在管理方法上要区别不同情况，有的由政府计量部门（包括授权单位）实施强制管理，有的则主要由企业、事业单位及其主管部门依法进行管理，政府计量部门侧重于监督检查。

经国务院批准确定的“统一立法，区别管理”的计量立法原则，是经过长期调查研究和充分论证之后确定下来的。它总结了我国计量工作的实践经验，又吸取了国际上一些成功的做法，完全符合我国当前的实际情况和经济体制改革的方向。在《计量法》的整个制定过程中，这一原则起了重要的指导作用。

计量立法的宗旨，首先考虑的是加强计量监督管理，健全国家计量法制。而加强计量监督管理最核心的内容是保障计量单位制的统一和全国量值的准确可靠，这是计量立法的基本点。由于单位制统一和量值的准确可靠是经济发展和生产、科研、生活能够正常进行的必要条件，《计量法》中的各项规定都是紧紧地围绕着这两个基本点进行的。但加强计量监督管理，保障计量单位制的统一和量值的准确可靠，还不是计量立法的最终目的。最终目的应该说是要达到应有的社会经济效果，即为了促进科学技术和国民经济的发展，为社会主义现代化建设提供计量保证；为了取信于民，保护广大消费者免受不准确或不诚实测量所造成的危害；为了保护人民群众的健康和生命、财产的安全，保护国家的权益不受侵犯。

《计量法》调整范围包括适用地域和调整对象，即中华人民共和国境内所有国家机关、社会团体、中国人民解放军、企业、事业单位和个人。凡是建立计量基准、计量标准，进行计量检定，制造、修理、销售、进口、使用计量器具，以及《计量法》规定的使用计量单位，开展计量认证，实施仲裁检定和调解计量纠纷，进行计量监督管理，都必须按照《计量法》的规定执行，不允许随意变通，各行其是。

根据我国的实际情况，《计量法》侧重调整的是单位量值的统一，以及影响社会经济秩序、危害国家和人民利益的计量问题。但是，并不是所有计量工作都要立法。也就是说，计量立法主要应限定在对社会可能产生影响的范围内，其他的，如教学示范中使用的计量器具或家庭自用的计量器具，就不必立法调整。如果不适当地将计量立法调整范围规定得过宽，一是没有必要，二是难以实施，结果导致由于条件不成熟而无法执行，反而失去了法律的严肃性。

我国《计量法》有自己鲜明的特点，可以说是一部具有中国特色的计量法律法规，同其他国家的《计量法》相比较，其主要特点有以下 3 个方面：

①实行“统一立法，区别管理”的原则。即无论是经济建设、国防建设的计量工作，还是与人民生活、健康、安全有关的计量工作，都要纳入法制管理的轨道。但在管理方法上区别对待，有的由政府计量行政部门实行强制管理，有的则由企业、事业单位及其主管部门依法进行管理，政府计量行政部门侧重于监督检查。这一特点在《计量法》第 9 条中得到具体体现。

②加强工业计量的法律调整。随着企业自主权的扩大和生产技术的日益发展，计量工作已越来越成为企业生产和发展的前提条件。计量立法对企业计量工作提出了更高更严的要求。具体有，采用 SI，推行法定计量单位；配备与生产、科研、经营管理相适应的计量检测设施；制定具体的检定管理办法和规章制度；制造计量器具的企业要搞好新产品定型（包括定型鉴定和样机试验），并实行许可证制度；为社会提供公证数据的产品质量检验机构要进行计量认证。

③适应改革需要的放权、授权。为了减少、避免和防止不必要的行政干预，在计量管理方面实行一些重要的改革：第一，下放建标审批权，即建立计量标准由行政审批制改为技术考核制。第二，下放计量器具出厂检定权，即由国家检定改为由制造计量器具的企业，进行出厂检定，保证产品质量。第三，县级人民政府计量行政部门根据需要，在统筹规划、经济合理、就地就近、利于管理、方便生产的前提下，可以授权其他单位的计量机构或技术机构，执行强制检定和其他检定、测试任务。

3.1.3 计量法规体系

自 1985 年 9 月 6 日全国人大常委会通过《计量法》以来，经过 30 多年的努力，我国现在基本建成了计量法规体系，形成以《计量法》为根本法及与其配套的若干计量行政法规、规章（包括规范性文件）的计量法群，在整个计量领域实现了有法可依的愿望。计量法规体系可以分为以下层次：

①计量法律，即《计量法》。

②计量行政法规、法规性文件，包括《中华人民共和国计量法实施细则》《国务院关于在我国统一实行法定计量单位的命令》《全面推行我国法定计量单位的意见》《中华人民共和国强制检定的工作计量器具检定管理办法》《国防计量监督管理条例》等。

③计量规章、规范性文件，包括《中华人民共和国计量法条文解释》《实施强制管理的计量器具目录》《计量基准管理办法》《计量标准考核办法》《标准物质管理办法》《零售商品称重计量监督管理办法》《定量包装商品计量监督管理办法》等。

④计量技术规范，包括：国家计量检定规程、国家计量检定系统表和其他国家计量技术规范。

注：国家计量检定规程的代号为 JJG，是检定计量器具时必须遵守的法定技术文件。其他国家计

量技术规范的代号为JJF，是一种指导性、规范性文件，例如校准规范、通用计量术语及定义、不确定度评定与表示等。

⑤计量地方法规也是计量法规体系的重要组成部分。

3.2 计量检定

3.2.1 计量检定概述

3.2.1.1 计量检定的概念及分类

计量检定是查明和确认计量器具符合法定要求的活动，它包括检查、加标记和/或出具检定证书。它是计量人员利用计量标准、计量基准对新制造的、使用中的和修理后的计量器具进行一系列的实验技术操作，以判断其准确度、稳定度、灵敏度是否符合规定，是否可供使用。因此，计量检定在计量工作中具有非常重要的作用。它是进行量值传递（或量值溯源）的重要形式，是保证量值准确一致的重要措施。

计量检定是一个总的概念，按照管理环节的不同，可分为：

①周期检定——对使用中的计量器具在用过一段时期后，根据有关规定所进行的定期检定。

②出厂检定——制造计量器具的企业、事业单位，为保证产品的计量性能合格，外销之前对所制造的产品进行的检定。

③修后检定——使用中经过检定不合格的计量器具，由修理人员修好后，交付使用前所进行的检定。

④进口检定——外商及其代理人在我国经营销售外国制造的计量器具，海关验放后，由有关政府计量行政部门进行的检定。

⑤仲裁检定——以裁决为目的处理计量纠纷的检定。

按照管理性质的不同，计量检定可分为强制检定和非强制检定。

3.2.1.2 计量检定的特点

计量检定的目的是确定或证实计量器具是否完全满足计量检定规程的要求。它具有以下特点：

①计量检定的对象是计量器具（含标准物质），不是一般的工业产品。

②计量检定的主要作用，在于评定计量器具的计量性能，确定其误差大小，以及寿命、安全性，确保全国量值的溯源性。

③计量检定的结论是确定被检计量器具是否合格，即制造的计量器具能否出厂，修理后和使用中的计量器具能否可供继续使用，这一点体现了计量检定的真正价值。

④计量检定具有监督管理的性质，是计量技术活动中不可缺少的环节。计量检定部门的职能和计量器具的适用范围不同，检定结果的法律地位也不相同。如法定计量检定机构所进行的检定，属于国家对测量业务的一种技术监督，出具的检定证书在社会上具有特定的效力。

3.2.1.3 我国计量检定的体制

我国计量检定体制与计量监督管理体制是截然不同的。计量监督管理是按行政区划实施的。而计量检定则是打破行政区划和部门的界限，按照经济合理的原则就地就近进行的。所谓“经济合理”，是指进行计量检定要充分利用现有的计量检定设施，合理部署多层次的计量检定网点。所谓“就地就近”，是指开展计量检定可以不受行政区划和部门管辖的限制。这样的计量检定体制既建立了一个统一的量值传递体系，保证全国量值不乱，同时又考虑到纵向的畅通和横向的联系，充分发挥以大、中城市为中心的功能，调动和组织各方面的力量，互相协作、取长补短，共同完成量值传递的重任。如河北省唐山市的计量标准通过协商，完全可以送到天津市计量行政部门去检定，不必舍近求远，按其隶属关系送到河北省政府计量行政部门（石家庄市）去，又如安徽省马鞍山市的计量标准可以就近送到江苏省政府计量行政部门（南京市）去检定，这要比送到安徽省合肥市方便得多。

3.2.2 计量检定印、证

3.2.2.1 计量检定印、证的概念及种类

计量检定印、证是指计量器具经过检定合格后，由检定单位所出具的检定证书、检定合格证或加盖的合格印；经检定不合格的，由检定单位所出具的检定结果通知书（不合格通知书）或加盖的注销印等。经检定后出具的检定印、证，是对计量器具的性能和质量做出的技术判断，是评定该计量器具的法定结论。因此，检定出证工作是整个检定工作中一个必不可少的环节，是计量器具能否投入销售、使用的凭证。在调解、仲裁、审理、判决计量纠纷和案件时，经计量基准、社会公用计量标准检定合格而出具的计量检定印、证，是一种具有权威性和法制性的标记或证明，可以作为法律依据。计量检定印、证包括：

①检定证书；

②检定结果通知书（不合格通知书）；

③检定合格证；

④检定合格印：錾印、喷印、钳印、漆封印；

⑤注销印。

3.2.2.2 计量检定印、证的管理和使用

各级计量检定机构和检定人员在管理和使用计量检定印、证时，要严肃且认真地做到以下几点：

①计量检定印、证的规格、式样由国务院计量行政部门规定并负责定点监制，由省级计量行政部门和专业计量站统一编号发放。

②检定机构对检定印、证要有专人保管，并建立领用登记、归还签收等管理制度。

③计量检定印、证不准转让和租借，对伪造、盗用和倒卖强制检定印、证的，要按规定追究法律责任。

④只有经持有计量检定证件的人员检定合格的计量器具，才能出具检定证书，或标以检定合格印、证。

⑤填发检定证书要有高度责任心，字迹要工整，加盖的检定印必须清晰完整。发现检定印有磨损、残缺时，应立即停止使用并同时向发印机关申请制发新印。检定合格证必须粘贴牢固。

⑥计量检定人员要严格执行计量检定规程，出具的每个数据要准确无误，维护检定印、证的权威性和法制性。

3.2.3 计量检定的技术规范

3.2.3.1 国家计量检定系统表的概念及作用

国家计量检定系统表简称国家计量检定系统，是指对从计量基准到各等级计量标准直至工作计量器具的检定程序所做的技术规定。它由文字和图构成。每一个计量检定系统就计量基准到各等级计量标准的传递层次来说，是“金字塔”形的，最高层次的计量基准一般只能有一个，多了就会造成全国量值的混乱。

国家计量检定系统属于计量技术规范，是为量值传递（或量值溯源）而制定的一种法定性技术文件。其作用是把实际用于测量的工作计量器具的量值和国家计量基准所复现的量值联系起来，构成一个完整的、科学的从计量基准到计量标准直至工作计量器具的检定程序。

计量检定系统在计量工作中具有十分重要的地位。它是建立计量基准和各等级计量标准，制定计量检定规程，组织量值传递的重要依据。它主要是规定检定程序，即哪一级检定哪一级，以及用于检定和被检定的计量器具的名称、测量范围、准确度和检定方法等。因此，只有应用计量检定系统，才能把全国不同等级、不同量限的计量器具，纵横交错的计量网络，科学而又合理地组织起来。有了计量检定系统，才能使计量检定结果在允许误差范围内溯源到计量基准的量值，从而达到以计量基准为最高依据，实现全国量值统一的目的。所以，《计量法》规定：计量检定必须按照计量检定系统进行。

3.2.3.2 计量检定规程的概念及作用

计量检定规程是指对计量器具的计量性能、检定项目、检定条件、检定方法、检定周期，以及检定数据处理所做的技术规定。我国计量检定规程有国家计量检定规程、部门和地方计量检定规程之分。凡跨地区、跨部门需要在全国范围内执行的计量检定规程，由国务院计量行政部门制定国家计量检定规程。仅在某个部门、某个地区需要或暂时没有国家计量检定规程的，可制定部门或地方计量检定规程，在本部门或本行政区域内执行。

计量检定规程属于计量技术规范。它是计量监督人员对计量器具实施监督管理，计量检定人员执行检定任务的重要法定依据。国际上凡是开展计量工作的国家，无不制定类似的技术性文件，以强化计量法制管理。国际法制计量组织成立的主要使命，就是制定法制计量方面的国际建议（即计量检定规程）。这是各国共同遵守的国际性技术法规。其目的是保证工业、商业等经济生活中测量的准确度，加强各国计量部门之间的联系，促进技术交流，解决因制造、使用、检定计量器具而出现的技术和管理问题，使计量法制工作在国际范围内尽量得到统一和公认。

计量检定规程的主要作用，在于统一测量方法，确保计量器具的准确一致，使全国的量值都能在一定的允许误差范围内溯源到计量基准。它是协调生产需要，计量基准、计量标准的建立和计量检定系统三者之间联系的纽带。这是计量检定规程独具的特性，是任何其他技术规范所不能取代的。从某种意义上说，它是具体体现计量定义的基本保证，不仅具有法制性，同时具有科学性。每一个计量检定规程的制定实施，都应看成是一项科技成果。所以，《计量法》规定：凡新制造的、销售的、在用的、修理后的以及进口的计量器具的检定，都必须按照计量检定规程进行。

3.3 计量监督

3.3.1 计量监督概述

3.3.1.1 计量监督的概念及其作用

计量监督是为保证《计量法》的有效实施进行的计量法制管理，也可以说是为保障某项活动的顺利进行所提供的计量保证。它是计量管理的一种特殊形式。计量工作依法所进行的管理，都属于计量监督的范畴。所谓计量法制监督，就是依照《计量法》的有关规定所进行的强制性管理，或称为计量法制管理。

任何一项法律、法规制定以后，要想得到有效的实施，必须采取两项有力措施：一是在法律、法规的执行过程中严格进行监督；二是对违反法律、法规的行为依法给予惩处。计量监督的使命，在于保障国家计量单位制的统一和量值的准确可靠，有利于生产、贸易和科学技术的发展，为社会主义现代化建设提供计量保证，维护国家和群众的利益。这是计量监督所独具的特色。加强计量监督一定要依法办事，只有做到有法必依、违法必究、公正执法才能保证《计量法》的全面实施；只有正确运用法律赋予计量部门的职权，才能维护《计量法》的尊严，体现《计量法》的强制力。从某种意义上说，放弃或淡化计量监督，就等于取消《计量法》。对于计量监督这种重要性，必须予以高度的重视。

计量监督是计量管理的一个重要组成部分。在《计量法》颁布以后，各级政府计量行政部门的工作重心，应是组织和监督计量法律、法规在本行政区域内的贯彻实施。

3.3.1.2 计量监督体制

计量监督体制是指计量监督工作的具体组织形式，它体现国家与地方各级政府计量行政部门之间、各主管部门与各企业、事业单位之间的计量监督的关系。

我国的计量监督管理实行按行政区划统一领导、分级负责的体制。全国的计量工作由国务院计量行政部门负责实施统一监督管理。各行政区域内的计量工作由当地计量行政部门监督管理。省级人民政府计量行政部门是省级人民政府的计量监督管理机构。地、县级计量行政部门是省级政府计量行政部门的直属机构。中国人民解放军和国防科技工业系统的计量工作，另行制定监督管理条例。各有关部门设置的计量行政机构，负责监督计量法律、法规在本部门的贯彻实施。企业、事业单位根据生产、科研和经营管理的需要设置的计量机构，负责监督计量法律、法规在本单位的贯彻实施。

政府计量行政部门所进行的计量监督，是纵向和横向的行政执法性监督；部门计量行政机构对所属单位的监督和企业、事业单位的计量机构对本单位的监督，则属于行政管理性监督，一般只对纵向发生效力。从全国来讲，国家、部门和企业、事业单位三者的计量监督是相辅相成的，各有侧重，相互渗透，互为补充，构成一个有序的计量监督网络。从法律实施的角度讲，部门和企业、事业单位的计量机构，不是专门的行政执法机构。因此，对计量违法行为的处理，部门和企业、事业单位或者上级主管部门只能给予行政处分，而政府计量行政部门对计量违法行为，则可依法给予行政处罚。因为，行政处罚是由特定的执行监督职能的政府计量行政部门行使的。

3.3.2 计量监督机构

根据法律的规定，我国各省、自治区、直辖市及绝大多数市（盟、州）、县（区、旗）应设置政府计量行政部门。这些计量行政机构的设置及不断的充实和加强，成为我国计量监督管理工作的重要组织保障。

这些计量监督机构的主要职责是：

①贯彻执行计量工作方针、政策、法律、法规、规章制度。

②制定和协调计量事业的发展规划，推行法定计量单位，建立计量基准和社会公用计量标准，组织量值传递。

③对制造、修理、进口、销售、使用计量器具实施监督。

④进行计量认证，组织仲裁检定，调解计量纠纷。

⑤监督计量法律、法规和规章的执行情况，对计量违法行为依法进行惩处。

3.3.3 计量检定机构

3.3.3.1 计量检定机构的概念

计量检定机构，是从事评定计量器具的计量性能，确定其是否合格的技术机构。《计量法》中的计量检定机构是指承担计量检定工作的有关技术机构，包括专门从事计量技术工作的技术机构，如各级政府计量行政部门设置的计量检定所，计量科学研究院、所，计量测试院、所；国防科工委批准设置的国防计量测试研究中心、计量一级站、计量二级站、计量三级站；有关部门所属的其他计量技术机构。

根据《计量法》的规定，计量检定机构在从事计量检定时，必须依照国家计量检定系统表进行，必须执行计量检定规程。计量检定机构按照其职责及法律地位的不同，可以分为法定计量检定机构和一般计量检定机构。法定计量检定机构是指县级以上人民政府计量行政部门所属的计量检定机构和授权有关部门建立的专业性、区域性计量检定机构。一般计量检定机构是指其他部门或企业、事业单位根据需要所建立的计量检定机构。

3.3.3.2 法定计量检定机构

法定计量检定机构是为实施计量监督管理提供技术保证的技术机构。国家计量基准和社会公用计量标准一般都建立在法定计量检定机构之中。因此，它具有计量检定工作上的权威性。这类机构的特点是：

①拥有雄厚的技术实力。因为计量执法具有很强的技术性，国家要用现代计量技术装备各级计量检定机构，为社会主义现代化建设服务，为工农业生产、国防建设、科学实验、国内外贸易，以及人民的健康、安全提供计量保证。

②坚持公正的地位。法定计量检定机构不是开发性机构，所从事的工作都具有法制性，不允许有丝毫徇私枉法的行为，要有独立于当事人之外的第三者的立场，不能

受当事人任何一方的制约，不能因经济利益或其他关系而影响自己的形象。

③恪守非营利的原则。法定计量检定机构的经费分别列入各级政府财政预算，就是说这类机构不应是营利单位，不能靠赚钱来发展业务和实施监督，不宜从事任何生产、经营性活动，不应直接参与外单位的经济技术管理。检定收费要按照国家规定进行，不宜随意或变相提高收费标准。

根据《中华人民共和国计量法实施细则》的规定，法定计量检定机构的职责包括：

①负责研究建立计量基准、社会公用计量标准；

②进行量值传递，执行强制检定和法律规定的其他检定、测试任务；

③起草技术规范，为实施计量监督管理提供技术保证；

④承办计量行政部门委托的有关计量监督工作。

3.3.3.3 专业计量检定机构

专业计量检定机构是承担专业计量强制检定和其他检定测试任务的法定计量检定机构，是根据我国生产、科研的实际需要的一种授权形式。各地政府计量行政部门也授权建立了一批地方专业计量站，这些专业计量技术机构在专业项目的量值传递以及确保单位量值统一方面起到了积极作用。它是全国法定计量检定机构的一个重要组成部分。

建立专业计量检定机构（包括国家站、分站、地方站）是为了充分发挥社会技术力量的作用。各地应遵循统筹规划、方便生产、利于管理、择优选定的原则。在授权项目上，一般应选定专业性强、跨部门使用、急需统一量值，而各级政府计量行政部门又不准备开展或无条件开展的专业项目。因为，这些专业项目的计量器具主要是少数部门使用，而且建立计量基准、计量标准的投资大，配套设施费用高，条件很不容易具备。

专业计量检定机构本身并不具有监督职能，但由于监督体制上的特殊性（不受行政区划限制，按专业跨地区进行），它可以受政府计量行政部门的委托，行使授权范围内的计量监督职能，可以设置专业计量监督员，作为政府计量行政部门的派出人员，对授权的专业计量项目执行监督任务，对违反计量法律、法规和规章的行为提出处理意见，由当地政府计量部门执行行政处罚。

专业计量检定机构与政府计量行政部门所属法定计量机构性质基本相同，但也存在区别，主要表现在以下两点：

①专业计量检定机构主要是在本专业领域内行使法定计量检定机构的职权，负责该专业方面的量值传递和技术管理工作，因而专业性较强，社会性不如政府计量行政部门所属的法定计量检定机构鲜明。

②专业计量检定机构在建立时，就被明确授予规定的计量监督管理职能，可以独立承担本专业的计量监督任务（没有现场处罚权）。而政府计量行政部门所属的法定计量检定机构主要是为政府计量行政部门实施计量监督管理提供技术保证，并承办有关计量检定、测试工作，没有明确具有计量监督管理职能。

3.3.4 仲裁检定与计量调解

3.3.4.1 计量纠纷

计量纠纷是指在社会经济生活中，因计量问题所产生的矛盾和争执。它是双方当事人因计量器具准确度而引起的民事纠纷、经济纠纷，以及纯属于计量器具准确度的纠纷。这些纠纷的起因和矛盾的焦点，一般是在于对计量器具准确度的评价不同，或因为破坏计量器具准确度进行不诚实的测量以及伪造数据等对测量结果发生争执。

按照《计量法》规定，处理因计量器具准确度而引起的纠纷，以国家计量基准器具或社会公用计量标准器具检定的数据为准。这是由计量基准和社会公用计量标准的法定地位所决定的。

3.3.4.2 仲裁检定与计量调解

仲裁检定和计量调解是处理纠纷的两种重要方式。

仲裁检定是指由县级以上政府计量行政部门用计量基准或社会公用计量标准所进行的以裁决为目的的计量检定、测试活动。仲裁检定可以由县级以上政府计量行政部门直接受理；也可以根据司法机关、合同管理机关、涉外仲裁机关或者其他单位的委托，指定有关计量检定机构进行。

计量调解是指县级以上政府计量行政部门对计量纠纷双方居间进行的调解活动。它虽然不是处理计量纠纷的必经程序，但却贯穿于计量纠纷处理的全过程。根据计量纠纷的特殊情况，计量调解一般在仲裁检定以后进行。

3.3.4.3 仲裁检定与计量调解的程序

申请仲裁检定应按规定履行以下程序：

①申请仲裁检定应向所在地的政府计量行政部门递交仲裁检定申请书；属有关机关或单位委托的，应出具仲裁检定委托书。

②接受仲裁检定申请或委托的政府计量行政部门，应在接受申请后 7 日内发出进行仲裁检定的通知。纠纷双方在接到通知后，应对计量纠纷有关的计量器具实行保全措施，不允许以任何理由破坏其原始状态。

③仲裁检定时应有纠纷双方当事人在场，无正当理由拒不到场的，可以缺席进行。

④承接仲裁检定的有关计量技术机构，应在规定的期限内完成检定、测试任务，并对仲裁检定结果出具仲裁检定证书。受理仲裁检定的政府计量行政部门对仲裁检定证书审核后，通知当事人或委托单位。当事人在接到通知之日起 15 日内不提出异议，仲裁检定证书则具有法律效力。

⑤当事人如对一次仲裁检定不服时，可在仲裁检定通知之日起 15 日内向上一级计量行政部门申请二次仲裁检定，也就是终局仲裁检定。我国仲裁检定实行二级终裁制，目的是保证检定数据更加准确无误，上级计量检定机构复检一次，充分体现执行的严肃性。如果是国务院计量行政部门直接受理的计量纠纷案件，则一次仲裁检定即为终局仲裁检定并产生法律效力。

计量调解应按下列程序进行：

①受理仲裁检定的政府计量行政部门，根据纠纷双方或一方的口头或书面申请，可居间进行计量调解。

②计量调解应根据仲裁检定的结果，在分清责任的基础上，促使当事人互相谅解，自愿达成协议，对任何一方不得强迫。

③调解达成协议后，应制作调解书。调解书应在当事人双方法定代表和调解人员共同签字并加盖调解机关印章后生效，调解成立。

④调解未达成协议或调解成立后一方或双方反悔的，可向人民法院起诉或向有关仲裁机关申请处理。

3.4 计量法律责任

我国计量法律、法规及规章对违反计量法律规范的行为，按照违法的性质和危害程度的不同，设定了相应的刑事、民事、行政法律责任。这些计量法律责任集中归纳在《计量违法行为处罚细则》之中。

3.4.1 计量违法与责任形式

3.4.1.1 计量违法行为的概念

计量违法是指国家机关、企业、事业单位，以及个人在从事与社会相关的计量活动中，违反了计量法律、法规和规章的规定，造成危害社会和他人的有过错的行为。

计量违法作为一种社会现象，是由特定的条件构成的。被认定为计量违法行为，一般要有以下 4 个方面的条件：

①计量违法是行为人不遵守计量法律、法规和规章的规定，未履行规定的义务，或有违反禁止性规定的行为。计量违法行为一定是违反计量法律、法规和规章的明文规定；没有规定，不能认定为违法行为。

②计量违法必须有计量活动方面的事实和危害后果。危害后果主要是指破坏国家计量单位制的统一和量值的准确可靠，直接或间接损害国家或他人的利益。

③计量违法是行为人主观故意所为或是过失所致。

④计量违法行为人是具有法定责任能力的人。

3.4.1.2 计量法律责任

计量法律责任是指违反了计量法律、法规和规章的规定应承担的法律后果。根据违法的情节及造成后果的程度不同，《计量法》规定的法律责任有 3 种：

①行政法律责任（包括行政处罚和行政处分）。所谓行政法律责任是国家行政执法机关对有违法行为而不构成犯罪的一种法律制裁。

②民事法律责任。当违法行为构成侵害他人权利，造成财产损失的，则要负民事责任。如使用不合格的计量器具或破坏计量器具准确度，给国家或消费者造成损失，要责令赔偿损失。

③刑事法律责任。已构成犯罪，由司法机关处理的，属刑事法律责任。如制造修理、销售以欺骗消费者为目的的计量器具，造成人身伤亡或重大财产损失的，伪造、盗用、倒卖检定印、证的，要追究刑事责任。

3.4.2 计量违法行为和法律制裁

计量违法的法律责任与法律制裁是基于违法行为而设定的。计量违法行为性质严重、触犯刑律的，由国家司法机关实施刑事制裁；属行政违法行为的，由县级以上地方政府计量行政部门追究其法律责任，予以相应的行政制裁。对于使用不合格计量器具，破坏计量器具准确度或伪造数据，给国家和消费者造成损失的，工商行政管理部门也可予以行政制裁。我国计量法律、法规、规章设定应承担刑事、民事、行政法律责任的计量违法行为有下列几种。

3.4.2.1 应承担刑事法律责任的计量违法行为

①制造、修理、销售以欺骗消费者为目的的计量器具，其情节严重构成犯罪的；

②使用以欺骗消费者为目的的计量器具或破坏计量器具准确度、伪造数据，给国家和消费者造成损失，构成犯罪的；

③伪造、盗用、倒卖检定印、证，构成犯罪的；

④计量监督管理人员利用职权收受贿赂，徇私舞弊，构成犯罪的；

⑤负责计量器具新产品定型鉴定、样机试验的直接责任人员，泄漏申请单位提供的技术秘密，构成犯罪的；

⑥计量检定人员违反计量检定规程，使用未经考核合格的计量标准开展检定；未取得检定证件进行检定，出具错误数据或伪造数据，构成犯罪的。

3.4.2.2 应承担民事法律责任的计量违法行为

（1）规定应承担民事赔偿责任的行为

①负责计量器具新产品定型鉴定、样机试验的单位，泄漏申请单位提供的技术秘密，应按国家有关规定，赔偿申请单位的损失；

②计量检定人员出具错误数据，给送检一方造成损失的，由其所在技术机构赔偿损失；

③无故拖延强制检定的检定期限，给送检单位造成损失的，执行强制检定任务的技术机构应赔偿损失。

（2）规定以“责令赔偿损失”的方式追究其民事责任的行为

①授权计量检定单位，擅自终止所承担的授权检定工作，给有关单位造成损失的；

②未经计量授权，擅自开展检定，给有关单位造成损失的；

③使用不合格的计量器具，给国家和消费者造成损失的；

④使用以欺骗消费者为目的的计量器具或破坏计量器具准确度、伪造数据，给国家和消费者造成损失。

3.4.2.3 应承担行政法律责任的计量违法行为

应追究行政责任的计量违法行为是指行为人违反计量法律、法规和规章的规定，但危害程度较轻，属于一般性违法。其行为表现是：

①上述列入3.4.2.1追究刑事责任范围的行为未构成犯罪的；

②上述列入3.4.2.2追究民事责任的行为，从违反行政法律规范方面讲，要追究行政责任的；

③纯属追究行政责任的。

纯属追究行政责任的违法行为有：

①出版物、非出版物使用非法定计量单位的。

②社会公用计量标准达不到原考核条件的。

③部门和单位使用的各项最高计量标准未取得法定考核合格证书；或证书有效期满，未申请复查合格而继续开展检定，或经检查达不到原考核条件的。

④授权执行计量检定任务的单位，超出权限范围开展检定、测试，或达不到原考核条件的。

⑤使用中的各项计量标准、强制检定的工作计量器具未按规定申请检定或超过检定周期的；非强制检定的计量器具未按规定进行周期检定的；商贸中使用非法定计量单位的计量器具的。

⑥公民、法人进口计量器具，以及外商、外商代理人在中国销售计量器具，未经批准而进口的；销售的非法定计量单位的计量器具或禁止使用的其他计量器具的；或未经规定的计量检定机构检定合格而销售的；或进口、销售的计量器具未经型式批准的。

⑦未经批准，制造废除的非法定计量单位和禁止使用的计量器具；制造、销售未经型式批准或样机试验合格的计量器具新产品的；制造、修理单位对其计量器具产品不经检定合格而出厂和交付使用的。

⑧销售没有检定合格印、证和没有制造许可证标志的计量器具的。

⑨经营销售计量器具的残次零配件，使用残次零配件组装计量器具的。

⑩产品质量检验机构，未取得计量认证合格证书或超过证书允许的范围开展检验工作，向社会出具公证数据的；达不到原考核条件，或已失去公证地位，继续开展检验工作，向社会出具公证数据的。

4 有效数字及数值修约规则

4.1 有效数字的概念及有效位数的确定

4.1.1 近似数

我们日常接触的数据有准确数和近似数之分。作为准确数的例子有：

“这里有 5 只杯子”中的“5”；

“三角形的内角和为 180°”中的“180”；

“1 W·h＝3 600 J”中的“3 600”。

这些数之所以是准确数是因为有些是确实存在的，有些是理论或定义中的数。

近似数是由可靠数和不可靠数（一般取 1 位）两部分组成的，作为近似数的例子有：

所有测得值和测量结果；

经过修约后的任何数值；

经测定得到的物理常数；

π、$\sqrt{3}$等截取到一定位数时。

任何数据总是有若干位数字，所取数字位数除与所表示的量值大小有关外，还与数据的不确定度有关。正确地确定数据的位数对简化数据的表达与运算，以及正确反映量值而不损失准确度等方面有着重要意义。

记录数据时，数据位数要适当。位数太少会增大数据的误差，而太多又会对数据的准确度产生误解。在检定或测量时应特别注意这一点。例如，在绝缘电阻表检定数据记录中常出现数值位数记多或记少的不规范现象。

4.1.2 有效数字

有效数字是对近似数而言的，其定义在一些诸如《误差理论与数据处理》（北京：机械工业出版社，2005）和《现代计量学概论》（北京：中国计量出版社，1993）等资料中有时会看到不同的说法。例如：

①如果近似数 Z 的最大允许误差是某一位上的半个单位，则从这一位起直到 Z 的第一个非零数字均为有效数字。

②如果计量结果 L 的极限误差不大于某一位上的半个单位，我们就说该位就是有效数字的末位，并且如果该位到 L 的左起第一个非零数字一共有几位，就说 L 有几位

有效数字。

③若数据的最末一位有半个单位以内的误差，而其他数据都是准确的，则各位数字都是“有效数字”。

这些定义说法虽然不同，但表达的意思是相同的，即都提到了最大允许误差或极限误差，且其数值不大于某一位上的半个单位，该数位为最小的有效数位，左起第一个非零数字为最大的有效数位。

在JJF 1059.1—2012《测量不确定度评定与表示》(以下简称JJF 1059.1) 中规定：通常合成标准不确定度 $u_c(y)$ 和扩展不确定度 U 最多为两位有效数字。输入和输出的估计值，应修约到与它们不确定度的位数一致。这样，当不确定度取两位有效数字时经修约的输入或输出估计值的数值后两位都是不可靠的，这两位都应是有效数字。在这里我们暂不去探讨关于有效数字的定义，而重点掌握有效位数的确定。

4.1.3 有效位数

对于有小数点的数和以非0结尾的整数，从左边第一个非零数字起到最右边的所有数字都是有效数字。第一个非零数字前面的0不是有效数字，但数据末尾的0是有效数字。如 $I=0.040$ A，前面的两个0不是有效数字，而后面的一个0是有效数字，此时不能写成 $I=0.04$ A，0.040 A$\neq$0.04 A。

对于以若干个0结尾的整数，其末尾的0是否为有效数字比较难确定，有的0可能是有效数字，有的0却只是为了补位用的，为了强调有效数字的位数，最好将其用科学计数法表示。如12 000 m，若有两位有效数字则写成 1.2×10^4 m或12 km，若有3位有效数字则写成 1.20×10^4 m或12.0 km。

误差和不确定度的有效数字一般取1～2位。其所取位数与修约间隔可按表4-1进行。

表4-1　有效位数与修约间隔

(左起) 第一位有效数字值	1	2	3，4	5，6，7，8，9
有效数字保留位数	2	2	2	1
修约间隔 (×第一位有效数字的1)	0.1	0.1或0.2	0.1或0.5	1

对于一般数据，应按有效数字取舍数据的位数，也就是根据数据的最大允许误差来取舍数据的位数。对于给出不确定度的数据，其保留数位应与其不确定度相一致。

4.2 数字运算规则

4.2.1 常数运算

参加运算的常数如π、e、$\sqrt{2}$及其他准确数，其有效位数可认为是无限的，在计算中需要几位取几位。常数的取值不影响有效位数。

4.2.2 加减运算

在加减运算中只保留各数共有的小数位数。先找出小数位数最少的值，然后将其他的值按比最少的小数位多一位进行修约，再运算，结果按小数位最少的位修约。

例：12.5+3.26+0.165，先将0.165修约为0.16，则

$$12.5+3.26+0.165=12.5+3.26+0.16=15.92=15.9$$

在减法运算中，应避免用两个接近的值相减计算结果，因相减后其有效数字将减少。

4.2.3 乘除运算

在乘除运算中，先找出有效位数最少的值，将其他值按多一位有效位数进行修约，然后运算，最后按有效位数最少的值的位数修约。

例：0.12×11.3×15.24，先将15.24修约为15.2，则

$$0.12\times11.3\times15.24=0.12\times11.3\times15.2=20.61=21$$

4.2.4 乘方与开方运算

数据经乘方与开方运算，所得结果的有效数字位数不大于该数据的位数。一般取相同的位数。

4.2.5 对数运算

运算结果应与真数的位数相同。

例：$\lg32.8=1.51\,587\cdots=1.52$

4.2.6 三角运算

三角运算的有效位数见表4-2。

表4-2 三角运算的有效位数

角度误差	10″	1″	0.1″	0.01″
有效位数	5	6	7	8

4.2.7 计算平均值

若数据的个数较多，则平均值的保留位数可增加一位。

4.2.8 混合运算

混合运算时所有中间运算比4.2.1～4.2.7的运算位数多保留一位。

4.3 数值修约规则

4.3.1 术语

4.3.1.1 数值修约

数值修约：通过省略原数值的最后若干位数字，调整所保留的末位数字，使最后所得到的值最接近原数值的过程。

经数值修约后的数值称为（原数值的）修约值。

4.3.1.2 修约间隔

修约间隔：修约值的最小数值单位。

修约间隔的数值一经确定，修约值即应为该数值的整数倍。

例如：指定修约间隔为 0.1，修约值即应在 0.1 的整数倍中选取，相当于将数值修约到一位小数。

例如：指定修约间隔为 100，修约值即应在 100 的整数倍中选取，相当于将数值修约到百数位。

例如：指定修约间隔为 0.5，修约值即应在 0.5 的整数倍中选取，相当于将数值修约到个数位的 0.5 单位。

例如：指定修约间隔为 0.02，修约值即应在 0.02 的整数倍中选取，相当于将数值修约到十分数位的 0.2 单位。

4.3.2 确定修约间隔

①指定修约间隔为 10^{-n}（n 为正整数），或指明将数值修约到 n 位小数；

②指定修约间隔为 1，或指明将数值修约到个数位；

③指定修约间隔为 10^{n}（n 为正整数），或指明将数值修约到 10^{n} 数位，或指明将数值修约到“十”“百”“千”……数位。

4.3.3 进舍规则

①拟舍弃数字的最左一位数字小于 5，则舍去，保留其余各位数字不变。

例如：将 12.149 8 修约到一位小数，得 12.1。

例如：将 12.149 8 修约到个数位，得 12。

②拟舍弃数字的最左一位数字大于 5；或者是 5，且其后有非 0 数字时，则进一，即保留数字的末位数字加 1。

例如：将 1 268 修约到百数位，得 13×10^{2}（特定场合可写为 1 300)。

例如：将 10.502 修约到个数位，得 11。

注：“特定场合”系指修约间隔明确时。

③拟舍弃数字的最左一位为 5，且其后无数字或皆为 0 时，若所保留的末位数字为奇数（1，3，5，7，9）则进一，即保留数字的末位数字加 1；若所保留的末位数字为

偶数（0，2，4，6，8），则舍去。

例 1：修约间隔为 0.1（或 10^{-1}）

拟修约数值	修约值
1.050	10×10^{-1}（特定场合可写为 1.0）
0.350	4×10^{-1}（特定场合可写为 0.4）

例 2：修约间隔为 1 000（或 10^{3}）

拟修约数值	修约值
2 500	2×10^{3}（特定场合可写为 2 000）
3 500	4×10^{3}（特定场合可写为 4 000）

④负数修约时，先将它的绝对值按 4.3.3 的①～③的规定进行修约，然后在所得值前面加上负号。

例 1：将下列数字修约到十数位

拟修约数值	修约值
−355	-36×10（特定场合可写为−360）
−325	-32×10（特定场合可写为−320）

例 2：将下列数字修约到三位小数，即修约间隔为 10^{-3}

拟修约数值	修约值
−0.036 5	-36×10^{-3}（特定场合可写为−0.036）

4.3.4 不允许连续修约

①拟修约数字应在确定修约间隔或指定修约数位后，进行一次修约获得结果，不得多次按 4.3.3 的规则连续修约。

例如：修约 15.454 6，修约间隔为 1。

正确的做法：15.454 6→15；

不正确的做法：15.454 6→15.455→15.46→15.5→16。

②在具体实施中，测试与计算部门有时先将获得的数值按指定的修约位数多一位或几位报出，然后交由其他部门判定。为避免产生连续修约的错误，应按下述步骤进行。

报出数值最右的非零数字为 5 时，应在数值右上角加“+”或加“−”或不加符号，分别表明已进行过舍、进或未舍未进。

例如：16.50^{+}表示实际值大于 16.50，经修约舍弃成为 16.50；16.50^{-}表示实际值小于 16.50，经修约进一成为 16.50。若将这两个数修约到个数位，结果应分别为 17 和 16。

如对报出值需进行修约，当拟舍弃数字的最左一位数字为 5，且其后无数字或皆为 0 时，数值右上角有“+”者进一，有“−”者舍去，其他仍按 4.3.3 的规则进行。

例：将下列数字修约到个数位（报出值多留一位至一位小数）

实测值	报出值	修约值
15.454 6	15.5^{-}	15
16.520 3	16.5^{+}	17
17.500 0	17.5	18
−15.454 6	-15.5^{-}	−15

4.3.5　0.5 单位修约与 0.2 单位修约

在对数值进行修约时，若有必要，也可采用 0.5 单位修约和 0.2 单位修约。

4.3.5.1　0.5 单位修约（半个单位修约）

0.5 单位修约是按指定修约间隔对拟修约的数值 0.5 单位进行的修约。

0.5 单位修约方法如下：将拟修约数值 X 乘以 2，按指定修约间隔对 $2X$ 依 4.3.3 的规定修约，所得数值（$2X$ 修约值）再除以 2。

例：将下列数字修约到个数位的 0.5 单位（或修约间隔为 0.5）

拟修约数值 X	$2X$	$2X$ 修约值	X 修约值
60.25	120.50	120	60.0
60.38	120.76	121	60.5
60.28	120.56	121	60.5
−60.75	−121.50	−122	−61.0

4.3.5.2　0.2 单位修约

0.2 单位修约是按指定修约间隔对拟修约的数值 0.2 单位进行的修约。

0.2 单位修约方法如下：将拟修约数值 X 乘以 5，按指定修约间隔对 $5X$ 依 4.3.3 的规定修约，所得数值（$5X$ 修约值）再除以 5。

例：将下列数字修约到百数位的 0.2 单位（或修约间隔为 20）

拟修约数值 X	$5X$	$5X$ 修约值	X 修约值
830	4 150	4 200	840
842	4 210	4 200	840
832	4 160	4 200	840
−930	−4 650	−4 600	−920

4.3.6　0.5 单位修约和 0.2 单位修约的简捷方法

4.3.6.1　0.5 单位修约

把拟修约位看作是“个位”，如果这一“个位”和以下的“小数位”构成的数小于或等于 2.5 时，则把这一“个位”变成 0，其后面的数舍去；若大于或等于 7.5 时，则进一位（即其左一位加 1），同时把这一“个位”变成 0，其后面的数舍去；若大于 2.5 但小于 7.5 时，就把这一“个位”变成 5，其后面的数舍去。

例：将下列数按 0.05 间隔修约

拟修约数值	30.025	30.019	30.026	30.074	30.075	30.099
修约值	30.00	30.00	30.05	30.05	30.10	30.10

4.3.6.2　0.2 单位修约

首先看拟修约位是奇数还是偶数，若这位数已是偶数，则将其后面的数舍去；若拟修约位是奇数，且其后有不为零的数，则把这位数加 1 变成偶数，其后面的数舍去；若拟修约位是奇数，且其后面已没有数或全为 0，这时就要往左看一位，使这一位和拟修约位构成两位“整数”，加 1 减 1，取能被 4 整除的数作为结果。

例：将下列数按 0.2 间隔修约

拟修约数值	30.498	30.401	30.501	30.599	30.3	31.300
修约值	30.4	30.4	30.6	30.6	30.4	31.2

将下列数据分别按 0.1，0.2，0.5 间隔修约。

拟修约数值	15.250 1	15.501	14.750 1	16.234	10.95	10.85	10.75	10.25	12.50	14.90
0.1 间隔										
0.2 间隔										
0.5 间隔										

5　测量及误差概述

合理地处理测量数据，以便给出正确的测量结果，并对所得结果的可靠性做出确切的估计和评价，这是计量测试工作中的基本环节，直接反映了我们的检定、校准、检测及测试工作的质量。因此，有关误差与测量数据处理的基本理论和基本方法是计量工作者必须掌握的基本知识和基本技能。

5.1　测量的基本概念

误差的理论及测量数据处理的研究与测量内容有着不可分割的联系，数据处理和误差分析不可避免地要涉及测量的仪器设备、原理方法、环境条件等方面。下面简要介绍有关测量的几个概念。

5.1.1　测量的定义

测量的定义为通过实验获得并可合理赋予某量一个或多个量值的过程，也就是以确定量值为目的的一组操作。测量有时也称作计量。

量值是指用数和参照对象一起表示的量的大小。这里的参照对象多指测量单位。

$$量值=数值\times测量单位$$

例如：100.15 V。

对于非十进制的测量单位所构成的量值，一般分别给出几个数，例如：1 h 30 min，45°30′25″。

无量纲的量值往往只是个纯数。如摩擦因数：0.8。

除非十进制单位外，给出量值时，一般只用一个计量单位，而且放在整个数值之后。例如：2 米 25 厘米应写成：2.25 m。

将被测量和体现测量单位的标准量进行比较，比较的结果给出被测量是测量单位的若干倍或几分之几，这是最基本的测量。设 x 为被测量，A 为测量单位，则可写成如下的测量方程式：

$$x=q\mathrm{A}$$

比值 $q=x/\mathrm{A}$ 是被测量的数值，对于确定的量 x，q 值与所选用的测量单位的大小成反比。例如一物体的长度为 1 m，若选用“cm”为测量单位，则其长度为 100 cm，若选用“mm”为测量单位，则其长度为 1 000 mm。应注意，选用不同的测量单位对同一物理量进行测量时，所得量值是不变的，变的只是数值和测量单位。

5.1.2 测量单位

测量单位：根据约定定义和采用的标量，任何其他同类量可与其比较使两个量之比用一个数表示。测量单位具有约定地赋予的名称和符号，同量纲量（不一定是同种量）的单位可有相同的名称和符号。一般不同的被测量采用不同的测量单位。在SI中，各种量一般采用十进制，只有少数单位例外，如时间、平面角。测量过程中，测量单位通常以物质形式体现出来，这就需要相应的实物量具和仪器。

5.1.3 测量方法及其分类

对不同的被测量和不同的测量要求，需要采用不同的测量方法。这里所说的测量方法是泛指测量中所涉及的测量原理、测量方式、测量系统及测量环境条件等诸项测量环节的总和。测量中这些环节的一系列误差因素，会使测量结果偏离真实值而产生一定的误差。因此，对测量过程诸环节的分析研究是进行测量数据处理及准确度估计的基础。

测量方法的分类是多种多样的，可按不同的原则分类。例如，可将测量方法分为直接测量和间接测量，绝对测量和相对测量，单项测量和综合测量，工序测量和终结测量，静态测量和动态测量等。还可以将测量方法做其他分类，如零位测量法、微差测量法、替代测量法、不完全替代法、内插测量法等。测量方法不同，测量数据处理的具体方法也有差异。

5.1.3.1 直接测量、间接测量和组合测量

直接测量是无须测量与被测量有函数关系的其他量就能直接得到被测量值的测量方法。例如，用电压表测量电压，用电流表测量电流等。

间接测量是通过测量与被测量有函数关系的其他量，经过计算而得到被测量的测量方法。例如，为测量圆的面积 S 可直接测量其直径 d，然后根据函数关系 $S=(\pi d^2)/4$ 求得面积 S。

组合测量是用直接或间接测量法测量一定数量的某一量值的不同组合，通过求解这些结果和被测量组成的方程组来确定被测量的一种测量方法。例如，精密电阻与温度的关系为：$R_t=R_{20}[1+\alpha(t-20)+\beta(t-20)^2]$，若测量电阻温度系数 α、β 和 $t=20$℃时的电阻 R_{20}，必须在温度 $t=20$℃、$t=t_1$ 和 $t=t_2$（t_1、t_2 为任意值）时测量 R_t，则可得到一个方程组，通过求解可以得出 R_{20}、α 和 β。

5.1.3.2 静态测量与动态测量

静态测量是指对某固定参数进行的测量，这一参数不随时间改变。我们所从事的大多数测量都可看作是静态测量，但其稳定性直接影响误差。

动态测量是指对随时间变化的量进行连续测量，其数据处理通常要用到随机过程的理论。例如，记录式电压表所给出的测量结果就是一动态测量结果。

5.2 误差的基本概念

5.2.1 误差的定义

对某个量进行测量，该量的客观真值（客观上的实际值）是测量的期望值，测量所得数据与其差值即为测量误差，简称误差。因此，误差的定义为测量结果减被测量的真值所得之差，这是我们熟知的误差的过去的定义。误差的新定义为：测得的量值减去参考量值。这里，测得的量值简称测得值，是代表测量结果的量值；参考量值简称参考值，是真值或是不确定度可忽略不计的测量标准的测得值，或是约定量值。即

误差＝测得值－参考值

对于测量仪器：

示值误差＝仪器示值－标准值

应注意误差的正、负符号，有时容易弄错，这就会给出错误的结果。

5.2.2 研究误差的意义

误差是不可避免的，因而研究误差的规律具有普遍的意义。研究这一规律的直接目的：一是要减小误差的影响，提高准确度；二是要对所给结果的可靠性做出评定，即给出不确定度的估计。

科学技术的发展和生产力水平的提高，对测量技术提出越来越高的要求。可以说在一定程度上，测量技术的水平直接促进或制约着科学技术和生产力的发展。而测量技术的水平正是以不确定度作为其主要标志之一的。在某种意义上，测量技术进步的过程，就是减少误差的过程，也是对误差规律性认识深化的过程。

5.2.3 误差的表示方法

误差有两种基本表示形式，即绝对误差和相对误差。选用何种方式依所研究的具体问题而定。

5.2.3.1 绝对误差

误差有时又称为测量的绝对误差，以与相对误差相区别。

在对测量结果进行修正时要根据所用仪表在该点产生的绝对误差进行修正。修正值是用代数方法与未修正测量结果相加，以补偿其系统误差的值。修正值与绝对误差大小相等、符号相反，即修正值＝－（绝对误差）。绝对误差的量纲与被测量的量纲相同。

准确测量值＝测得值＋修正值

5.2.3.2 相对误差

相对误差等于绝对误差与参考值的比值，如 2×10^{-4}。即

相对误差＝绝对误差/参考值

测得值的绝对误差很小时，相对误差也可近似表示为

相对误差＝绝对误差/测得值

相对误差通常以百分数（%）表示，如0.12%。即

相对误差 =(绝对误差/参考值)×100%

或

相对误差 =(绝对误差/测得值)×100%

当相对误差限定在一定的范围内时，这个限定范围以最大允许相对误差给出。

最大允许相对误差=[最大允许绝对误差/参考值(或测得值)]×100%

在某些场合下，还会使用引用误差。引用误差也属相对误差，但因有其特点而有相应的适用范围。引用误差常用于仪表，特别是用于多量程仪表的准确度评价之中，这类仪表各挡位、各刻度位置上的示值误差都不一样，不宜使用绝对误差，而计算相对误差时也十分不便。为便于仪表准确度的评定，规定了引用误差：测量仪器或测量系统的误差除以仪器的特定值。

引用误差=(示值误差/特定值)×100%

其中，该特定值一般称为引用值，可以是测量仪器的量程或标称范围的上限，分别对应仪表准确度等级的表示形式为：| a | 和 a，选用哪一种形式由制造厂根据国家标准选定。用相对误差来划分仪表准确度等级的表示形式为©，这类仪表有电能表、绝缘电阻表等。

5.2.4 误差的分类

从不同的角度上可对误差做出种种区分。按误差的来源可将其分为装置误差、环境误差、方法误差、人员误差等；按对误差的掌握程度，可将其分为已知的误差和未知的误差；按照误差的特征规律，可将其分为系统误差和随机误差，不再提粗大误差而只提测量结果中的离群值。

5.2.4.1 系统误差

系统误差：在重复测量中保持不变或按可预见方式变化的测量误差的分量。(这是JJF 1001—2011中给出的新的定性的定义。在JJF 1001—1991中系统误差也是定性的定义：顺次测量的系列结果中，其值固定不变或按某一确定规律变化的误差称为系统误差。在JJF 1001—1998中系统误差的定义为：在重复性条件下，对同一被测量进行无限多次测量所得结果的平均值与被测量的真值之差，这是一个理想的定量定义)

系统误差的参考值是真值，或是不确定度可忽略不计的测量标准的测得值，或是约定量值。系统误差及其来源可以是已知或未知的。对于已知的系统误差可采用修正补偿。系统误差等于误差减去随机误差。

系统误差通常是由固定不变或按某一规律变化的因素造成的。离开这一前提条件，系统误差的规律性就无从谈起。系统误差虽有确定的规律性，但这一规律性并不一定确知。由于只能进行有限次数的重复测量，真值也只能用约定量值代替，因此如真值一样，系统误差及其来源不能完全获知，所确定的系统误差，可能只是其估计值，并具有一定的不确定度。这个不确定度也就是修正值的不确定度，它与其他来源的不确定度分量一样贡献给了合成标准不确定度。

5.2.4.2 随机误差

随机误差：在重复测量中按不可预见方式变化的测量误差的分量。(这是JJF 1001—

2011中给出的新的定性的定义。在JJF 1001—1991中随机误差也是定性的定义：在同一量的多次测量过程中，以不可预知的方式变化的误差分量。在JJF 1001—1998中随机误差的定义为：测量结果与在重复性条件下，对同一被测量进行无限多次测量所得结果的平均值之差，这是一个理想的定量定义。）

随机误差具有随机变量的一切特征。它虽不具有确定的规律性，但却服从统计规律，其取值具有一定的分布范围，因而可利用概率论中提供的理论和方法去研究它。“抵偿性”是随机误差的统计特性的集中表现，即误差之间具有相互抵消的作用。可进行多次重复测量取平均值作为测量结果，以减小随机误差对测量结果的影响。

测量结果是真值、系统误差与随机误差这三者的代数和；而测量结果与无限多次测量所得结果的平均值（即总体均值）之差，则是这一测量结果的随机误差分量。随机误差等于误差减去系统误差。

5.2.5 误差的来源

测量通常分为直接测量和间接测量，间接测量的误差应包括直接测量的误差，这是间接测量的主要误差来源。此外，若公式为近似后的公式还会产生数学模型误差，运算时数字舍入还会造成舍入误差等。下面主要归纳一下测量过程中产生误差的原因。

5.2.5.1 测量装置误差

（1）实物量具误差

以固定形式复现标准量值的器具，如标准量块、标准电阻、标准电池、标准砝码等，它们本身体现的量值不可避免地都含有的误差，称为实物量具误差。

（2）仪器误差

凡用来直接或间接将被测量和已知量进行比较的器具设备，称为仪器或仪表，如天平等比较仪器，电压电流表等指示仪表，它们本身具有的误差，称为仪器误差。

（3）附件误差

仪器的附件及附属工具（如电流分流器等）引起的误差，称为附件误差。

5.2.5.2 环境误差

环境误差是由于各种环境因素与规定的标准状态不一致而引起的测量装置和被测量本身的变化所造成的误差，如温度、湿度、振动、照明（引起视差）、电磁场等所引起的误差。通常仪器在规定的参考条件下所具有的误差称为基本误差，而超出此条件时所增加的误差称为附加误差。

5.2.5.3 方法误差

方法误差是由于测量方法不完善所引起的误差。如用伏安法测功率等近似方法测量时会引起误差，无论电流表内接还是外接都带来方法误差。

5.2.5.4 人员误差

人员误差是由于测量者受分辨能力的限制，因工作疲劳引起的视觉器官的生理变化，固有习惯引起的读数误差，以及精神上的因素产生的一时疏忽等所引起的误差。

总之，在进行测量时，对上述4个方面的误差来源，必须进行全面的分析，力求不遗漏、不重复，特别要注意对误差影响较大的那些因素。

6　误差的基本性质与处理

任何测量总是不可避免地存在误差，为了提高准确度，必须尽可能减小或消除误差，因此有必要对各种误差的性质、出现规律、产生原因，发现与减小或消除它们的主要方法，以及测量结果的评定等方面做进一步的分析。

6.1　随机误差

6.1.1　随机误差产生的原因

当对同一被测量在重复性条件下进行多次的重复测量，得到一列不同的测量值（常称为测量列），每个测量值都含有误差，这些误差的出现又没有确定的规律，即前一个误差出现后不能预计下一个误差的大小和方向，但就误差的总体而言，都具有统计规律性。

随机误差是由很多暂时不能掌握或不便掌握的微小因素所构成，主要有以下几方面：

①测量装置方面的因素：零部件配合的不稳定性，零部件的变形、摩擦，电源的不稳定等。

②环境方面的因素：温度的微小波动，湿度与气压的微量变化，灰尘及电磁场的变化等。

③人员方面的因素：瞄准、读数的不稳定等。

6.1.2　随机误差的性质

就单个随机误差估计值而言，它没有确定的规律；但就整体而言，却服从一定的统计规律，故可用统计方法估计其界限或它对测量结果的影响。

随机误差大抵来源于影响量的变化，这种变化在时间上和空间上是不可预知的或随机的，它会引起被测量重复观测值的变化，故称之为“随机效应”。可以认为正是这种随机效应导致了重复观测中的分散性。用统计方法得到的实验标准偏差反映了随机误差的分散性，但它并非随机误差。值得注意的是实验标准偏差曾定量地表示随机误差的大小。

服从正态分布的随机误差的统计规律性，主要可归纳为对称性、有界性和单峰性：

①对称性是指绝对值相等而符号相反的随机误差，出现的次数大致相等，即测得值是以它们的算术平均值为中心而对称分布的。由于所有随机误差的代数和趋近于零，

故随机误差又具有抵偿性，这个统计特性是最为本质的。

②有界性是指随机误差的绝对值不会超过一定的界限，即不会出现绝对值很大的随机误差。

③单峰性是指绝对值小的随机误差比绝对值大的随机误差数目多，即测得值是以它们的算术平均值为中心而相对集中地分布的。

6.1.3 测量的标准偏差

6.1.3.1 测量列中单次测量的标准偏差

由于随机误差的影响，测量数据具有分散性，这种分散性用标准偏差来定量评定。在等精度测量列中，单次测量的标准偏差可按式（6－1）计算：

$$\sigma=\sqrt{\frac{\delta_1^2+\delta_2^2+\cdots+\delta_n^2}{n}} \tag{6-1}$$

式中，$\delta_i=x_i-x_0$=测得值－总体均值（无限多次测量的平均值）；n 为测量次数。

当测量次数不能达到无限多时，按式（6－1）不能求得标准偏差，可用式（6－2）（贝塞尔公式）求得标准偏差的估计值：

$$s=\sqrt{\frac{u_1^2+u_2^2+\cdots u_n^2}{n-1}} \tag{6-2}$$

式中，$u_i=x_i-\overline{x}$=测得值－平均值；n 为测量次数。

由式（6－2）计算出的标准偏差，反映了测量结果的分散程度，其值越小越好，例如测量某一装置重复性时所计算出的标准偏差反映了装置复现量值的分散性。

6.1.3.2 测量列算术平均值的标准偏差

在多次测量的测量列中，是以算术平均值作为测量结果，因此必须研究算术平均值分散性的评定标准。

如果在相同条件下对同一量值做多组重复的系列测量，每一系列测量都有一个算术平均值。由于随机误差的存在，各个测量列的算术平均值也不相同，它们围绕着被测量的总体均值有一定的分散。此分散说明了算术平均值的不可靠性，而算术平均值的标准偏差 $\sigma_{\overline{x}}$ 则是表征同一被测量的各个独立测量列算术平均值分散性的参数，可作为算术平均值不可靠性的评定标准。

已知算术平均值 $\overline{x}$ 为

$$\overline{x}=\frac{x_1+x_2+\cdots+x_n}{n}$$

取方差

$$D(\overline{x})=\frac{1}{n^2}[D(x_1)+D(x_2)+\cdots+D(x_n)]$$

因

$$D(x_1)=D(x_2)=\cdots=D(x_n)=D(x)$$

故有

$$D(\overline{x})=\frac{1}{n^2}\cdot nD(x)=\frac{1}{n}D(x)$$

所以

$$\sigma_{\bar{x}}^2=\frac{\sigma^2}{n}$$

$$\sigma_{\bar{x}}=\frac{\sigma}{\sqrt{n}}$$

式中，σ 为测量列中单次测量的标准偏差。

由此可知，在 n 次测量的等精度测量列中，算术平均值的标准偏差为单次测量的标准偏差的 $1/\sqrt{n}$ 倍，当 n 愈大时，算术平均值愈接近被测量的总体均值，也就是减小了随机误差对测量结果的影响，这就是取多次测量的平均值作为结果的原因。但是，n 值的增大必须做出大量的工作，当 $n>10$ 以后，$\sigma_{\bar{x}}$ 随 n 值的增大而减小的非常缓慢，n 一般取 10 以内为宜。总之，要提高准确度，应采用适当准确度的仪器，选择适当的测量次数。

6.2 系统误差

测量过程中除含有随机误差外，往往还存在系统误差，在某些情况下，系统误差数值还比较大。由于系统误差不易发现，多次重复测量又不能减小它对测量结果的影响，这种潜伏性使得系统误差比随机误差具有更大的危险性。因此，研究系统误差的特征与规律性，用一定的方法发现和减小或消除系统误差，就显得十分重要。否则，对随机误差的严格处理将失去意义，或者其效果甚微。应注意，系统误差在处理方法上与随机误差完全不同，它涉及对测量设备和测量对象的全面分析，并与测量者的测量经验、知识水平以及测量技术的发展密切相关。

6.2.1 系统误差的产生原因

系统误差是由固定不变的或确定规律变化的因素所造成，当然这些误差因素是可以掌握的。

①测量装置方面的因素：仪器结构原理设计上的缺点；仪器零件制造和安装不正确，如标尺的刻度偏差、刻度盘和指针的安装偏心等。

②环境方面的因素：测量时的实际温度与标准温度的偏差，测量过程中温度、湿度等按一定规律变化引起的误差。

③测量方法的因素：采用近似的测量方法或近似的计算公式等引起的误差。

④测量人员方面的因素：由于测量者的个人特点，测量者在刻度盘上估计读数时，习惯偏向某一方向；动态测量时，记录的某一信号有滞后的倾向。

6.2.2 系统误差的特征

图 6－1 所示为各种系统误差 Δ 随测量过程 t 变化而表现出的不同特征，其中：曲线 a 为不变的系统误差；曲线 b 为线性变化的系统误差；曲线 c 为非线性变化的系统误差；曲线 d 为周期性变化的系统误差；曲线 e 为复杂规律变化的系统误差。

系统误差的特征是，在同一条件下，多次测量同一被测量时，误差的绝对值和符

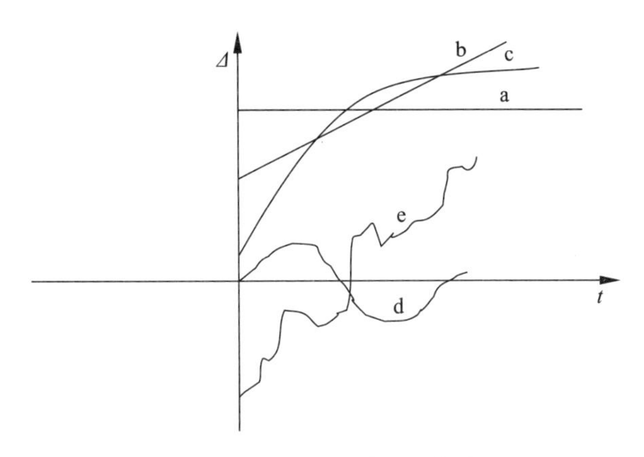

图 6-1 各种系统误差曲线

号保持不变或者在条件改变时，系统误差按一定的规律变化。由上述特征可知，在多次重复测量同一被测量时，系统误差不具有抵偿性，它是固定的或服从一定函数规律的误差。从广义上理解，系统误差是服从某一确定规律的误差。

6.2.2.1 线性变化的系统误差

在整个测量过程中，随着测量值或时间的变化，误差值是成比例地增大或减小。如用电位差计测量电压，先调节工作电流，用标准电阻 R_N 上的电压去平衡标准电池的电动势 E_N，再调节测量盘，用测量电阻 R_X 上的电压去平衡被测量的电压 U_X，如图 6-2（a）所示。

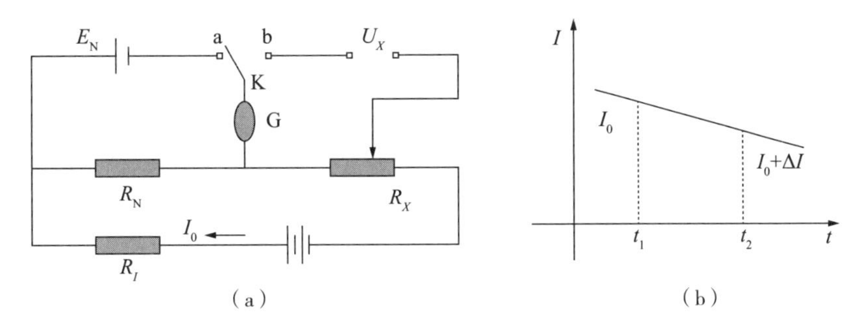

图 6-2 线性变化的系统误差

由

$$I_0R_N=E_N \text{ 和 } I_0R_X=U_X$$

得到

$$U_X=(E_N/R_N)R_X$$

但是，工作电流回路的电池电压随放电时间增加而降低，不能保证工作电流的恒定，此时随时间增加而不断减小的工作电流 I，将引起线性系统误差。

图 6-2（b）是电流的变化曲线，当开关 K 与 a 接通时：

$$E_N/R_N=I_0$$

当开关 K 与 b 接通时：

$$U_X/R_X=I_0+\Delta I$$

则

$$U_X/R_X = E_N/R_N + \Delta I$$

于是

$$U_X = R_X(E_N/R_N) + \Delta I R_X$$

显然 $\Delta t = t_2 - t_1$ 越大，则 ΔI 也越大。

若仍认为

$$U_X/R_X = E_N/R_N$$

则工作电流的改变将带来线性误差 $\Delta I R_X$。此时，如果经常校准工作电流，此项系统误差将减小。

6.2.2.2　周期性变化的系统误差

在整个测量过程中，随着测量值或时间的变化，误差是按周期性规律变化的。如仪表指针的回转中心与刻度盘中心有偏心值 e，如图 6－3 所示。则指针在任一转角 Φ 引起的读数误差即为周期性变化的系统误差：$\Delta L = e\sin\Phi$。

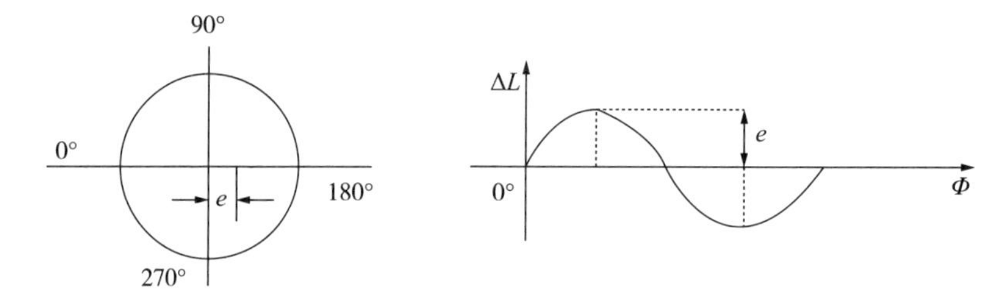

图 6－3　周期性变化的系统误差

6.2.2.3　复杂规律变化的系统误差

在整个测量过程中，误差是按确定的且复杂的规律变化的，称为复杂规律变化的系统误差。如微安表的指针偏转角与偏转力矩不能严格保持线性关系，而表盘仍采用均匀刻度所产生的误差。

6.2.3　系统误差的发现

系统误差的数值往往比较大，必须消除系统误差的影响，才能有效地提高准确度。为此，应掌握如何发现系统误差。发现系统误差必须根据具体测量过程和测量仪器进行全面仔细地分析，这是一项困难而又复杂的工作，目前还没有能够适应于发现各种系统误差的普遍方法，下面只介绍适用于发现某些系统误差常用的几种方法。

6.2.3.1　实验比对法

实验比对法是改变产生系统误差的条件，在不同条件下进行测量，以发现系统误差。这种方法适合于发现不变的系统误差。如一标准电阻按标称值使用时，在测量结果中就存在由于电阻的偏差而产生不变的系统误差，多次测量也不能发现这一误差，只有用另外一只高一等级的标准电阻进行校准才能发现和确认它。另外，如果我们将两台同等级计量器具进行比对，其示值之差若大于其最大允许误差的$\sqrt{2}$倍，则其中一台可能超差。实验比对法是一种常用的发现系统误差的方法。

6.2.3.2 残余误差观察法

残余误差 $v_j=x_j-\overline{x}$。残余误差观察法是根据测量列各个残余误差大小和符号的变化规律，直接由残余误差数据或残余误差曲线图形来判断有无系统误差。这种方法主要适用于发现有规律变化的系统误差。

根据测量先后顺序，将测量列的残余误差列表或作图进行观察，可以判断有无系统误差。

如图 6－4（a）所示，若残余误差大体上是正负相同，且无显著变化规律，则无根据怀疑存在系统误差。如图 6－4（b）所示，若残余误差数值有规律地递增或递减，且在测量开始与结束时残余误差符号相反，则存在线性系统误差。如图 6－4（c）所示，若残余误差的符号有规律地逐渐由负变正，再由正变负，且循环交替重复变化，则存在周期性系统误差。若残余误差有如图 6－4（d）所示的变化规律，则怀疑同时存在线性系统误差和周期性系统误差。若测量列中含有不变的系统误差，用残余误差观察法发现不了。

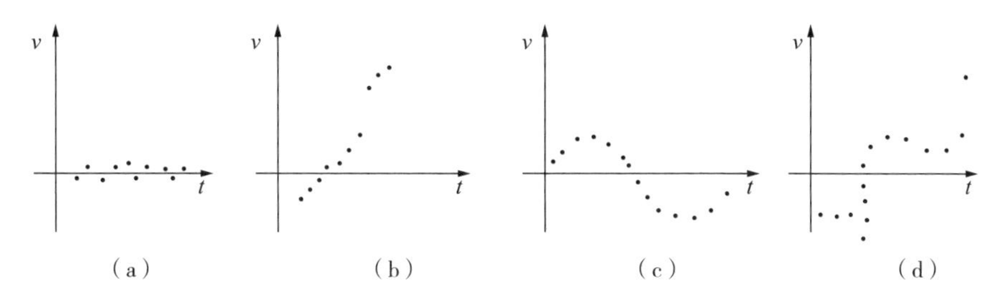

图 6－4 残余误差分布图

另外，发现系统误差的方法还有：马利科夫准则用于发现线性变化的系统误差；阿卑-赫梅特准则可有效地发现周期性系统误差；不同公式计算标准偏差比较法用于一般判断是否存在系统误差；计算数据比较法、秩和检验法和 t 检验法用于发现各组测量数据间是否存在系统误差。这些方法在此不做详解。

一般在具有高准确度测量仪器和较好的测量条件时，可用实验比对法发现不变的系统误差；用残余误差观察法发现组内的系统误差，但应注意，它发现不了不变的系统误差。

有关误差的示意图如图 6－5 所示。

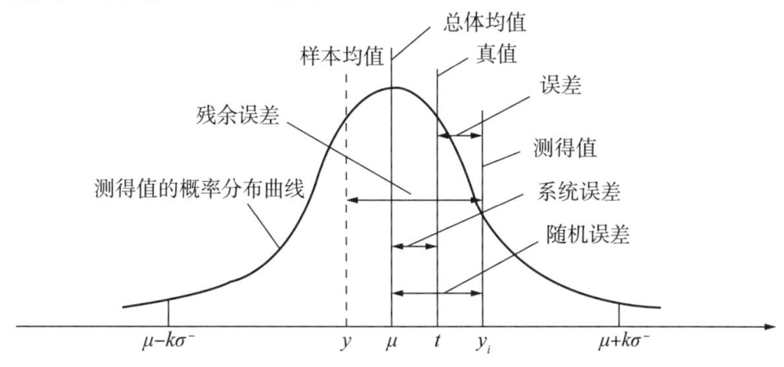

图 6－5 有关误差的示意图

6.2.4 系统误差的减小和消除

要找出普遍有效的方法减小和消除系统误差比较困难，下面介绍其中最基本的方法，以及分别适应于不同系统误差的特殊方法。

6.2.4.1 从误差产生根源上消除系统误差

从误差产生根源上消除系统误差是最根本的方法，它要求对测量过程中可能产生系统误差的环节做仔细分析，并在测量前就将误差从产生根源上加以消除。如为了防止测量过程中仪器零位的变动，测量开始和结束时都需检查零位；再如，为了防止仪器在长期使用时的准确度降低，要不定期进行比对和严格进行周期的检定/校准与维护。如果误差是由外界条件引起的，应在外界条件比较稳定时进行测量，当外界条件急剧变化时应停止测量。

6.2.4.2 用修正方法消除系统误差

这种方法是预先将测量仪器的系统误差通过校准或检定确定出来，做出误差表或误差曲线，然后取与误差数值大小相同、符号相反的值作为修正值，将实际测得值加上相应的修正值，即可得到不包含该系统误差的测量结果。如使用标准电阻，当其误差较大时，应取其实际值（经检定或校准给出的值），而不用其标称值。

由于修正值本身也包含有一定误差，因此此方法不能将全部误差修正掉，总要残留少量系统误差，这种残留的系统误差是不确定度的一个来源。

6.2.4.3 不变系统误差消除法

对测量结果中存在不变的系统误差，常用以下几种消除方法。

（1）替代测量法

替代测量法是将选定的且已知其值的量（标准量）替代被测的量，使两者在指示装置上产生相同效应的测量方法。此时，被测量即等于标准量。该法也称“完全替代法”，要求已知量是可调的标准量。此种方法中，被测量的量值就等于标准量的量值，从测量原理上消除了比较设备的恒定系统误差。

（2）不完全替代法

不完全替代法是将量值已知且与被测量的量值相近的量替代被测量，并将两者的差值显示在测量装置上的测量方法。该法也称“差值替代法”，已知量可以是不可调的标准量。

$$差值=被测读数-标准量读数$$

于是

$$被测量=标准量+差值$$

不完全替代法要求选用的标准量应与被测量相近，该法可有效地减小仪器仪表产生的恒定系统误差。

（3）抵消法

抵消法要求进行两次测量，以便使两次读数出现的系统误差大小相等、符号相反，取两次测量值的平均值作为测量结果。

如，用抵消法消除恒定外磁场影响产生的恒定系统误差的方法为：测量一次后将仪表旋转180°再测量一次，分别得到两个读数：

$$A_1=\alpha+\Delta\alpha，A_2=\alpha-\Delta\alpha$$

取平均值

$$A=(A_1+A_2)/2=\alpha$$

又如，使用电位差计时用换向电流法消除固定热电势带来的误差。

(4) 微差测量法

微差测量法为将被测量与标准量比较，测出其差值，则

被测量=标准量+差值

如，将被检电池与标准电池对接，用低电势电位差计测出其差值，便可消除直接测定其电动势时测量仪器本身的系统误差。

微差测量法在长度精密测量时也经常被用到。

(5) 换位抵消法

换位抵消法是根据误差的产生原因，将某些条件交换，以消除系统误差。

如，在测温电桥中用换位抵消法消除不等臂影响。

又如，用换位抵消法消除天平不等臂引起的误差。

(6) 半周期法

对周期性误差，可以相隔半个周期进行一次测量，两次测量平均值可有效地消除周期性系统误差。

6.3　测量结果中的离群值

测量结果中的离群值与其他数值差异较大，是对测量结果的明显歪曲，其数值明显偏离它所属样本的其余观测值，一旦发现离群值，应将其从测量结果中剔除。

6.3.1　离群值产生的原因

产生离群值的原因是多方面的，大致归纳为：

①测量人员的主观原因：由于测量者工作责任感不强，工作过于疲劳或者缺乏经验操作不当，或在测量时不小心、不耐心、不仔细等，从而造成错误的读数或错误的记录，这是产生离群值的主要原因。

②客观外界条件的原因：由于测量条件意外地改变，如机械冲击、外界振动等，引起仪器示值或被测对象位置的改变而产生离群值。

6.3.2　防止产生离群值的方法

对离群值除了设法从测量数据结果中发现和鉴别而加以剔除外，更重要的是测量者要加强工作责任心和以严谨科学的态度对待测量工作；此外，还要保证测量条件的稳定，或者应避免在外界条件发生激烈变化时进行测量。在某些情况下，可采用复现条件下测量和互相之间进行校核的方法。

6.3.3　离群值的处理规则

根据GB/T 4883的规定，对检出的离群值，应尽可能寻找出在技术上、物理上产

生它的原因，以作为处理的依据。

6.3.3.1 处理方式

①保留离群值并用于后续数据处理；

②在找到实际原因时修正离群值，否则予以保留；

③剔除离群值，不追加观测值；

④剔除离群值，并追加新的观测值或用适宜的插补值代替。

6.3.3.2 处理规则

对检出的离群值，应尽可能寻找其技术上和物理上的原因，作为处理离群值的依据。应根据实际问题的性质，权衡寻找和判定产生离群值的原因所需代价、正确判定离群值的得益及错误剔除正常观测值的风险，以确定实施下述三个规则之一：

①若在技术上或物理上找到了产生离群值的原因，则应剔除或修正；若未找到产生它的物理上和技术上的原因，则不得剔除或进行修正。

②若在技术上或物理上找到产生离群值的原因，则应剔除或修正；否则保护歧离值，剔除或修正统计离群值；在重复使用同一检验规则检验多个离群值的情形，每次检出离群值后，都要再检验它是否为统计离群值。若某次检出的离群值为统计离群值，则没离群值及在它前面检出的离群值（含歧离值）都应被剔除或修正。

③检出的离群值（含歧离值）都应被剔除或进行修正。

6.3.3.3 检出水平和剔除水平

为检出离群值而指定的统计检验的显著性水平 α，简称检出水平。除非根据 GB/T 4883 达成协议的各方另有约定。α 值应为 0.05。

为检出离群值是否高度离群而指定的统计检验的显著性水平 α^*，简称剔除水平。剔除水平 α^* 的值应不超过检出水平 α 的值。除非根据 GB/T 4883 达成协议的各方另有约定，α^* 值应为 0.01。

在规定的剔除水平 α^* 下检出的离群值是高度异常的离群值，俗称坏值，应予剔除。但剔除坏值时，每次只能剔除一个，倘若有两个相同的数值超限，一次检验也只能剔除其中的一个。若对剩下的数据仍有怀疑，可在去掉前一个数据的条件下，重新计算，并按同样的方法进行判断，以决定剩下的这个值是否应剔除。

特别应该指出的是：剔除或修正离群值时，必须依据一定的规则，绝不允许把主观上认为“不理想”或“不合理”的数据任意剔除或修正，否则是极不严肃的，是违背科学原则的。对一个测量结果有剔除或修正情况时，应说明其理由，以备查询。

6.3.4 判断离群值的方法

6.3.4.1 拉伊达准则

拉伊达准则又称 3s 准则。该准则认为在正态分布中，测量结果的残余误差落在 ±3s以内的概率为 99.73%，落在 ±3s 以外的概率仅为 0.27%，这就是说，在 370 次的测量中只有一次可能落在 ±3s 以外，当测量次数大于 10 次时，可以认为出现残余误差大于 3s 的测量值为离群值应予以剔除。当测量次数小于或等于 10 次时不能应用本方法。因为，此时残余误差 v_j 永远小于 3s。

设一组等精度测量值为：x_1，x_2，x_3，…，x_n；

平均值为 $\overline{x}$；

残余误差为 $v_j = x_j - \overline{x}$；

则

$$s=\sqrt{\frac{v_1^2+v_2^2+\cdots+v_n^2}{n-1}}$$

当某一测量值 x_j 的残余误差 $v_j > 3s$ 时，则认为 x_j 为离群值。将 x_j 剔除后，重新计算余下的 $n-1$ 个数的 s 值，再判断这 $n-1$ 个数中还有没有离群值。如此一直到将离群值全部剔除掉。

6.3.4.2 格拉布斯准则

格拉布斯准则不仅考虑了测量次数的影响，还考虑了置信概率的因素。其判断方法是，当测量值 x_j 的残余误差 $|v_j| > \lambda(n,p)\cdot s$ 时，则认为 x_j 为离群值。$\lambda(n, p)$ 是与测量次数 n 和置信概率 p 有关的函数，其值见表 6-1。

表 6-1 $\lambda(n, p)$ 值表

n	$\lambda(n, p)$		n	$\lambda(n, p)$	
	$p=95\%$	$p=99\%$		$p=95\%$	$p=99\%$
3	1.15	1.16	17	2.48	2.78
4	1.46	1.49	18	2.50	2.82
5	1.67	1.75	19	2.53	2.85
6	1.82	1.94	20	2.56	2.88
7	1.94	2.10	21	2.58	2.91
8	2.03	2.22	22	2.60	2.94
9	2.11	2.32	23	2.62	2.96
10	2.18	2.41	24	2.64	2.99
11	2.23	2.48	25	2.66	3.01
12	2.28	2.55	30	2.74	3.10
13	2.33	2.61	35	2.81	3.18
14	2.37	2.66	40	2.87	3.24
15	2.41	2.70	50	2.96	3.34
16	2.44	2.75	100	3.17	3.59

另外，还有罗曼诺夫斯基准则和狄克逊准则可以判断离群值的存在。

6.4 误差的合成及微小误差取舍准则

6.4.1 误差的合成

在以前的误差理论中，按照误差的特点与性质，误差可分为系统误差、随机误差和粗大误差 3 类，其中系统误差按掌握的程度分为已定系统误差和未定系统误差。误差的合成方法包括已定系统误差的合成、未定系统误差的合成、随机误差的合成，以及未定系统误差与随机误差的合成。误差合成的目的是确定总的已定系统误差和一个误差范围，随着误差理论的发展，后者用不确定度的理论方法来处理，因此如今误差的合成就只研究已定系统误差的合成。误差的合成应与不确定度的合成区分开来，不能混淆。不确定度的合成：若各分量彼此独立，则采用方和根合成的方法；若各分量存在相关，则还应考虑协方差；若各分量完全正相关，则采用代数和的方法，具体内容见第 7 章。进行误差合成的目的是确定最终测量结果的误差估计值，以便对测量结果进行修正；或者根据对一个测量系统各部分的校准或测量的结果，来确定这一测量系统最终测量结果的误差数值，进而提供是否对最终测量结果进行修正的依据。

设被测量的测量模型为

$$Y=f(X_1,X_2,\cdots,X_N)$$

输入量 X_i 的误差估计值分别为 Δ_1，Δ_2，…，Δ_n，相应的灵敏系数分别为 c_1，c_2，…，c_n，则按式（6－3）计算合成的误差：

$$\Delta_Y = \sum_{i=1}^{n} c_i \Delta_i \tag{6-3}$$

式中，$c_i=\partial f/\partial x_i$，偏导数应是在 X_i 的期望值下求得，即

$$\frac{\partial f}{\partial x_i}=\frac{\partial f}{\partial X_i}\bigg|_{x_1,x_2,\cdots,x_N}$$

上述合成的误差是已知各输入量 X_i 的误差估计值（或修正值），但并未对各输入量 X_i 进行修正而求得的未修正测量结果 Y 的误差估计值。由于各输入量误差估计值及其灵敏系数非正即负，因此误差合成时可能存在相互抵消的现象，这不同于不确定度的合成，不确定度恒为正值，合成的结果只能增大并传递到下一级测量结果。

应注意的是，对一个未知量进行测量的目的是获得该未知量的最佳估计值，必要时对其不确定度进行评定。最佳估计值的获得可以是将每个输入量已知的误差估计值进行修正，然后求得被测量的最佳估计值，这样可避开误差的合成，这是优先采用的处理方法。当然，也可以用每个输入量的未修正结果来计算被测量的估计值，根据上述误差合成的方法求得被测量估计值的误差估计值，再对该估计值进行修正得到被测量的最佳估计值。

例如，一个电能计量装置测量某线路输送的电能，测量结果的误差估计值包括电能表的误差、电流互感器变比误差和角误差、电压互感器变比误差和角误差，以及电压互感器二次回路电压降带来的误差，所有这些误差分量都可以通过校准或测量得到。根据上述误差合成的方法可求得特定负载电流和功率因数条件下的合成误差，根据此误差的数值可决定对其测量结果如何修正或对该计量装置如何改造。这也是误差合成的意义所在。

6.4.2 微小误差取舍准则

在测量过程中存在着各种误差项，误差有大有小，大误差起主导作用，若某项小误差有可能被忽略不计而不影响总误差，可略去的这项小误差称为微小误差。简言之，

在各误差项中，可以忽略不计的某项小误差称为微小误差。将微小误差忽略掉，而认为对测量结果没有影响，这种规定称为微小误差取舍准则。

6.4.2.1 代数和合成时的微小误差取舍准则

误差的合成是采用代数和的方法，即

$$\delta=\delta_1+\delta_2+\cdots+\delta_k+\cdots+\delta_n$$

设微小误差为 δ_k，则略去 δ_k 后的总误差 δ' 为

$$\delta'=\delta-\delta_k$$

当 $\delta_k=(1/20)\delta$ 时，

$$\delta'=\delta-(1/20)\delta=0.95\delta$$

当 $\delta_k=(1/10)\delta$ 时，

$$\delta'=\delta-(1/10)\delta=0.90\delta$$

通常在高准确度测量时，取微小误差 $\delta_k\leqslant(1/20)\delta$；在工程测量时，取微小误差 $\delta_k\leqslant(1/10)\delta$。

另外，在合成标准不确定度的计算中，若各标准不确定度分量完全正相关时，也采用代数和的方法来计算合成标准不确定度，此时可充分利用该准则将某些微小分量忽略掉。

6.4.2.2 方和根合成时的微小误差（不确定度）取舍准则

方和根合成的公式为

$$\delta=\sqrt{\delta_1^2+\delta_2^2+\cdots+\delta_k^2+\cdots+\delta_n^2}$$

合成标准不确定度的计算在各分量彼此独立时采用该法合成，此时的 δ_k 为标准不确定度与灵敏系数的乘积，即 $\delta_k=|c_i|u(x_i)$。

根据费业泰主编的《误差理论与数据处理》（北京：机械工业出版社，2005）一书，关于方和根合成时微小误差取舍准则的论述可以得到下面的结论：

①当不确定度的有效数字取一位时，在此情况下若某个分量 $\delta_k\leqslant(1/3)\delta$，则 δ_k 可视为微小分量。

②当不确定度的有效数字取两位，在此情况下若某个分量 $\delta_k\leqslant(1/10)\delta$，则 δ_k 可视为微小分量。

同样设微小分量为 δ_k，则略去 δ_k 后的合成结果 δ' 为

$$\delta'=\sqrt{\delta^2-\delta_k^2}$$

当 $\delta_k=(1/10)\delta$ 时，

$$\delta'=0.995\delta$$

当 $\delta_k=(1/5)\delta$ 时，

$$\delta'=0.980\delta$$

当 $\delta_k=(1/3)\delta$ 时，

$$\delta'=0.943\delta$$

通过以上数据可以看出，当采用方和根合成时，若某个分量 $\delta_k\leqslant(1/3\sim1/10)\delta$ 时，该分量即可视为微小分量。当然，当 $\delta_k\leqslant(1/10)\delta$ 时是完全可以忽略的。在不确定度的评定中，可充分利用该准则忽略某些微小分量，以简化数据的计算。在该种情况下可称为微小不确定度准则。

6.4.3 微小误差取舍准则的实际意义

6.4.3.1 检定时标准器的选择

在检定装置的配置时也是根据微小误差取舍准则，进行各部分误差（或不确定度）的分配；使最后得到的装置的扩展不确定度（k 一般取 2）为被检表最大允许误差的 1/3～1/10，至于微小误差取多大应综合考虑被检表等级、标准的现状及经济条件。例如检定 0.05 级表可选用 0.02 级的标准，检定 0.2 级表可选用 0.05 级的标准，检定 1.5 级和 2.5 级的仪表可选用 0.2 级的标准。

6.4.3.2 测量（或检定）结果的处理

（1）舍入误差及其允许值

测量结果数值修约到哪一位，也是根据微小误差取舍准则确定的。通常数值修约的位数要比被测量最大允许误差多一个数量级，即修约误差（舍入误差）与被测量最大允许误差之比为 1/10～1/20。即，修约间隔为 1/5～1/10 的最大允许误差。此时，｜舍入误差｜≤1/2 修约间隔。如修约间隔为 0.1，则｜舍入误差｜≤0.05；修约间隔为 0.05，则｜舍入误差｜≤0.025。

（2）计量器具检定结果的有效数字

检定结果的有效数字位数一般应综合考虑被检计量器具的最大允许误差、分辨力和扩展不确定度。如在 JJG 596—2012《电子式交流电能表》的 6.5.1 中，对各等级电能表的测量相对误差修约间距做了明确规定，该修约间距为被检表最大允许误差的 1/10。在 JJG 622—1997《绝缘电阻表（兆欧表）》的 24 中，规定被检绝缘电阻表的最大基本误差的计算数据，应按规则进行修约，修约间隔为最大允许误差的 1/10。

1. 结合自己的工作如何发现和减小系统误差？

2. 如何利用微小误差取舍准则进行检定设备的选择和测量结果的处理。（参见 6.4.3）

7　不确定度评定与表示

7.1　不确定度概述

误差的最新定义是测得值减去参考值，以前的定义是测量结果与被测量的真值之间的差。总之，误差应该是一个确定的值，即其大小和符号都是确定的。真值通常无法知道，对于测量仪器的示值误差，我们可以采用准确度更高的计量标准的量值来获得测量仪器示值误差的估计值，这时取其负值就成为修正值。当对测量结果做了修正后，仍有随机效应和不能确定的系统效应导致的误差存在，也就是说数据经过已知的修正值修正后还剩有误差，这些误差是不确定的，须分析其诸因素，估算其各分量，最终给出一个测量结果不能确定的范围。这样在传统的误差评定中遇到了两方面的问题，一是遇到了概念上的麻烦，二是不同领域和不同的人往往对误差处理方法各有不同的见解，以致造成评定方法不统一，进而使各测量结果缺乏可比性。不确定度概念的提出较好地解决了这一问题，不确定度评定的对象就是这些不能修正的各误差分量，其评定的结果是表征被测量之值所处的范围。如果某测量结果为（100.25±0.15)g，$k=2$，则说明被测量之值在（100.10～100.40)g 范围内。每一个测量结果总存在着不确定度，作为一个测量结果要给出其量值，还要给出不确定度才是完整的。不确定度愈小表明测量结果的质量愈高。测量结果的使用与其不确定度有密切关系，不确定度愈小，其使用价值愈高；不确定度愈大，其使用价值愈低。不确定度必须合理评定并表示，表示过小，会对产品质量造成危害；表示过大，会造成浪费。

如何正确、统一地表达校准结果或测量结果，在计量学中是一个十分重要的问题，涉及对测量结果可靠程度的定量评定及被使用。早在 1963 年美国国家标准局（NBS）的埃森哈特就提出了采用“不确定度”的建议，虽在国际上经过多年的探讨，但在不确定度的表达方面存在着不同的意见，由于缺乏统一，因此国际最高计量学权威机构——国际计量委员会于 1977 年要求国际计量局与各国家的标准计量研究院协调解决这一问题，并制定出一个建议。首先国际计量局起草了一份征求意见书，分发到对这一问题感兴趣的 32 个国家级计量研究院及 5 个国际组织。1979 年初，国际计量局收到21 个国家级计量研究院的回信。这些回信都基本认为，在不确定度的表述与不确定度分量合成出一个总不确定度方面，有一个国际公认的方法十分重要。基于上述情况国际计量局召集了一次会议，其目的是对不确定度规定一个统一的能被大家所接受的评定和表述方法。11 个国家级计量研究院的专家参加了这次讨论。不确定度表述工作组起草了一份建议书——INC－1（1980）《实验不确定度表述》（Expression of Experimental

Uncertainties)，其主要内容如下：

①测量结果的不确定度一般包括几个分量，按其值的评定方法，这些分量可归纳为两类：

A 类分量：用统计方法计算的那些分量；

B 类分量：用其他方法计算的那些分量。

A 类和 B 类与以前用的“随机（偶然）不确定度”和“系统不确定度”不一定是一个简单的对应关系。系统不确定度这个术语会引起误解，应避免使用。

任何详细的不确定度报告应该有各个分量的完整明细表，每个分量应详细说明其量值获得方法。

②A 类分量用估计方差 s_i^2或估计标准偏差 s_i 和自由度 ν_i 表达。必要时，应给出估计协方差。

③B 类分量用估计方差 u_i^2表达。它被考虑作为假设存在的相应方差的近似。像方差那样去处理 u_i^2，像标准偏差那样去处理 u_i，必要时，协方差应该用相似方式处理之。

④用通常对方差合成的方法，可以得到合成标准不确定度的表达值。合成标准不确定度及其分量，应用标准偏差的形式表达。

⑤对于特殊用途，若须对合成标准不确定度乘以一个因子获得总不确定度时，所乘的因子通常必须加以说明。

国际计量委员会于 1981 年批准这个建议书，在 1986 年又重新加以肯定。

INC－1（1980）只是一份十分简单的纲要性文件，对于如何在具体工作中实施这些要点，缺乏一个实用的、较为详细的指导性文件。1986 年国际计量委员会把这一任务委托给了 ISO，这项工作同时得到了另外 6 个国际组织的支持，这 6 个国际组织分别是：国际计量局、国际电工委员会（IEC）、国际临床化学联合会（IFCC）、国际理论和应用化学联合会（IUPAC）、国际理论和应用物理联合会（IUPAP）、国际法制计量组织。1993 年以这 7 个组织的名义由 ISO 出版了 GUM 第一版，1995 年稍适修改后重印发行。我国的 JJF 1059—1999《测量不确定度评定与表示》（以下简称 JJF 1059）等同采用了该文件。另外，我国制定的 JJF 1027—1991《测量误差及数据处理》（以下简称 JJF 1027）参考的国际上的主要文献是 INC－1（1980）和国际标准化组织计量技术顾问组第三工作组 ISO/TAG4/WG3 于 1989 年公布的《物理量测量中不确定度表示导则（第二稿）》。JJF 1059 实施后代替了 JJF 1027 中的测量误差部分，JJF 1027 中有关计量器具准确度的评定部分也已被 JJF 1094—2002《测量仪器特性评定》代替。JJF 1027 中有关测量误差部分在 JJF 1059 中做了大量修改与补充，其中涉及有重要变化且需引起注意的问题（不包括补充的新内容）主要有以下几个方面：

①明确了误差与不确定度之间的原则区别，对不确定度给出了新的定义。

②改变了随机误差、系统误差的定义，不再提粗大误差而只提测量结果中的异常值。

③总不确定度一词由扩展不确定度所代替。

④不确定度的 A 类分量与 B 类分量不再采用不同的符号 s_i 与 u_i，而统一用小写字母 u 表示，一般记作 u_i。

⑤在包含概率 $p=95\%$时，也必须明确指出 p，而不是只在 $p\neq95\%$时才给出

p 值。

⑥在计算扩展不确定度 U 或 U_p 时，不再采用把合成标准不确定度中的各个分量 $u_i(y)$分别先乘以各自的 t 因子 $t_{68}(\nu_i)$ 作为一次扩大计算出 $u_c(y)$，然后再按 $p=95\%$ 或 $p=99\%$分别取 $k=2$ 或 $k=3$ 来计算 U_{95}或 U_{99}的方法。JJF 1059 按 GUM 规定，只能用 $U=ku_c(y)$ 或 $U=k_pu_c(y)$（这时输出量估计值的分布是接近正态分布，要计算有效自由度 ν_{eff}；或是其他已知分布）的评定方法。

⑦JJF 1059 中删去了评定标准不确定度的其他几种简化方法，如最大残余误差法、最大允许误差法等，而只保留了极差法一种。JJF 1027 中曾明确提出使用这些简化的评定方法时，重复次数 n 一般应多于 6 次，而 JJF 1059 未强调这一点，反而指出极差法一般用于重复测量次数较少的情况下。JJF 1027 强调了次数太少时所获得的标准偏差 s 太不可靠，JJF 1059 指出在 $n=4$，$n=9$ 这样次数较少时，得出 s 十分简单，如当 $n=4$ 时，$s\approx R/2$，当 $n=9$ 时，$s\approx R/3$（这里 R 分别为 $n=4$ 与 $n=9$ 时得到的极差）。实际应用中应注意的是由此获得 s 的自由度 $\nu\neq n-1$，而是 $\nu<n-1$。

JJF 1059 的修订版本 JJF 1059.1，修订的依据是 ISO/IEC 指南 98《测量不确定度》及其第 3 部分 ISO/IEC 指南 98－3：2008《测量不确定度　第 3 部分：测量不确定度表示指南》。ISO/IEC 指南 98－3：2008 是在对 1995 版 GUM 修订的基础上，以 8 个国际组织的名义于 2008 年联合发布，这 8 个国际组织是在第一版 7 个国际组织的基础上增加了国际实验室认可合作组织（ILAC）。

与 JJF 1059 相比，JJF 1059.1 主要修订的内容有：

①所用术语采用新版 JJF 1001 中的术语和定义。更新和增加了部分术语，并以“包含概率”代替了“置信概率”。

②弱化了给出自由度的要求，只有当需要评定 U_p 或用户为了解所评定的不确定度的可靠程度而提出要求时才需要计算和给出合成标准不确定度的有效自由度 ν_{eff}。

③从实用出发规定：一般情况下，在给出测量结果时报告扩展不确定度 U。在给出扩展不确定度 U 时，一般应注明所取的 k 值。若未注明 k 值，则指 $k=2$。

④增加了不确定度的应用，包括：关于校准证书中报告不确定度的要求和实验室的校准和测量能力（CMC）的表示方式等。

GUM 是当前国际通行的观点和方法，可以用统一的准则对测量结果及其质量进行评定、表示和比较。在我国实施与国际接轨的不确定度评定及测量结果包括其不确定度的表示方法，不仅是不同学科之间交往的需要，也是全球市场经济发展的需要。

不确定度是建立在误差理论基础上的一个新概念。不确定度评定方法是经典误差理论发展和完善的产物，是运用概率论和统计学原理而形成的一种理论，我们可称之为不确定度理论，它是误差理论的新发展，比经典的误差表示方法更为科学实用，它是计量学发展的需要，同时是计量学的重要组成部分，在世界各国的计量测试界已经得到广泛应用。

7.2 不确定度的来源和测量模型

7.2.1 不确定度的来源

测量过程中的随机效应及系统效应均会导致不确定度，数据处理中的修约也会导致不确定度。导致测量结果产生随机性变化的效应属于随机效应；导致产生系统性变化的效应属于系统效应。例如在测量中的调零，如果一次调零以后不再改变测量条件地进行重复测量，将产生系统效应，其值为调零的不确定度。测量仪器的重复性则是典型的随机效应导致的结果。最常见的典型系统效应，例如所用标准器修正值的不确定度，如果是重复性条件下的多次测量，它以保持不变的系统误差来影响测量结果，除非改变了所用的标准器。

在不确定度的评定中，系统效应导致的不确定度一般包括：测量仪器的最大允许误差、测量仪器的偏移、引用误差限、修正值（校准结果）、标准物质的赋值等。

把所有不确定度分量划分为系统效应导致的分量和随机效应导致的分量，往往有利于标准不确定度的评定。

测量结果的不确定度反映了对被测量之值的认识不足，借助于已查明的系统效应对测量结果进行修正后，所得到的只是被测量的估计值，而修正值的不确定度以及随机效应导致的不确定度依然存在。

测量中可能导致不确定度的来源一般有：

（1）被测量定义的不完整

由被测量的定义中对影响被测量的影响量的细节描述不足所导致的不确定度分量属于定义的不确定度。定义的不确定度是在任何给定被测量的测量中实际可达到的最小不确定度。为什么说被测量定义不完整会导致不确定度的产生？被测量是作为测量对象的特定量。对被测量的描述往往要求对其他的相关量，例如时间、地点、温度、大气压力等做出说明。在测量中，为完整地表述被测量之值，使其具有较严格的单一性，必须把影响被测量之值的量（当然也影响测量结果）加以说明。例如：在给出某物体上某两点间的距离时，必须有温度的规定；在给出地球表面某地的重力加速度时，必须有时间的规定。只有对全部影响量之值都明确之后，才能完整地定义被测量。如果某个影响量之值未予确定，那么测量中这个量存在随机性，这个量的影响会导致测量结果出现某种程度的分散（一个不确定度的分量）。但是，在实际工作中，对被测量的定义我们也往往有意地忽略那些影响不大的内容，不去评定这些影响甚小的不确定度分量，例如大气压力对量块中心长度造成的影响。

（2）被测量定义的复现不理想

任何一种方法都有其不确定度，即所谓方法不确定度，不理想的方法导致较大的不确定度。

例如：在量块的比较测量中，要求测量量块测量面中心点的长度。但在实际测量中，测量点的位置一般是用肉眼确定的。由于量块测量面的平面度偏差和两测量面之间的平行度偏差，因此测量点对中心点的偏离会引入不确定度分量。

(3) 取样的代表性不够

取样的代表性不够，即被测样本可能不完全代表所定义的被测量。

例如：在测量某种材料的密度时，由于该材料的不均匀性，选用不同的材料样品可能得到不同的测量结果。由于所选择材料的样品不能完全代表定义的被测量，从而引入不确定度。也就是说，在不确定度的评定中，应考虑由于不同样品之间的差别所引入的不确定度分量。

(4) 对测量受环境条件的影响认识不足或测量的环境条件不完善

例如：在钢板宽度测量中，钢板温度测量的不确定度以及用以对钢板宽度进行温度修正的线膨胀系数数值的不确定度也是不确定度的来源。

(5) 模拟式仪表的读数偏移

在较好的情况下，模拟式仪表的示值可以估读到最小分度值的十分之一，在条件较差时，可能只能估读到最小分度值的二分之一或更低。由于观测者的读数习惯和位置的不同，也会引入与观测者有关的不确定度分量。

(6) 测量仪器的计量性能的局限性

测量仪器的计量性能的局限性（如最大允许误差、灵敏度、鉴别力、分辨力、死区及稳定性等）导致仪器的不确定度。

例如：若测量仪器的分辨力为 δx，则由测量仪器所得到的读数将会受到仪器有限分辨力的影响，从而引入标准不确定度为 $0.29\ \delta x$ 的不确定度分量。

(7) 测量标准或标准物质提供的标准值的不准确

例如：通常的测量是将被测量与测量标准或标准物质所提供的标准量值进行比较而实现的，因此测量标准或标准物质所提供标准量值的不确定度将直接影响测量结果。

(8) 引用的常数或其他参数值的不准确

物理常数、相对原子质量以及某些材料的特性参数，例如密度、线膨胀系数等均可由各种手册得到，这些数值的不确定度同样是不确定度的来源之一。

(9) 测量方法和测量程序中的近似和假设

例如：用于计算测量结果的计算公式的近似程度等所引入的不确定度。

(10) 在相同条件下被测量重复观测值的变化

由于各种随机效应的影响，无论在实验中如何准确地控制实验条件，所得到的测量结果总会存在一定的分散性，即重复性条件下的各个测量结果不可能完全相同。这种分散性一部分是由测量仪器造成的，另一部分就是由被测量在重复观测中的变化造成的，除非测量仪器的分辨力太低，这几乎是所有不确定度评定中都会存在的一种不确定度来源。

上述不确定度的来源可能相关，例如，第（10）项可能与前面各项有关。

对于那些尚未认识到的系统效应，显然是不可能在不确定度评定中予以考虑的，但它可能导致测量结果的误差。不确定度的来源必须根据实际测量情况进行具体分析。

分析不确定度来源时，除了定义的不确定度外，可从测量仪器、测量环境、测量人员、测量方法等方面全面考虑，特别要注意对测量结果影响较大的不确定度来源，应尽量做到不遗漏、不重复，使评定得到的不确定度不致过小或过大。一般，重复性导致的不确定度中包含了测量时各种随机影响的贡献，如果其中包括由于分辨力不足引起的测得值的变化，这种情况下只要评定重复性导致的不确定度，就不必再重复评定分辨力导致的不确定度。但是特殊情况下，由于分辨力太差，以致无法获得重复性时，就需要评定分辨力导致的不确定度。例如用显示为七位半的多功能标准源去校准三位半的数字电压表时，多次测量的测得值不变，此时就应评定被校数字电压表分辨力导致的不确定度。

修正仅仅是对系统误差的补偿，修正值是具有不确定度的。在评定已修正的被测量的估计值的不确定度时，要考虑修正值引入的不确定度。只有当修正值的不确定度较小，且对合成标准不确定度的贡献可忽略不计的情况下，可不予考虑。如果修正值本身与合成标准不确定度比起来也很小时，修正值可不被加到被测量的估计值之中，而仅作为不确定度考虑。

什么情况下，可以认为某个不确定度分量可忽略不计呢？

一种情况是在各输入量相互独立的情况下，一切不确定度分量均贡献于合成标准不确定度，只会使合成标准不确定度增大。忽略任何一个分量都会导致合成标准不确定度变小。但由于采用的是方差相加得到合成方差，当某些分量小到一定程度后，其对合成标准不确定度实际上起不到什么作用，为简化分析与计算，该分量当然可以忽略不计。例如，忽略某些分量后，合成标准不确定度变小，但不足十分之一，甚至不足二十分之一，该分量未必不可忽略，这也可以称作微小不确定度准则。

另外一种情况是修正值加与不加，对不确定度的评定不产生任何影响。例如：在重复性条件下，对同一被测量进行多次的重复观测结果中，加不加修正值，按贝塞尔公式计算出的重复性实验标准偏差 s_r 结果相同。但是，如果改变了测量标准器情况下的复现性标准偏差 s_R 的评定，每个观测结果由于使用了不同标准器而有不同修正值，则必须分别加以修正。

还有一种情况是修正值本身甚小，远小于测量的不确定度，例如其绝对值只有合成标准不确定度的十分之一，则可不必对测量结果进行修正。但是，修正值的不确定度是否可以忽略，则要看这个不确定度之值是否小到可以忽略的程度。修正值绝对值的大小与修正值的不确定度没有联系。例如，某个标准电阻的标称值与其校准结果之差的绝对值可以较小，但校准的不确定度却比这个差的绝对值大很多，这是完全正常的现象。

当某些被测量是通过与物理常数相比较得出其估计值时，按常数或常量来报告测量结果，可能比用测量单位来报告测量结果，有较小的不确定度。

测量中的一些失误或突发原因不属于不确定度的来源。在不确定度评定中，也必须剔除测量结果中的离群值（通常由于读取、记录或分析数据的失误所导致）。离群值的剔除应通过对数据的适当检验进行。

7.2.2 测量模型的建立

测量中，被测量 Y（即输出量）由 N 个影响量（输入量）X_i：X_1，X_2，…，X_N，通过函数关系 f 来确定，即式（7－1）。

$$Y=f(X_1,X_2,\cdots,X_N) \qquad (7-1)$$

式（7－1）称为测量模型，大写字母表示的量的符号，既可代表可测的量，也可代表随机变量。

如被测量 Y 的估计值为 y，输入量 X_i 的估计值为 x_i，则有式（7－2）成立。

$$y=f(x_1,x_2,\cdots,x_N) \tag{7-2}$$

在一列观测值中，第 k 个输入量用 X_k 表示。如电阻器的电阻符号为 R，则其观测列中的第 k 次值表示为 R_k。

又如，一个随温度 t 变化的电阻器两端的电压为 V，在温度为 t_0（20 ℃）时的电阻为 R_0，电阻器的温度系数为 α，则电阻器的损耗功率 P（被测量）取决于 V，R_0，α 和 t，即式（7－3）成立。

$$P=f(V,R_0,\alpha,t)=V^2/R_0[1+\alpha(t-t_0)] \tag{7-3}$$

测量损耗功率 P 的其他方法可能有不同的测量模型。测量模型与测量程序有关。

输出量 Y 的输入量 X_1，X_2，…，X_N 本身可看作被测量，也可取决于其他量甚至包括具有系统效应的修正值，从而可能导出一个十分复杂的函数关系式，以至函数 f 不能被明确地表示出来。f 也可以用实验的方法确定，甚至只用数值方程给出（数值方程为物理方程的一种，用于表示在给定测量单位的条件下，数值之间的关系，而无物理量之间的关系）。因此，如果数据表明 f 没有能将测量过程模型化至所要求的准确度，则必须在 f 中增加输入量，即增加影响量。例如，在式（7－3）中，再增加以下输入量：电阻器上已知的温度非矩形分布、电阻温度系数的非线性关系、电阻 R 与大气压力 p_{amb} 的关系等。

通过以上分析，测量模型是通过测量的结果以及引入的值得到被测量估计值的数学函数关系式。最简单的测量模型，例如：体温计的示值 X 与被测量体温 Y 在不做任何修正的情况下，被测量体温 $Y=X$；用滴定管测量所消耗的溶液体积 Y 时，要通过滴定前的示值 X_1 与滴定完成后的示值 X_2 之差得到所消耗的溶液体积 $Y=X_1-X_2$；采用砝码在等臂天平上衡量某一样品的质量 Y 时，通过砝码的质量 X_1 与天平上显示出的差值 X_2 得到样品的质量 $Y=X_1+X_2$。如果考虑到某些影响量的修正值或修正因子，就会使测量模型复杂化。

例如，对标称值为 10 kg 的砝码进行校准，被校准砝码折算为质量 m_x 的计算公式为：$m_x=m_{\mathrm{s}}+\Delta m$。式中：$m_{\mathrm{s}}$ 是标准砝码的折算质量，Δm 是观测到的被校准与标准砝码之间的质量差。如果用此公式作测量模型就遗漏了比较仪的偏心度和磁效应，以及忽略空气浮力对测量结果的影响。因此，比较完整的测量模型应修正为 $m_x=m_{\mathrm{s}}+\Delta m+\delta m_{\mathrm{D}}+\delta m_{\mathrm{C}}+\delta m_{\mathrm{B}}$，其中：$\delta m_{\mathrm{D}}$ 是自最近一次校准以来标准砝码质量的漂移，δm_{C} 是比较仪的偏心度和磁效应对测量结果的影响，δm_{B} 是空气浮力对测量结果的影响，这三者的期望为零，但不确定度不为零。

又如在用原子吸收光谱法测定陶制品中镉溶出量的不确定度评定实例中，容器单位表面积镉的溶出量 r 可表示为 $r=\dfrac{C_0V_{\mathrm{L}}}{a_{\mathrm{v}}}$。其中：$C_0$ 是在提取溶液中镉的质量浓度，V_{L} 是浸析液的体积，a_{v} 是器皿的表面积。显然除了计算式中出现的三个输入量，浸泡温度、浸泡时间和酸浓度对 r 的影响也是不能不考虑的。因此，模型应加入这些影响量的修正因子，测量模型变为 $r=\dfrac{C_0V_{\mathrm{L}}}{a_{\mathrm{v}}}\cdot f_{\mathrm{acid}}f_{\mathrm{time}}f_{\mathrm{temp}}$，其中：$f_{\mathrm{acid}}$、$f_{\mathrm{time}}$和 f_{temp}的量值为 1.0，但存在不确定度。

同一被测量，当采用不同测量原理或方法时，其测量模型一般会不同。例如，测量一电阻上消耗的功率，用测量其两端的电压和通过其中的电流的方法时，其测量模型为 $P=VI$；当用测量其两端的电压和其电阻的方法时，其测量模型为 $P=V^2/R$；用测量通过其中的电流和其电阻的方法时，其测量模型为 $P=I^2R$。

式（7-2）中，被测量 Y 的最佳估计值 y 在通过输入量 X_1，X_2，…，X_N 的估计值 x_1，x_2，…，x_N 得出时，可有以下两种方法：

（1）方法一

通过式（7-4）得出被测量 Y 的最佳估计值 y。

$$y=\overline{y}=\frac{1}{n}\sum_{k=1}^{n}y_k=\frac{1}{n}\sum_{k=1}^{n}f(x_{1k},x_{2k},\cdots,x_{Nk}) \qquad (7-4)$$

式中，y 是 Y 的 n 次独立观测值 y_k 的算术平均值，其每个观测值 y_k 的不确定度相同，且每个 y_k 都是根据同时获得的 N 个输入量 X_i 的一组完整的观测值求得的。

（2）方法二

通过式（7-5）得出被测量 Y 的最佳估计值 y。

$$y=f(\overline{x}_1,\ \overline{x}_2,\ \cdots,\ \overline{x}_N) \qquad (7-5)$$

式中，$\overline{x}_i=\frac{1}{n}\sum_{k=1}^{n}x_{i,k}$，它是独立观测值 $x_{i,k}$ 的算术平均值。这一方法的实质是先求 X_i 的最佳估计值 $\overline{x}_i$，再通过函数关系式得出 y。

以上两种方法，当 f 是输入量 X_i 的线性函数时，它们的结果相同。但当 f 是 X_i 的非线性函数时，式（7-4）的计算方法较为优越。

输入量 X_1，X_2，…，X_N 可以是：

①当前直接测定的量。它们的值与不确定度可得自于单一观测、重复观测、依据经验对信息的估计，并可包含测量仪器读数修正值，以及对周围温度、大气压力、湿度等影响的修正值。

②由外部来源引入的量。如已校准的测量标准、有证标准物质、由手册所得的参考数据等。

x_i 的不确定度是 y 的不确定度的来源。寻找不确定度来源时，可从测量仪器、测量环境、测量人员、测量方法、被测量等方面全面考虑，应做到不遗漏、不重复，特别应考虑对结果影响大的不确定度来源。

在评定 y 的不确定度之前，为确定 Y 的最佳估计值，应将所有修正量加入测得值，并将所有测量离群值剔除。

y 的不确定度将取决于 x_i 的不确定度，为此首先应评定 x_i 的标准不确定度 $u(x_i)$。

一切测量结果都是被测量的一个近似值，因而称之为被测量之值的估计或估计值。最佳估计值是最好的一个近似值。因此，如果是重复性条件下的多次测量，则应是它们的算术平均值；如果是复现性条件下的多次测量，则应是它们的加权平均值；当修正值不为零时，还都必须是修正后的测量结果。也就是说不确定度评定前应先将可修正的系统误差进行修正。即给出的结果必须是被测量的最佳估计值。

如果一个被测量只进行了一次测量，则修正后的测量结果就是被测量的最佳估计值，但如果是重复了多次，则一定应以其平均值作为测量结果，当然同时也要修正。

被测量 Y 的测量结果 y、平均值 $\overline{y}$ 和修正值 Δy 间的测量模型就是 $y=\overline{y}+\Delta y$，Δy 可以是零，但 $u(\Delta y)$ 存在。

7.3 标准不确定度的评定

7.3.1 评定方法的分类

不确定度按照评定方法的不同，可以分为 A 类评定和 B 类评定。

A 类评定是对在规定测量条件下测得值，用统计分析的方法进行的不确定度分量的评定。规定测量条件是指重复性条件、期间精密度条件或复现性条件。

B 类评定是用不同于 A 类评定的方法进行的不确定度分量的评定。它是根据有关信息估计的先验概率分布得到标准偏差估计值的方法。

A 类评定、B 类评定的分类旨在指出评定的方法不同，只是为了便于理解和讨论，并不意味着两类分量之间存在本质上的区别。它们都是基于概率分布，都用方差或标准偏差定量表示。

另外，在测量结果的不确定度评定中，不能认为 A 类评定、B 类评定两类评定均有的情况下才是完整的。在实际评定中往往可能只用了非统计方法，也有可能只有某个或某几个统计方法所评定的分量起决定作用，而其他方法所评定的分量可忽略不计，在这些情况下，就会出现只有 B 类评定或只有 A 类评定。在不确定度的评定中，要求不能遗漏重要的分量，但不要求两种评定方法都用上。的确在有些情况下，某种效应带来的不确定度分量是既可按 A 类也可按 B 类评定的，具体评定中看哪一种方法更为简单、方便、可靠和实用，这是通常选择评定方法的原则。

7.3.2 标准不确定度的 A 类评定

7.3.2.1 基本方法

在重复性条件或复现性条件下得出 n 个独立观测结果 x_k，随机变量 x 的数学期望 μ_x 的最佳估计是 n 次独立观测结果的算术平均值 $\overline{x}$（$\overline{x}$ 又称为样本平均值），$\overline{x}$ 按式(7-6)计算。

$$\overline{x}=\frac{1}{n}\sum_{k=1}^{n}x_k \tag{7-6}$$

由于影响量的随机变化或随机效应时空影响的不同，每次独立观测值 x_k 不一定相同，它与 $\overline{x}$ 之差称为残余误差 υ_k，υ_k 按式（7-7）计算。

$$\upsilon_k=x_k-\overline{x} \tag{7-7}$$

观测值的实验方差按式（7-8）计算。

$$s^2(x_k)=\frac{1}{n-1}\sum_{k=1}^{n}(x_k-\overline{x})^2 \tag{7-8}$$

观测值的实验标准偏差即标准不确定度按式（7-9）计算。

$$u(x_k) = s(x_k) = \sqrt{\frac{1}{n-1}\sum_{k=1}^{n}(x_k - \overline{x})^2} \tag{7-9}$$

这样得出的实验标准偏差 $s(x_k)$ 的自由度 $\nu = n-1$。

式（7－9）中，$s^2(x_k)$ 是 x_k 的概率分布的总体方差 σ^2 的无偏估计，其正平方根 $s(x_k)$表征了 x_k 的分散性，确切地说表征了它们在 $\overline{x}$ 上下的分散性。$s(x_k)$ 称为样本标准偏差或实验标准偏差，表示实验测量列中任一次测量结果的标准偏差，也称作单次测量的标准偏差。实际上，由从贝塞尔公式计算 $s(x_k)$ 的步骤可以看出 $s(x_k)$ 是由 n 个残余误差的平方再取平均值算出来的，表达的是 n 个独立观测值彼此之间的分散性，$s(x_k)$体现的正是这 n 个数的共性。随着测量次数 n 的增加，$s(x_k)$ 趋向于一个常数，我们只是用有限次测量来获得它的估计值，因此被称为实验标准偏差。

在实际测量中，通常以独立观测列的算术平均值作为测量结果，此时测量结果的实验标准偏差为 $s(\overline{x}) = s(x_k)/\sqrt{n} = u(\overline{x})$，$s(\overline{x})$ 的自由度仍是 $\nu = n-1$，此式的证明参见本书 6.1.3.2 节。

显然，n 次测量结果的平均值 $\overline{x}$ 比任何一个单次测量结果 x_k 更可靠，因此平均值 $\overline{x}$ 的实验标准偏差 $s(\overline{x})$ 比单次测量结果的实验标准偏差 $s(x_k)$ 小。

观测次数 n 应充分多，以使 $\overline{x}$ 成为 x 的期望值 μ_x 的最佳估计值，并使 $s^2(x_k)$ 成为 σ^2 的最佳估计值；从而也使 $u(x_k)$ 更为可靠。

7.3.2.2　合并样本标准偏差

GUM 以及 INC－1（1980）中，均未指出不确定度 A 类评定的分量只能为测量某个被测量时，通过测量过程中的重复条件下的测量列计算。实际应用中，这个不确定度 A 类评定的分量既可以是过去任何时间所做的实验，也可以是任何其他人所做的测量。为了得到较好的实验标准偏差 s，可以采用合并样本标准偏差 s_p。所谓较好的 s，即其自由度较大，较为可靠。很多情况下，较长时间地保证重复性条件不变或复现性条件中应不变的条件不变是较困难的，因此测量列中独立观测的次数 n 往往受到限制，而 $\nu = n-1$ 也受了限制。为了得到一个 ν 较大的 s，可以采用多个被测量的方法，这样获得的不确定度 A 类评定的分量称为组合实验标准偏差或合并样本标准偏差，常用的有以下几种：

①对一个测量过程，若采用核查标准或控制图的方法使其处于统计控制状态，则该统计控制下，测量过程的合并样本标准偏差 s_p 表示为式（7－10）。

$$s_p = \sqrt{\frac{\sum_{i=1}^{k} s_i^2}{k}} \tag{7-10}$$

式中，s_i 为每次核查时的样本标准偏差；k 为核查次数。若每次核查时的测量次数为 n，则此时自由度为 $k(n-1)$。

②如果是某种规范化的常规测量（例如按计量检定规程进行的测量），对每个被测量 x_i 都进行了重复条件下或复现条件下的 n 次独立的观测，则有 n 个测量结果 x_{i1}，x_{i2}，…，x_{in} 及一个平均值 $\overline{x}$。如果共有 m 个这样的被测量进行过这样的测量，则 s_p 可按式（7－11）计算。

$$s_p = \left(\frac{\sum_{i=1}^{m} \sum_{j=1}^{n} (x_{ji} - \overline{x}_i)^2}{m(n-1)} \right)^{\frac{1}{2}} \tag{7-11}$$

如果这 m 个被测量 x_i 的测量中，已分别按各次测量的 $\overline{x}$ 及其相同的次数 n 计算出了各次的实验标准偏差 s_i（$i=1$，2，…，m），则 s_p 可按式（7-12）计算。

$$s_p = \sqrt{\frac{1}{m} \sum_{i=1}^{m} s_i^2} \tag{7-12}$$

这样得出的 s_p，自由度 $\nu=m(n-1)$。

③如果这 m 个被测量 x_i 所进行的测量重复次数 n_i 并不相等，即对第 i 个被测量 x_i 重复了 n_i 次，其 s_i 的自由度 $\nu_i=n_i-1$，共有 m 个 s_i 与 m 个 ν_i，则 s_p 可按式（7-13）计算。

$$s_p = \sqrt{\frac{1}{\sum_{i=1}^{m} \nu_i} \sum_{i=1}^{m} \nu_i s_i^2} \tag{7-13}$$

这样得出的 s_p 的自由度：$\nu = \sum_{i=1}^{m} \nu_i$

获得了合并样本标准偏差 s_p 以后，在相同情况下，由该测量过程对被测量 X 进行 n 次重复测量，以算术平均值 $\overline{x}$ 作为测量结果，则该结果的标准不确定度为式（7-14）。

$$u(\overline{x}) = s_p / \sqrt{n} \tag{7-14}$$

合并样本标准偏差在标准偏差的评定中所起的作用是：采用合并样本标准偏差 s_p 一般很容易得到一个自由度充分大的单次测量的实验标准偏差。这个值可用于在测量过程处于正常工作状态（统计控制状态）下的类似测量，而不必再去通过其测量列按贝塞尔公式求实验标准偏差 s，且 s_p 自由度较大，远比 s 可靠。这个合并样本标准偏差 s_p 可认为是这种常规测量下，通过相同测量程序所得到的任一个单次观测结果的实验标准偏差。例如：得到 s_p 后，如果用同样测量程序对某一被测量 x 进行了 4 次重复独立观测，则这 4 次的算术平均值的实验标准偏差为

$$u(x) = \frac{s_p}{\sqrt{4}} = 0.5 s_p$$

它的自由度等于 s_p 的自由度，而并非 $\nu=4-1=3$

采用合并样本标准偏差 s_p 必须同时满足以下 3 个条件：

①规范化的常规测量，即测量的条件、方法、程序、观测人员不变。

②被测量之值的大小影响重复性标准偏差不明显，即使被测量大小有某种改变，其重复性标准偏差仍无明显改变。是否能满足这一要求，需通过实验加以证明。

③在通过实验得到 s_p 到使用 s_p 对测量结果不确定度进行评定时间内，测量过程是处于统计控制状态，或称之为随机状态，也就是重复性条件或复现性条件能充分保证的状态。

上述 3 个条件，在正常工作状态下是并不难满足的，而比较容易出问题的是第②项。

7.3.2.3 极差法

在重复性条件或复现性条件下，对 X_i 进行 n 次独立观测，计算结果中的最大值与最小值之差称为极差 R，在可以估计接近正态分布的前提下，单次测量结果 x_i 的实验

标准偏差 $s(x_i)$ 可按式（7－15）近似地评定。

$$s(x_i)=\frac{R}{C}=u(x_i) \tag{7-15}$$

式中，极差系数 C 及自由度 ν 见表 7－1，在 $n<25$ 条件下，$C\approx\sqrt{n}$。

表 7－1　极差系数 C 及自由度 ν

n	2	3	4	5	6	7	8	9
C	1.13	1.69	2.06	2.33	2.53	2.70	2.85	2.97
ν	0.9	1.8	2.7	3.6	4.5	5.3	6.0	6.8

一般在测量次数较少时采用该法。

7.3.2.4　最小二乘法

当输入量 X_i 的估计值 x_i 是用实验数据通过最小二乘法拟合的曲线上得到时，曲线上任何一点和表征曲线拟合参数的标准不确定度，可用有关统计程序评定，具体评定方法见相关文献。

7.3.2.5　预评估重复性

在对同一类被测件的常规检定、校准或检测的日常工作中，如果测量系统稳定、重复性无明显变化，则可用该测量系统按与被测件测量时相同的测量程序、操作者、操作条件和地点，预先对典型的被测件的典型被测量值，进行 n 次测量（一般 n 不小于 10)，由贝塞尔公式计算出单个测得值的实验标准偏差 $s(x_k)$，即重复性；也可采用多个同类被测件进行测量，以获得自由度更大的合并样本标准偏差 s_p。应注意，当怀疑重复性有变化时，应及时重新测量和计算实验标准偏差 $s(x_k)$。

7.3.2.6　采用 A 类评定时的注意事项

在重复条件下所得的测量列的不确定度，通常比用其他方法所得到的不确定度更为客观，并具有统计学的严格性，但其要求有充分的重复次数。此外，这一测量程序中的重复观测值，应相互独立。例如：

①被测量是一批材料的某一特性，所有重复观测值来自同一样品，而取样又是测量程序的一部分，则观测值不具有独立性，必须把不同样本间可能存在的随机差异导致的不确定度分量考虑进去；

②测量仪器的调零是测量程序的一部分，重新调零应成为重复性的一部分；

③通过测量直径计算圆的面积，在直径的重复测量中，应随机地选取不同的方向观测；

④当使用测量仪器的同一测量段进行重复测量时，测量结果均带有相同的这一测量段的误差，而降低了测量结果间的相互独立性；

⑤在一个气压表上重复多次读取示值，把气压表扰动一下，然后让它恢复到平衡状态再进行读数，因为即使大气压力并无变化，还可能存在示值和读数的重复性；

⑥整个测量程序的从头到尾的重复观测，可以评定出全过程的各个随机效应环节的总 s_r。

7.3.3　标准不确定度的 B 类评定

标准不确定度的 B 类评定不是用统计方法求得，而是需要用实验方法、估计分析等方法来获得，获得B类标准不确定度的信息来源一般有：

①以前测量的数据；

②对有关技术资料和测量仪器特性的了解和经验；

③生产厂提供的技术说明书；

④校准证书、检定证书或其他文件提供的数据；

⑤手册或某些资料给出的参考数据；

⑥计量检定规程、校准规范或测试标准中给出的数据；

⑦其他有用的信息。

获得B类标准不确定度的方法可有如下几种：

7.3.3.1　已知扩展不确定度 $U(x_i)$ 和包含因子 k

如估计值 x_i 来源于制造厂的说明书、校准证书、手册或其他资料，其中同时还明确给出了其扩展不确定度 U，指明了包含因子 k 的大小，或者给出了 U_p 和 k_p，则标准不确定度 $u(x_i)=U/k$ 或 $u(x_i)=U_p/k_p$。

【例7-1】已知校准证书上指出标称值为1 kg的砝码质量 m=1 000.000 32 g，并说明按包含因子 k=3 给出的扩展不确定度 U=0.24 mg。求该砝码质量的标准不确定度。

解：该砝码质量的标准不确定度为

$$u(m)=0.24\ \text{mg}/3=0.08\ \text{mg}$$

7.3.3.2　只已知扩展不确定度 U_p

如 x_i 的扩展不确定度不是按标准偏差 $u(x_i)$ 的 k 倍给出，而是给出了包含概率 p 为90%、95%或99%的区间的半宽 U_{90}、U_{95} 或 U_{99}，除非另有说明（如说明是矩形分布），一般按正态分布考虑评定其标准不确定度 $u(x_i)$。对应于上述3种包含概率的 k_p 分别为1.64、1.96或2.58，更为完整的关系见表7-2。

表7-2　正态分布情况下包含概率 p 与 k_p 间的关系

p/%	50	68.27	90	95	95.45	99	99.73
k_p	0.67	1	1.645	1.960	2	2.576	3

【例7-2】已知标称值为10 Ω的标准电阻器的校准证书上给出该电阻 R_S 在23 ℃时的阻值为：R_S(23℃)=(10.000 74±0.000 13) Ω，同时说明包含概率 p=99%。求该电阻器阻值的标准不确定度。

解：由于 U_{99}=0.13 mΩ，按表7-2，k_p=2.58，其标准不确定度为

$$u(R_S)=0.13\ \text{m}\Omega/2.58=0.050\ \text{m}\Omega$$

当 x_i 的扩展不确定度既给出 U_p，又给出有效自由度 ν_{eff}，这时必须按 t 分布处理。

$$u(x_i)=\frac{U_p}{k_p}=\frac{U_p}{t_p(\nu_{\text{eff}})}$$

在上例中若同时给出有效自由度 ν_{eff}=20，则查表7-5得 $k_p=t_p(20)$=2.85，于是其标准不确定度为

$$u(R_S)=0.13\ \text{m}\Omega/2.85=0.046\ \text{m}\Omega$$

7.3.3.3　已知分散区间的半宽 a 和分布状态

如已知 X_i 之值 x_i 分散区间的半宽 a，且 x_i 落于 x_i-a 至 x_i+a 区间的包含概率 p

为 100%（假设正态分布时 p 为 99.73%，其他要求的包含概率查表 7－2 得到 k 值），即全部落在此范围中，通过对分布的估计，可以得出标准不确定度 $u(x_i)=a/k$，包含因子 k 与分布状态有关，见表 7－3。

表 7－3　常用分布与 k、$u(x_i)$ 的关系

分布类别	p/%	k	$u(x_i)$
正态	99.73	3	$a/3$
三角	100	$\sqrt{6}$	$a/\sqrt{6}$
梯形（β=0.71）	100	2	$a/2$
矩形（均匀）	100	$\sqrt{3}$	$a/\sqrt{3}$
反正弦	100	$\sqrt{2}$	$a/\sqrt{2}$
两点	100	1	a

表 7－3 中 β 为梯形的上底与下底之比，对于梯形分布来说 $k=\sqrt{6/(1+\beta^2)}$，特别当 β 等于 1 时，梯形分布变成矩形分布；当 β 等于 0 时，梯形分布变成三角分布。

【例 7－3】已知某数字电压表制造厂说明书：仪器经校准后 2 年内，在 1 V 内示值最大允许误差的模为 $14\times10^{-6}\times$（读数）$+2\times10^{-6}\times$（范围）。设校准后 20 个月在 1 V内测量电压，在重复性条件下独立测得电压 V，其平均值为：$\overline{V}=0.928\ 571$ V。求其由示值误差导致的标准不确定度。

解：电压表最大允许误差的模：

$$a=14\times10^{-6}\times0.928\ 571\ \text{V}+2\times10^{-6}\times1\ \text{V}=15\ \mu\text{V}$$

a 即为分散区间的半宽，估计为矩形分布，按表 7－3，$k=\sqrt{3}$，则由示值误差导致的标准不确定度为

$$u(\Delta V)=15\ \mu\text{V}/\sqrt{3}=8.7\ \mu\text{V}$$

7.3.3.4　界限不对称的考虑

在输入量 X_i 可能值的下界 a_- 和上界 a_+ 相对于其最佳估计值并不对称的情况下，即下界 $a_-=x_i-b_-$，上界 $a_+=x_i+b_+$，其中 $b_-\neq b_+$。这时由于 x_i 不处于 a_- 至 a_+ 区间的中心，X_i 估计值的概率分布在此区间内不会是对称的，在缺乏用于准确判定其分布状态的信息时，按矩形分布处理可采用式（7－16）近似评定。

$$u^2(x_i)=\frac{(b_++b_-)^2}{12}=\frac{(a_+-a_-)^2}{12} \tag{7-16}$$

【例 7－4】已知手册中给出的铜膨胀系数 α_{20}(Cu) $=16.52\times10^{-6}$ ℃$^{-1}$，但指明最小可能值为 16.40×10^{-6} ℃$^{-1}$，最大可能值为 16.92×10^{-6} ℃$^{-1}$。求其标准不确定度。

解：由式（7－16）得

$$u^2(\alpha_{20})=\frac{(a_+-a_-)^2}{12}=\frac{(16.92\times10^{-6}\ ℃^{-1}-16.40\times10^{-6}\ ℃^{-1})^2}{12}$$

则标准不确定度：$u(\alpha_{20})=0.15\times10^{-6}$ ℃$^{-1}$

或者标准不确定度：$u(\alpha_{20})=\dfrac{a_+-a_-}{2\times\sqrt{3}}=\dfrac{16.92\times10^{-6}\ ℃^{-1}-16.40\times10^{-6}\ ℃^{-1}}{2\times\sqrt{3}}=0.15\times10^{-6}$ ℃$^{-1}$

有时对于不对称的界限，可以对估计值加以修正，修正值的大小为 $(b_+ - b_-)/2$，则修正后 x_i 就在界限的中心位置 $x_i = (a_- + a_+)/2$，而其半宽 $a = (a_+ - a_-)/2$，从而可按 7.3.3.3 所述方式处理。

7.3.3.5 数字显示式仪器分辨力及数据修约间隔的考虑

对于数字显示式仪器，如其分辨力为 δx，则其分辨力可能导致的最大允许误差的绝对值为 $a=\frac{1}{2}\delta x$，估计其为矩形分布，故由分辨力引入的标准不确定度为

$$u(x)=\frac{1}{2}\delta x/\sqrt{3}=0.29\delta x\approx 0.3\delta x$$

对于所引用的已修约的值，或测量结果按方法规定的间隔修约，如其修约间隔为 δx，则由修约导致的最大允许误差为 $a=\frac{1}{2}\delta x$，估计其为矩形分布，故由修约引入的标准不确定度为

$$u(x)=\frac{1}{2}\delta x/\sqrt{3}=0.29\delta x\approx 0.3\delta x$$

当从某种资料查到的近似值没有任何其他信息用以评定其标准不确定度时，则可按该数据给出的值修约到的数位，进行修约不确定度的评定。

7.3.3.6 由重复性限 *r* 或复现性限 *R* 求标准不确定度

在规定实验方法的国家标准或类似技术文件中，按规定的测量条件，当明确指出两次测量结果之差的重复性限 r 或复现性限 R 时，则测量结果标准不确定度为

$$u(x_i)=r/2.83 \text{ 或 } u(x_i)=R/2.83$$

这里，重复性限 r 或复现性限 R 的包含概率为 95%，并作为正态分布处理。

由于 $Y=X_1-X_2$，X_1 与 X_2 为服从同一正态分布的随机变量，由不确定度传播率得

$$u^2(y)=u^2(x_1)+u^2(x_2)=2u^2(x_i)$$

故

$$u(y)=\sqrt{2}\,u(x_i)$$

由包含概率 $p=95\%$（k 取 2）得

$$U(y)=2\sqrt{2}\,u(x_i)$$

故

$$u(x_i)=\frac{U(y)}{2\sqrt{2}}=\frac{r}{2\sqrt{2}}=r/2.83$$

7.3.3.7 按“等”使用的仪器的不确定度计算

“等”是按校准结果不确定度大小划分的一种档次，例如量块、活塞压力计、标准电池、标准电阻等。给出了等别，实际上就相当于说明了其不确定度不超过某个限值，证书上如果没有给出这一限值，这时就得查相应的检定系统或计算检定规程，然后按 7.3.3.1 或 7.3.3.2 的方法计算标准不确定度。

按“等”使用仪器的不确定度计算一般采用正态分布或 t 分布。

对于按“等”使用的仪器，通过计算所得到的标准不确定度已包含了其上一个等别仪器进行检定或校准带来的不确定度，因此上一等别检定或校准的不确定度不需

考虑。

按“等”使用的指示类仪器，使用时要对示值进行修正或使用校准曲线；实物量具要使用其实际值。因为要考虑仪器长期稳定性的影响，所以通常把两次检定或校准周期之间的差值，作为不确定度的一个分量，除非上一次证书给出的不确定度已考虑了这个问题。

按“等”使用的仪器，使用时的环境条件偏离参考条件或上一级检定或校准的环境条件时，要考虑环境条件引起的不确定度分量。

7.3.3.8 按“级”使用仪器的不确定度计算

“级”是按测量仪器（包括实物量具）示值误差（包括相对误差）大小划分的一种档次。因此，明确了级别，实质上也就是说明了其示值误差不致超出的界限（上、下界）。级别所对应的最大允许误差往往也需另查资料。有时级别是按引用误差的数值给出的。例如证书上给出的符合 0.2 级的直流电流表，这个级别的引用误差限是 ±0.2%，并不是不确定度。引用误差的方便之处在于，对于大部分的指针式测量仪器来说，特别是多量限的测量仪器，不论是在量限内的哪一点上，其引用误差都是同一个值。

当测量仪器检定证书上给出准确度级别时，可按检定系统或计量检定规程所规定的该级别的最大允许误差进行评定。假定最大允许误差为 $\pm A$，一般采用矩形分布（也有估计为正态分布或三角分布的），得到最大允许误差引起的标准不确定度分量为式（7－17）。

$$u(x)=\frac{A}{k} \tag{7-17}$$

按“级”使用的仪器，通过计算所得到的不确定度分量并没有包含上一个级别仪器对所使用级别仪器进行检定带来的不确定度，因此当上一级别检定的不确定度不可忽略时，还要考虑这一项不确定度分量。

按“级”使用的指示类仪器，使用时一般直接使用其示值而不需要进行修正；实物量具使用其标称值。所以，可以认为仪器的最大允许误差中已包含了仪器长期稳定性的影响，不必考虑仪器长期稳定性引起的不确定度。

当证书中给出了校准结果及其不确定度，当使用此校准结果对测量结果进行修正时，不确定度来源应考虑证书中给出的校准结果的不确定度及仪器长期稳定性引起的不确定度。

按“级”使用的仪器，使用时环境条件只要不超出允许使用范围，仪器的示值误差始终没有超出最大允许误差的要求，在这种情况下，不必考虑环境条件引起的不确定度分量。

7.3.4 B类评定中输入量估计值分布情况的估计

7.3.4.1 几种情况下的概率分布

这里给出几种常用的B类评定中输入量估计值分布情况的估计。

（1）正态分布

符合下列条件之一者，一般可以近似地估计为正态分布（见图7－1）：

①重复性条件或复现性条件下多次测量的算术平均值的分布；

②被测量 X 用扩展不确定度 U_p 给出，而对其分布又没有特别指明时，估计值 x 的分布；

③部分按“级”使用的测量仪器最大允许误差导致的不确定度。

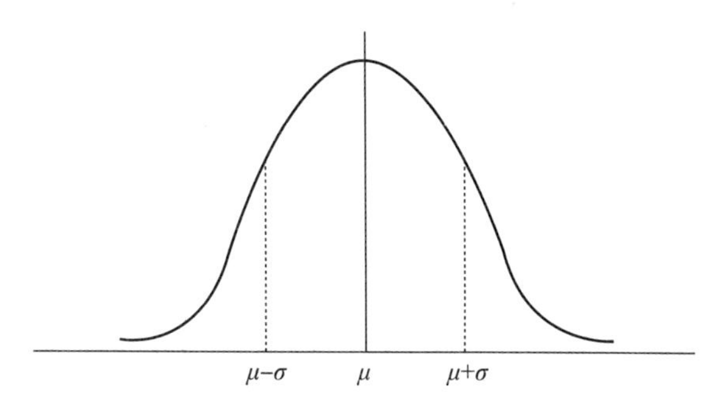

图 7－1　正态分布

(2) 矩形（均匀）分布

矩形分布也称为均匀分布（见图 7－2）。符合下列条件之一者，一般可以近似地估计为矩形分布：

①数据修约导致的不确定度；

②数字式测量仪器对示值量化（分辨力）导致的不确定度；

③测量仪器由于滞后、摩擦效应导致的不确定度；

④按“级”使用的数字式仪表、测量仪器最大允许误差导致的不确定度；

⑤用上、下界给出的线膨胀系数；

⑥测量仪器度盘或齿轮回差引起的不确定度；

⑦平衡指示器调零不准确导致的不确定度。

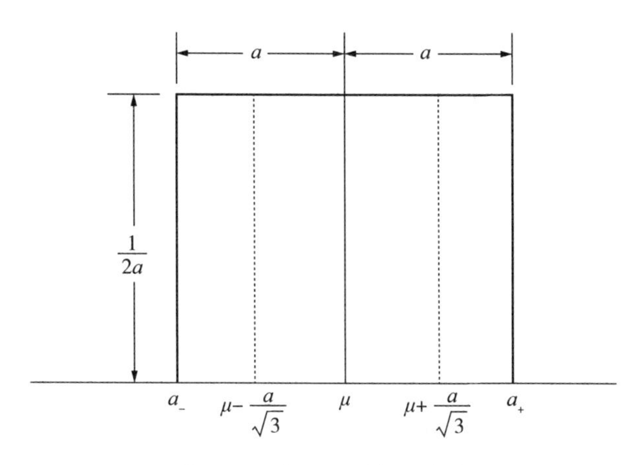

图 7－2　矩形（均匀）分布

【例 7－5】已知量块的国际标准规定，钢质量块线膨胀系数 α 应在 $(11.5\pm1)\times10^{-6}\ K^{-1}$ 范围内，若无其他关于量块线膨胀系数的信息，求其标准不确定度。

解：由于无其他关于量块线膨胀系数的信息，则可假定量块的线膨胀系数在 $(11.5\pm1)\times10^{-6}\ K^{-1}$ 区间内满足矩形分布。由分布区间的半宽 $a=1\times10^{-6}\ K^{-1}$，可

得其标准不确定度为

$$u(\alpha)=\frac{a}{k}=\frac{1\times10^{-6}\mathrm{K}^{-1}}{\sqrt{3}}=0.58\times10^{-6}\mathrm{K}^{-1}$$

（3）三角分布

符合下列条件之一者，一般可以近似地估计为三角分布（见图 7－3）：

①相同修约间隔给出的两独立量之和或差，由修约导致的不确定度；

②因分辨力引起的两次测量结果之和或差的不确定度；

③用替代法检定标准电子元件或测量衰减时，调零不准确导致的不确定度；

④两相同矩形分布的合成。

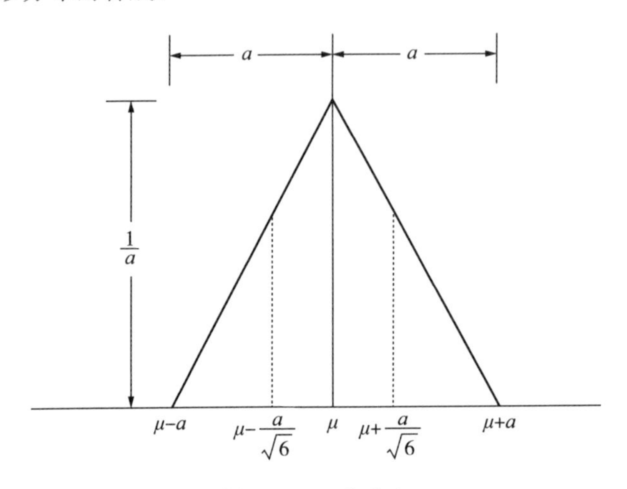

图 7－3　三角分布

例如用比较法测量量块长度时，若标准量块和被测量块的线膨胀系数均在（11.5±1）$\times10^{-6}\mathrm{K}^{-1}$范围内满足矩形分布，并在区间外不出现，则两量块的线膨胀系数差 $\Delta\alpha$ 应在$\pm2\times10^{-6}\mathrm{K}^{-1}$区间内满足三角分布，此时其标准不确定度为

$$u(\Delta\alpha)=\frac{a}{k}=\frac{2\times10^{-6}\mathrm{K}^{-1}}{\sqrt{6}}=0.82\times10^{-6}\mathrm{K}^{-1}$$

（4）反正弦分布

反正弦分布也称为 U 形分布（见图 7－4）。符合下列条件之一者，一般可以近似地估计为反正弦分布：

①度盘偏心引起的测角不确定度；

②正弦振动引起的位移不确定度；

③无线电中失配引起的不确定度；

④随时间正余弦变化的温度不确定度。

【例 7－6】用功率计测量信号发生器的功率时，已知信号发生器和功率计的反射系数分别为 0.2 和 0.091，求由失配引起的标准不确定度。

解：在射频和微波功率测量中，由阻抗不匹配引起的不确定度是典型的反正弦分布。当频率较高并且阻抗不匹配时，来自信号源的高频信号进入负载时会有部分功率被反射。若源和负载的反射系数分别为 Γ_{S} 和 Γ_{L}，则失配对测量结果的影响最大为 $2\Gamma_{\mathrm{S}}\times$

Γ_L，则由失配引起的标准不确定度为

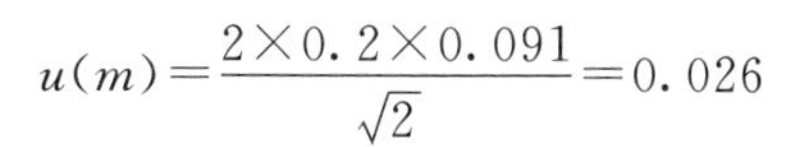

$$u(m)=\frac{2\times0.2\times0.091}{\sqrt{2}}=0.026$$

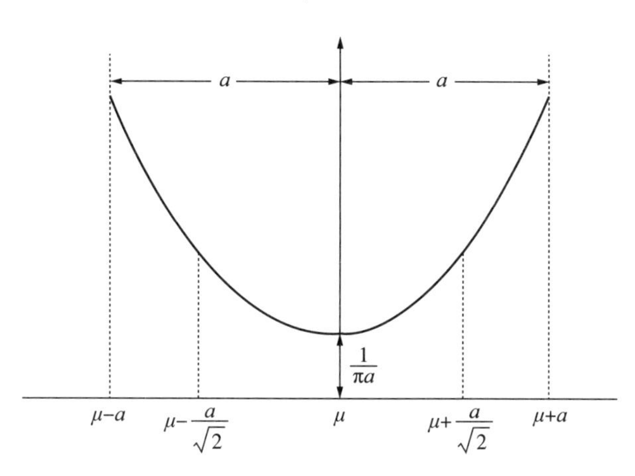

图 7－4　反正弦分布

【例 7－7】在有空调的实验室内，若空气温度控制在（20±1）℃范围内，求空气温度 t 的不确定度 $u(t)$。

解：由于空气温度满足反正弦分布，于是空气温度 t 的不确定度 $u(t)$ 为

$$u(t)=\frac{1}{\sqrt{2}}\ ℃=0.88\ ℃$$

（5）无法估计的分布

大多数测量仪器，对同一被测量多次重复测量，单次测量示值的分布一般不是正态分布，往往偏离甚远。如轴尖支承式仪表示值分布，介于正态分布与矩形分布之间；数字电压表示值分布呈双峰状态；磁电系仪表的示值分布与正态分布相差甚远等。

在缺乏其他任何信息的情况下，一般将概率分布估计为矩形分布是较合理的。但是，如果已知被研究的量 X_i 的估计值出现在 a_- 至 a_+ 中心附近的概率，大于接近区间的边界时，则将概率分布最好估计为三角分布；如果已知被研究的量 X_i 的估计值出现在 a_- 至 a_+ 中心附近的概率，小于接近区间的边界时，则将概率分布最好估计为反正弦分布。

应注意，对分布的估计并不是一成不变的，需根据具体情况灵活运用。例如测量仪器最大允许误差导致的不确定度一般估计为矩形分布，这通常是对其分布估计没有任何信息时采用的分布。若已经对大量同类仪器的示值误差进行过测量，并通过统计发现大部分示值误差均较小，即小示值误差出现的概率远大于大示值误差出现的概率，则此时也许将其估计为三角分布甚至正态分布更为合理。例如通过对大量同准确度等级电子式标准电能表示值误差的统计，发现其示值误差接近正态分布。

实际工作中，可依据同行专家的研究结果和经验来假设概率分布。

7.3.4.2　转换因子的使用

ISO 14253－2：1999 为了简化从半宽 a 到标准不确定度 u 的转换，给出了转换因子 b，从而 $u=ba$。事实上，由于分布不会是很典型的，而往往只是近似的，因此将分

布只估计为正态分布（b=0.5）、矩形分布（b=0.6）和反正弦分布（b=0.7）3 种情况。这种方法可供参考使用。

7.4 合成标准不确定度的计算

7.4.1 合成标准不确定度评定的一般方法

合成标准不确定度按输出量 Y 的估计值 y 给出的符号为 $u_c(y)$。通常采用量的符号，如电阻 R，动力黏度 η 的合成标准不确定度，可分别表示为 $u_c(R)$ 和 $u_c(\eta)$。$u_c^2(y)$为输出估计量的合成方差，而合成标准偏差 $u_c(y)$ 为其正平方根。

当全部输入量 X_i 是彼此独立或不相关时，合成标准不确定度 $u_c(y)$ 按式（7-18）计算。

$$u_c^2(y) = \sum_{i=1}^{N}\left[\frac{\partial f}{\partial x_i}\right]^2 u^2(x_i) \tag{7-18}$$

式中，标准不确定度 $u(x_i)$ 既可以按 A 类评定，也可以按 B 类评定。$u_c(y)$ 是个估计的标准偏差，表征合理赋予被测量 Y 之值的分散性，式（7-18）是基于 $y=f$（x_1，x_2，…，x_N）的泰勒级数的一阶近似，称为“不确定度传播律”。但当 f 是明显非线性时，式（7-18）中还应包括泰勒级数的高级项，当每个输入量都对其平均值对称分布时，加入式（7-18）的下一高阶的主要项后，u_c^2（y）为

$$\sum_{i=1}^{N}\sum_{j=1}^{N}\left\{\frac{1}{2}\left[\frac{\partial^2 f}{\partial x_i \partial x_j}\right]^2 + \frac{\partial f}{\partial x_i}\frac{\partial^3 f}{\partial x_i \partial x_j^2}\right\}u^2(x_i)u^2(x_j)$$

不确定度会传播下去，重复出现。如果它在测量的某个环节出现，那么这一不确定度必将出现在随后的每个步骤中，不会有所抵消而是可能乘上大于 1 的灵敏系数之后还会聚起来越来越大（它不像误差，有正有负，有可能会抵消一部分）。不确定度的传播是指被测量结果中的不确定度用作计算时的被传递过程。不确定度传播律过去被误称之为误差传播律，其中所涉及的只是不确定度而非误差。当函数 f 明显非线性时，采用相对合成方差是方便的。

偏导数 $\partial f/\partial x_i$ 是在 $X_i=x_i$ 时导出的，这些偏导数称为灵敏系数，符号为 c_i，即$c_i=\partial f/\partial x_i$。它描述输出估计值 y 如何随输入估计值 x_1，x_2，…，x_N 的变化而变化。尤其是，输入估计值 x_i 的微小变化 Δx_i 引起 y 的变化，可用 $(\Delta y)_i=$（$\partial f/\partial x_i$）$\Delta x_i=c_i\Delta x_i$ 表示，如这一变化系 $u(x_i)$ 所导致，则 y 的相应变化为 $(\partial f/\partial x_i)u(x_i)=c_i u(x_i)$。因此，式（7-18）在 X_i 互不相关时，可表示为式（7-19）。

$$u_c^2(y) = \sum_{i=1}^{N}\left[c_i u(x_i)\right]^2 = \sum_{i=1}^{N} u_i^2(y) \tag{7-19}$$

式中，

$$c_i=\partial f/\partial x_i, u_i(y)=|c_i|u(x_i)$$

偏导数应是在 X_i 的期望值下评定，即

$$\frac{\partial f}{\partial x_i}=\left.\frac{\partial f}{\partial X_i}\right|_{x_1,x_2,\cdots,x_N}$$

【例 7－8】在式（7－3）的模型中，求各输入量的灵敏系数。

解：$c_1=\partial P/\partial V=2V/R_0[1+\alpha(t-t_0)]=2P/V$

$c_2=\partial P/\partial R_0=-V^2/R_0^2[1+\alpha(t-t_0)]=-P/R_0$

$c_3=\partial P/\partial \alpha=-V^2(t-t_0)/R_0[1+\alpha(t-t_0)]^2=-P(t-t_0)/[1+\alpha(t-t_0)]$

$c_4=\partial P/\partial t=-V^2\alpha/R_0[1+\alpha(t-t_0)]^2=-P\alpha/[1+\alpha(t-t_0)]$

有时，灵敏系数 c_i 可由实验测定，即通过变化第 i 个 x_i，而保持其余输入量不变，从而测定 Y 的变化量。

当随机效应或系统效应导致的不确定度分量，既可以按统计方法取得，又可以按其他方法评定时，在 $u_c(y)$ 中只允许包含其中的一个。

同一种效应导致的不确定度已作为一个分量进入 $u_c(y)$ 时，它不应再包含在另外的分量之中。例如：在几何量测量中，通过重复安装进行读数来得出被测件由于安装的不确定度因素导致的分量，其中就包含了读数导致的分量，在计算 $u_c(y)$ 时，就不应再加入读数的不确定度分量。

7.4.2 函数 f 的形式为线性函数时合成标准不确定度的评定

当被测量 Y 为相互独立的输入量 X_i 的线性函数时，且灵敏系数 c_i 为＋1 或－1，则式（7－18）可简化为式（7－20）。

$$u_c^2(y)=\sum_{i=1}^{N}u^2(x_i) \tag{7-20}$$

【例 7－9】已知测量模型为：$y=x_1+x_2$，且 x_1 与 x_2 不相关，$u(x_1)=1.73\ \text{mm}$，$u(x_2)=1.15\ \text{mm}$。求合成标准不确定度。

解：由于 x_1 与 x_2 不相关，则

$$u_c(y)=\sqrt{u^2(x_1)+u^2(x_2)}=\sqrt{1.73^2+1.15^2}\ \text{mm}\approx 2.1\ \text{mm}$$

7.4.3 函数 f 的形式为幂指数积时合成标准不确定度的评定

在 X_i 彼此独立的条件下，如果函数 f 的形式表现为

$$\begin{aligned}Y&=f(X_1,X_2,\cdots,X_N)\\&=cX_1^{p_1}X_2^{p_2}\cdots X_N^{p_N}\end{aligned}$$

式中，系数 c 并非灵敏系数，指数 p_i 可以是正数、负数或分数，则式（7－18）可以表示为式（7－21）。

$$[u_c(y)/y]^2=\sum_{i=1}^{N}[p_iu(x_i)/x_i]^2 \tag{7-21}$$

这里给出的是相对合成方差，式（7－21）说明在这一函数关系下，采用相对标准不确定度 $u_{cr}=u_c(y)/|y|$ 和 $u_{cr}(x_i)=u(x_i)/|x|$ 进行评定比较方便，但要求 $y\neq 0$ 和 $x\neq 0$。

而且，当 Y 具有这一函数形式时，可设 $X_i=X_{i,0}(1+\delta_i)$，从而实现将 Y 变换成线性函数，并得到以下近似关系：

$$(Y-Y_0)/Y_0=\sum_{i=1}^{N}p_i\delta_i$$

另外，对数变换 $Z=\ln Y$ 和 $W_i=\ln X_i$ 可以使新的变量完成线性化：

$$Z = \ln c + \sum_{i=1}^{N} p_i W_i$$

如果指数 p_i 只是+1或−1，式（7－21）就进一步简化为

$$[u_c(y)/y]^2 = \sum_{i=1}^{N} [u(x_i)/x_i]^2$$

即估计值 y 的相对方差等于输入估计值 x_i 的相对方差之和。若 $y = x^n$，则

$$\frac{u_c(y)}{y} = n\frac{u(x)}{x}$$

即 y 为 x 的 n 次幂时，y 的相对不确定度等于 x 的相对不确定度的 n 倍。

例：立方体的体积 V 通过测量长 l、宽 b 和高 h 确定，其函数关系为

$$V = f(l, b, h) = lbh$$

由式（7－21）计算合成标准不确定度的公式可得

$$\left[\frac{u_c(V)}{V}\right]^2 = \left[\frac{u(l)}{l}\right]^2 + \left[\frac{u(b)}{b}\right]^2 + \left[\frac{u(h)}{h}\right]^2$$

或写成

$$u_{cr}^2(V) = u_{cr}^2(l) + u_{cr}^2(b) + u_{cr}^2(h)$$

例：圆柱体的体积 V 通过测量半径 r 和高 h 确定，其函数关系为

$$V = \pi r^2 h$$

$u(\pi)$ 可通过取适当的有效位而忽略不计，则按式（7－21）可得

$$u_{cr}^2(V) = 2^2 u_{cr}^2(r) + u_{cr}^2(h)$$

7.4.4 输入量估计值 x_i 之间明显相关时合成标准不确定度的评定

当输入量 X_i 之间明显相关时，就必须考虑其相关性。“相关”常由相同原因所致，比如当两个输入量使用了同一台测量仪器，或者使用了相同的实物标准或参考数据，则这两个输入量之间就会存在较大的相关性。

当输入量相关时，测量结果 y 的合成方差 $u_c^2(y)$ 的表达式为式（7－22）。

$$\begin{aligned} u_c^2(y) &= \sum_{i=1}^{N}\sum_{j=1}^{N} \frac{\partial f}{\partial x_i}\frac{\partial f}{\partial x_j} u(x_i, x_j) \\ &= \sum_{i=1}^{N}\left[\frac{\partial f}{\partial x_i}\right]^2 u^2(x_i) + 2\sum_{i=1}^{N-1}\sum_{j=i+1}^{N} \frac{\partial f}{\partial x_i}\frac{\partial f}{\partial x_j} u(x_i, x_j) \end{aligned} \tag{7-22}$$

式中，x_i 和 x_j 分别为 X_i 和 X_j 的估计值，而协方差 $u(x_i, x_j) = u(x_j, x_i)$，则 x_i 与 x_j 之间相关程度可用估计的相关系数来表示，见式（7－23）。

$$r(x_i, x_j) = \frac{u(x_i, x_j)}{u(x_i)u(x_j)} \tag{7-23}$$

式中，$r(x_i, x_j) = r(x_j, x_i)$ 且 $-1 \leqslant r(x_i, x_j) \leqslant 1$，如 x_i 与 x_j 相互独立，则 $r(x_i, x_j) = 0$，即一个值的变化不会导致另一个值也发生变化。

相关系数这一术语比协方差易于理解，并方便进入合成标准不确定度评定，式(7－22)中的协方差项可写成式（7－24）。

$$2\sum_{i=1}^{N-1}\sum_{j=i+1}^{N}\frac{\partial f}{\partial x_i}\frac{\partial f}{\partial x_j}u(x_i)u(x_j)r(x_i,x_j) \tag{7-24}$$

输入量相关时，用灵敏系数代替偏导数，测量结果 y 的合成方差 $u_c^2(y)$ 为式（7-25）。

$$u_c^2(y)=\sum_{i=1}^{N}c_i^2u^2(x_i)+2\sum_{i=1}^{N-1}\sum_{j=i+1}^{N}c_ic_ju(x_i)u(x_j)r(x_i,x_j) \tag{7-25}$$

在所有输入估计值都相关，且相关系数 $r(x_i,\ x_j)=1$ 的特殊情况下，式（7-25）简化为式（7-26）。

$$u_c^2(y)=\left[\sum_{i=1}^{N}c_iu(x_i)\right]^2=\left[\sum_{i=1}^{N}\frac{\partial f}{\partial x_i}u(x_i)\right]^2 \tag{7-26}$$

这时，$u_c(y)$ 为由每个输入估计值 x_i 的标准不确定度 $u(x_i)$ 与 c_i 之积 $c_iu(x_i)$ 的代数和。这里不能把 $c_iu\ (x_i)$ 当作是 $u_i(y)$。

【例 7-10】已知标称值均为 1 kΩ 的 10 个电阻器，用同一个值为 R_S 的标准电阻器校准，设校准过程中的随机效应可忽略不计，检定证书给出 R_S 的不确定度 $u(R_S)=0.10\ \Omega$。现将此 10 个电阻器用电阻可忽略的导线串联，构成标称值为 10 kΩ 的参考电阻 $R_{ref}=f(R_i)=\sum_{i=1}^{10}R_i$。求 R_{ref} 的标准不确定度 $u_c(R_{ref})$。

解：对电阻器来说 $r(x_i,x_j)=r(R_i,R_j)=1$，$\partial f/\partial x_i=\partial R_{ref}/\partial R_i=1$，$u(x_i)=u(R_i)=u(R_s)$，则

$$u_c^2(y)=\left[\sum_{i=1}^{N}c_iu(x_i)\right]^2=\left[\sum_{i=1}^{N}\frac{\partial f}{\partial x_i}u(x_i)\right]^2$$

故得

$$u_c(R_{ref})=\sum_{i=1}^{10}u(R_S)=10\times0.10\ \Omega=1.0\ \Omega$$

【例 7-11】例 7-10 中若校准过程中的随机效应不能忽略不计，设 $s=0.30\ \Omega$，其他条件不变，求 R_{ref} 的标准不确定度 $u_c(R_{ref})$。

解：R_{ref} 由系统效应导致的合成标准不确定度在例 7-10 中已经求出，$u_{c1}=1.0\ \Omega$；由随机效应导致的合成标准不确定度为

$$u_{c2}=\sqrt{\sum_{i=1}^{N}u^2(x_i)}=\sqrt{\sum_{i=1}^{10}s_i^2}=\sqrt{10\times0.30^2}\ \Omega=0.95\ \Omega$$

因此得

$$u_c(R_{ref})=\sqrt{u_{c1}^2+u_{c2}^2}=\sqrt{1.0^2+0.95^2}\ \Omega=1.4\ \Omega$$

这里是先将系统效应产生的不确定度按强相关合成，再将随机相应产生的不确定度按不相关合成，而后再将两者按不相关合成得到 R_{ref} 的标准不确定度。

7.5　自由度

在不确定度评定中，规定标准不确定度用标准偏差来表示。但由于实际上只能进行有限次测量，因此只能用样本参数作为总体参数的估计值。即只能用有限次测量的

实验标准偏差 s，作为无限次测量的标准偏差 σ 的估计值。这一估计必然会引入误差。显然，当测量次数越少时，实验标准偏差 s 的可靠性就越差。也就是说，此时为得到对应于同样包含概率的包含区间半宽，即扩展不确定度时，必须乘以较大的包含因子 k，并且 k 的数值与实验标准偏差 s 的可靠程度有关。因此在不确定度评定中，有时仅给出标准不确定度（即实验标准偏差）还不够，还必须同时给出另一个表示所给标准不确定度可靠程度的参数，这个参数就是自由度。

7.5.1 自由度的定义及其含义

7.5.1.1 自由度的定义

自由度的定义为：在方差计算中，和的项数减去对和的限制数。

若在重复性条件下，对被测量 X 做 n 次测量，得到的测量结果分别为 x_1，x_2，…，x_n。

于是其样本方差按式（7－27）计算。

$$s^2(x)=\frac{\sum_{i=1}^{n}(x_i-\overline{x})^2}{n-1} \tag{7-27}$$

式中，$\overline{x}=\frac{1}{n}\sum_{i=1}^{n}x_i$ 为 n 次测量结果的平均值。又因为残余误差 $\upsilon_i=x_i-\overline{x}$，因此其样本方差可表示为式（7－28）。

$$s^2=\frac{\upsilon_1^2+\upsilon_2^2+\cdots+\upsilon_n^2}{n-1} \tag{7-28}$$

在定义中“和的项数”是指式（7－25）中分子的项数，即 n。又由于全部 n 个残余误差之和为零，即

$$\sum_{i=1}^{n}\upsilon_i=\sum_{i=1}^{n}(x_i-\overline{x})=(\sum_{i=1}^{n}x_i)-n\cdot\overline{x}=n\cdot\overline{x}-n\cdot\overline{x}=0$$

也就是说，对式（7－28）中的分子还有一个 $\sum_{i=1}^{n}\upsilon_i=0$ 的约束条件。由于仅有一个约束条件，故称“对和的限制数为 1”。因此，根据定义自由度 ν 应为“和的项数减去对和的限制数”，即 $\nu=n-1$。

一般地说，当没有其他附加的约束条件时，“和的项数”即多次重复测量的次数 n。由于每一个被测量都要采用其平均值，都要满足一个残余误差之和等于零的约束条件，因而“对和的限制数”即被测量的个数 t。由此，对于 A 类评定，自由度即是测量次数 n 与被测量个数 t 之差，$\nu=n-t$。

也可以这样来理解自由度的概念，如果我们对一个被测量仅测量一次，则该测量结果就是被测量的最佳估计值，即我们无法选择该量的值，这相当于自由度为零。如果我们对其测量两次，这就有了选择最佳估计值的可能，可以选择为其中某一个测量结果，也可以为两者的某个函数，例如平均值或加权平均值作为最佳估计值，即我们有了选择最佳估计值的“自由”。随着测量次数的增加，自由度也随之增加。从第二次起，每增加一次测量，自由度就增加 1。因此也可以将自由度理解为测量中所包含的“多余”测量次数。

如果需要同时测量 t 个被测量，则由于解 t 个未知数需要 t 个方程，因此必须至少测量 t 次。从 $t+1$ 次开始，才是“多余”的测量，故在一般情况下自由度 $\nu=n-t$。

7.5.1.2 自由度的含义

当采用A类评定时，在数学上可以证明自由度 ν 与标准不确定度 $u(x)$ 之间的关系为式（7-29）。

$$\nu=\frac{1}{2\left\{\frac{u[u(x)]}{u(x)}\right\}^2} \tag{7-29}$$

式中，$u(x)$ 为被测量 x 的标准不确定度；$u[u(x)]$ 为标准不确定度 $u(x)$ 的标准不确定度；$\frac{u[u(x)]}{u(x)}$ 为标准不确定度 $u(x)$ 的相对标准不确定度。

由此可见，自由度 ν 与标准不确定度的相对标准不确定度有关。或者说，自由度与不确定度的不确定度有关。一般说来，自由度表示所给标准不确定度的可靠程度或准确程度。自由度越大，则所得到的标准不确定度越可靠。

7.5.2 A类评定标准不确定度的自由度

对于A类评定，各种情况下的自由度为

①用贝塞尔公式计算实验标准偏差时，若测量次数为 n，则自由度 $\nu=n-1$。

②当同时测量 t 个被测量时，自由度 $\nu=n-t$。

③若 t 个被测量之间另有 m 个约束条件时，自由度 $\nu=n-t-m$。

④对于合并样本标准偏差 s_p，其自由度为各组的自由度之和，即 $\nu=\sum_{i=1}^{m}\nu_i$。例如，对于每组测量 n 次，共测量 m 组的情况，其自由度为 $\nu=\sum_{i=1}^{m}\nu_i=m(n-1)$。

⑤当用极差法估计实验标准偏差时，其自由度 ν 与测量次数 n 的关系见表7-1。

比较贝塞尔法和极差法的自由度，就可以发现在相同重复测量次数的条件下，极差法的自由度比贝塞尔法小。这就是说，用极差法得到的实验标准偏差的准确度比贝塞尔法低。由于极差法没有有效利用所提供的全部信息量，只利用了其中的极大值和极小值，其可靠程度较差也是必然的。

7.5.3 B类评定标准不确定度的自由度

对于B类评定，由于标准不确定度并不是由实验测量得到的，也就是不存在测量次数的问题，因此原则上也就不存在自由度的概念。但如果将式（7-29）推广到B类评定中，则式（7-29）就成为估计B类评定标准不确定度的自由度的基础。因此只要根据经验，按所依据的信息来源的可信程度来判断 $u(x_i)$ 的标准不确定度，就可推算出比值 $u[u(x_i)]/u(x_i)$。

例如，若用B类评定得到输入量 X 的标准不确定度为 $u(x)$，并且估计 $u(x)$ 的相对标准不确定度为10%（即0.1），于是由式（7-29）可以得到自由度为

$$\nu=\frac{1}{2\left\{\frac{u[u(x)]}{u(x)}\right\}^2}=\frac{1}{2\times0.1^2}=50$$

按式（7－29）计算出的 ν_i 列于表 7－4。

表 7－4 $u[u(x_i)]/u(x_i)$ 与 ν_i 关系

$u[u(x_i)]/u(x_i)$	ν_i	$u[u(x_i)]/u(x_i)$	ν_i
0	∞	0.30	6
0.10	50	0.40	3
0.20	12	0.50	2
0.25	8	—	—

自由度是用来说明标准不确定度的可靠性的，越可靠，自由度越大。因此，当我们用非统计方法评定出的结果十分可靠时，可估计其自由度为 50。例如：

①校准证书上给出了校准结果的扩展不确定度 U 或 U_p，该标准测量仪器稳定性极好或校准时间并不太长，保存条件也较理想，其值不致有明显变化。

②按测量仪器的最大允许误差或级别所评定出的标准不确定度。

③按测量仪器的等别的不确定度档次界限所做出的评定。

④由数字式仪器分辨力或数据修约评定出的标准不确定度。

B 类评定不确定度自由度的估计不仅要求测量人员有相应的专业知识，同时还要求其具备评定不确定度的实际经验，这使相当多的测量人员对此感到十分困难，而觉得无从着手。要解决这一问题，测量人员首先要掌握足够的有关被测量的专业知识，特别是要了解该被测量的测量方法和一般可以达到的不确定度，影响量的取值及掌握程度，以及所用仪器的计量特性及掌握程度，并由此估计出 B 类评定不确定度的相对标准不确定度。

7.5.4 合成标准不确定度的有效自由度

合成标准不确定度 $u_c(y)$ 的自由度称为有效自由度 ν_{eff}，如果 $u_c^2(y)$ 是两个或多个估计方差分量的合成，即 $u_c^2(y)=\sum_{i=1}^{N}c_i^2u^2(x_i)$，则即使当每个 x_i 均为服从正态分布的输入量 X_i 的估计值时，变量 $(y-Y)/u_c(y)$ 可以近似为 t 分布，其有效自由度 ν_{eff} 可由韦尔奇-萨特思韦特（Welch－Satterthwaite）公式（W－S 公式）计算，见式（7－30）。

$$\nu_{eff}=\frac{u_c^4(y)}{\sum_{i=1}^{N}\frac{u_i^4(y)}{\nu_i}} \tag{7-30}$$

显然有

$$\nu_{eff}\leqslant\sum_{i=1}^{N}\nu_i$$

韦尔奇-萨特思韦特公式也可用于相对标准不确定度的合成，按式（7－21）计算时有式（7－31）成立。

$$\nu_{eff}=\frac{[u_c(y)/y]^4}{\sum_{i=1}^{N}\frac{[p_iu(x_i)/x]^4}{\nu_i}}=\frac{[u_{cr}(y)]^4}{\sum_{i=1}^{N}\frac{[p_iu_r(x_i)]^4}{\nu_i}} \tag{7-31}$$

【例 7-12】设 $y=f(X_1, X_2, X_3)=bX_1X_2X_3$，输入量 X_1、X_2、X_3彼此独立，其估计值 x_1、x_2、x_3是独立重复观测值的平均值，重复次数分别为 $n_1=10$，$n_2=5$ 和 $n_3=15$，其相对标准不确定度分别为：$u_r(x_1)=u(x_1)/x_1=0.25\%$，$u_r(x_2)=u(x_2)/x_2=0.57\%$，$u_r(x_3)=u(x_3)/x_3=0.82\%$。求其相对合成标准不确定度及其有效自由度。

解：其合成方差按式（7-21）为

$$u_{cr}^2(y)=[u_c(y)/y]^2=\sum_{i=1}^{3}[u_r(x_i)]^2=(1.03\%)^2$$

则相对合成标准不确定度为

$$u_{crel}(y)=1.03\%$$

有效自由度为

$$\nu_{eff}=\frac{u_{cr}^4(y)}{\sum_{i=1}^{3}\frac{u_r^4(x_i)}{\nu_i}}=\frac{1.03^4}{\frac{0.25^4}{10-1}+\frac{0.57^4}{5-1}+\frac{0.82^4}{15-1}}=19$$

应注意，只有当输出量估计值的分布接近正态分布，即近似为 t 分布时，我们才去评定各输入量标准不确定度 $u(x)$ 的自由度，以及输出量估计值的合成标准不确定度 $u_c(y)$ 的有效自由度 ν_{eff}，进而根据给定的包含概率 p 查表获得 $t_p(\nu)$ 值，即 k_p 值，从而计算出 U_p 值。

当输出量估计值的分布可以判断是其他已知的非正态分布时，例如矩形分布，三角分布，梯形分布等，则由分布的概率密度函数以及所规定的包含概率 p 可以计算出包含因子 k_p。如对于矩形分布 U_{95}，$k_p=1.65$。

7.5.5 $t_p(\nu)$ 值的确定

获得有效自由度 ν_{eff}后，可从表 7-5 查得 $t_p(\nu)$ 值，例如对于包含概率 $p=95\%$，$\nu_{eff}=50$，从表 7-5 查得 $t_{95}(\nu)=k_{95}=2.01$。

表 7-5 t 分布在不同包含概率 p 与自由度 ν 时的 $t_p(\nu)$ 值（t 值）

自由度 ν	$p\times100$					
	68.27[a]	90	95	95.45[a]	99	99.73[a]
1	1.84	6.31	12.71	13.97	63.66	235.80
2	1.32	2.94	4.30	4.53	9.92	19.21
3	1.20	2.35	3.18	3.31	5.84	9.22
4	1.14	2.13	2.78	2.87	4.60	6.62
5	1.11	2.02	2.57	2.65	4.03	5.51
6	1.09	1.94	2.45	2.52	3.71	4.90
7	1.08	1.89	2.36	2.43	3.50	4.53
8	1.07	1.86	2.31	2.37	3.36	4.28
9	1.06	1.83	2.26	2.32	3.25	4.09
10	1.05	1.81	2.23	2.28	3.17	3.96

续表

自由度 ν	$p\times100$					
	68.27[a]	90	95	95.45[a]	99	99.73[a]
11	1.05	1.80	2.20	2.25	3.11	3.85
12	1.04	1.78	2.18	2.23	3.05	3.76
13	1.04	1.77	2.16	2.21	3.01	3.69
14	1.04	1.76	2.14	2.20	2.98	3.64
15	1.03	1.75	2.13	2.18	2.95	3.59
16	1.03	1.75	2.12	2.17	2.92	3.54
17	1.03	1.74	2.11	2.16	2.90	3.51
18	1.03	1.73	2.10	2.15	2.88	3.48
19	1.03	1.73	2.09	2.14	2.86	3.45
20	1.03	1.72	2.09	2.13	2.85	3.42
25	1.02	1.71	2.06	2.11	2.79	3.33
30	1.02	1.70	2.04	2.09	2.75	3.27
35	1.01	1.70	2.03	2.07	2.72	3.23
40	1.01	1.68	2.02	2.06	2.70	3.20
45	1.01	1.68	2.01	2.06	2.69	3.18
50	1.01	1.68	2.01	2.05	2.68	3.16
100	1.005	1.660	1.984	2.025	2.626	3.077
∞	1.000	1.645	1.960	2.000	2.576	3.000

[a] 用期望为 μ，总体标准偏差为 σ 的正态分布描述某量 z，当 $k=1$，2，3 时，区间 $\mu\pm k\sigma$ 分别包含分布的 68.27%，95.45%，99.73%。

当计算出的有效自由度出现小数时，一般可采用以下 3 种处理方式：

①当 $\nu>10$ 时，可舍去小数部分。当舍去小数部分后在 t 分布表中仍查不出 $t_p(\nu)$ 时，例如 $\nu=23$，则可取表中最靠近 23 比 23 较小的值 20，查表以 $t_p(20)$ 来代替 $t_p(23)$。这时，ν 值的少量减小带来 $t_p(\nu)$ 少量的增大，最后使得 U_p 也稍有增大。这从保守一点的角度出发是恰当的。

②当 $6<\nu\leqslant10$ 的情况下，可采用一般的修约规则把 ν 修约成整数。

③当 ν 较小，例如 $\nu\leqslant6$ 情况下，由于其小数部分对 t 值举足轻重，而不可忽略，往往不能略去而应采用内插法计算相应的 k_p。计算方法可按以下 2 种方法之一：

a. 按非整数 ν 内插求 $t_p(\nu)$

例：对 $\nu=4.5$，$p=0.95$ 由

$$t_p(4)=2.78, t_p(5)=2.57$$

得 $t_p(4.5)=2.57+(2.78-2.57)(4.5-5)/(4-5)=2.68$

b. 按非整数 ν 由 ν^{-1} 内插求 $t_p(\nu)$

例：对 $\nu=4.5$，$p=0.95$ 由

$$t_p(4)=2.78, t_p(5)=2.57$$

得 $t_p(4.5)=2.57+(2.78-2.57)(1/4.5-1/5)/(1/4-1/5)=2.66$

以上，方法 b 更为准确。

7.6　扩展不确定度的确定

扩展不确定度分为两种：

（1）扩展不确定度 U

当包含因子的数值不是由规定的包含概率 p 并根据被测量估计值的分布计算得到，而是直接取定时，扩展不确定度应用 U 表示。在此情况下 k 值一般取 2 或 3。在通常的测量中，一般取 $k=2$。当取其他值时，应说明其来源。当给出扩展不确定度 U 时，一般应注明所取的 k 值；若未注明 k 值，则指 $k=2$。

在能估计被测量估计值接近于正态分布，并且能确保有效自由度不小于 15 时，若 $k=2$，则由 $U=2u_c$ 所确定的区间具有的包含概率约为 95%。若 $k=3$，则由 $U=3u_c$ 所确定的区间具有的包含概率约为 99%。

（2）扩展不确定度 U_p

当包含因子的数值是由规定的包含概率 p 并根据被测量估计值的分布计算得到时，扩展不确定度应该用 U_p 表示。当规定的包含概率 p 分别为 95%和 99%时，扩展不确定度分别用 U_{95} 和 U_{99} 表示。包含概率 p 通常取 95%。

在给出扩展不确定度 U_p 的同时，应注明所取包含因子 k_p 的数值，以及被测量估计值的分布类型。若被测量估计值接近于正态分布，还应给出其有效自由度 ν_{eff}。

第一种当包含因子 k 取 2 或 3 时，扩展不确定度 U 只是合成标准不确定度 u_c 的 k 倍，实际上，这时的 U 所包含的信息与 u_c 一样，并未因乘以 k 后，其信息有所增加。第二种是取包含因子 k_p，它是为了使扩展不确定度在所给出的区间内的包含概率为 p，所得到的扩展不确定度为 U_p。

与上述类似，相对扩展不确定度亦有两种。

如果可以确定 Y 估计值的分布不是正态分布，而是接近于其他某种分布，则绝不应按 $k=2\sim3$ 或 $k_p=t_p(\nu_{eff})$ 计算 U 或 U_p。例如：Y 的估计值近似为矩形分布，则包含因子 k_p 与 U_p 之间的关系为：

对于 U_{95}，$k_p=1.65$

对于 U_{99}，$k_p=1.71$

当给出这样的结果时，应指明分布。

7.6.1　被测量估计值的分布及其判定

7.6.1.1　被测量估计值的分布

被测量 Y 的估计值 y 的分布是由所有各输入量 X_i 的估计值 x_i 的影响综合而成的，

因此它与测量模型以及各分量的大小及其输入量估计值的分布有关。对于不同的被测量，输入量以及测量模型各不相同，因此要给出一个确定 y 的分布的通用模式几乎不可能，除非采用蒙特卡洛法（MCM）进行概率分布传播，一般只能根据具体情况来判断 y 可能接近于何种分布。

姑且先不论如何判断 y 的分布，但仅就其判断结论而言，则只有 3 种可能性：

①可以判断 y 接近于正态分布；

②y 不接近于正态分布，但可以判断 y 接近于某种其他的已知分布，如矩形分布、三角分布、梯形分布等；

③以上两种情况均不成立，即无法判断 y 的分布。

7.6.1.2　被测量估计值的分布的判定

（1）被测量 Y 的估计值接近于正态分布的判定——中心极限定理

在统计数学中，凡采用极限方法所得出的一系列定理，习惯统称为极限定理。由此可见，极限定理不是特指某一定理，而是一系列同类定理的总称。按极限定理内容，其可以分为两大类型。

第一种类型的极限定理，是阐述在什么样的条件下，随机事件有接近于 0 或 1 的概率。也就是说，证明在什么样的条件下，随机事件可以转化为不可能事件或必然事件。有关这一类定理统称为大数定理。

第二种类型的极限定理，是阐述在什么样的条件下，随机变量之和的分布接近于正态分布。也就是说，证明在什么样的条件下，随机变量之和的分布可以转化为正态分布。有关这一类定理统称为中心极限定理。

中心极限定理是概率论的基本极限定理之一，它扩展了正态分布的适用范围。简单地说，中心极限定理可以叙述为：如果一个随机变量是大量相互独立的随机变量之和，则不论这些独立随机变量具有何种类型的分布，该随机变量的分布近似于正态分布。随着独立随机变量个数的增加，它们的和就越接近于正态分布。当这些随机变量的大小相互越接近，所需的独立随机变量个数就越少。在扩展不确定度的评定中，将涉及如何用中心极限定理来判断 y 是否服从或接近正态分布。

应用中心极限定理可得到下述主要推论：

①如果 $Y=\sum_{i=1}^{n}c_iX_i$，即被测量 Y 是各输入量 X_i 的线性函数，且各 x_i 均为正态分布并相互独立，则 y 服从正态分布。也就是说，正态分布的线性叠加仍是正态分布。

②即使 x_i 不是正态分布，根据中心极限定理，只要 y 的方差 $u^2(y)$ 比各 x_i 的分量的方差 $c_i^2u^2(x_i)$ 大得多，或各分量的方差 $c_i^2u^2(x_i)$ 相互接近，则 y 近似地满足正态分布。

③若在相同条件下对被测量 Y 做多次重复测量（m 次），并取平均值作为被测量的最佳估计值，即 $\overline{y}=\frac{\sum_{i=1}^{n}y_i}{m}$。此时不论 y_i 为何种分布，随测量次数 m 趋于无限大，$\overline{y}$ 的分布趋于正态分布。

现举例来说明上述中心极限定理。若被测量 Y 是 3 个等宽度的矩形分布的叠加，且每个矩形分布的半宽度均为 a，$k=\sqrt{3}$，其标准不确定度为 $u=\frac{a}{\sqrt{3}}$，而方差为 $u^2=\frac{a^2}{3}$，于是合成方差为

$$u^2(y)=\frac{a^2}{3}+\frac{a^2}{3}+\frac{a^2}{3}=a^2$$

对 3 个矩形分布分量进行卷积，可得包含概率为 95%和 99%的区间分别为 $1.973u$ 和 $2.379u$。而对于标准偏差为 u 的正态分布，相应的区间分别为 $1.960u$ 和 $2.576u$。由此可见 3 个等宽度的矩形分布之和已十分接近于正态分布。

即使对于非线性测量模型 $y=f(x_1, x_2, \cdots, x_N)$，只要其泰勒级数展开式的一阶近似成立，即满足不确定度传播定律：

$$u^2(y)=c_i^2u^2(x_i)$$

则仍可以得到下述推论：

①若输入量 X_i 的个数越多，y 就越接近于正态分布；

②若各输入量 X_i 对被测量 Y 的不确定度的贡献大小 $c_iu(x_i)$ 相互越接近，则 y 就越接近于正态分布；如被测量 Y 的合成标准不确定度 $u_c(y)$ 中的相互独立分量 $u_i(y)$，存在 2 个界限值接近的三角分布，或 4 个界限值接近的矩形分布时，则可接近于正态分布；

③为使 y 的分布与正态分布达到一定的接近程度，若各 x_i 本身越接近于正态分布，则所需的输入量 X_i 的个数就越少。

（2）被测量 Y 的估计值接近于某种非正态分布的判定

当不确定度分量的数目不多，且其中有一个分量为占优势的分量，则可以判定 y 的分布接近于该占优势分量的分布。

各不确定度分量中的最大分量是否为占优势的分量可用下述方法判定。将所有不确定度分量按大小次序排列，如果第二个不确定度分量的大小与最大分量之比不超过 0.3，同时所有其他分量均很小时，则可以认为第一个分量为占优势的分量。或者说，当所有其他分量的合成标准不确定度不超过最大分量的 0.3 倍时，可以判定最大分量为占优势的分量。对于该判定标准可以做如下分析。

假定在不确定度计算中，有 N 个不确定度分量。其中有一个分量是明显占优势的分量，并假定它为 $u_1(y)$，则测量结果的合成标准不确定度 $u_c(y)$ 可以表示为式（7-32）。

$$u_c(y)=\sqrt{u_1^2(y)+u_R^2(y)} \tag{7-32}$$

式中，$u_R(y)$ 为所有其他非优势分量的合成，即

$$u_R(y)=\sqrt{\sum_{i=2}^{n}u_i^2(y)}$$

将式（7-32）展开，可得式（7-33）。

$$\begin{aligned}u_c(y)&=u_1(y)\sqrt{1+\frac{u_R^2(y)}{u_1^2(y)}}\\&\approx u_1(y)\left[1+\frac{1}{2}\left(\frac{u_R(y)}{u_1(y)}\right)^2\right]\end{aligned} \tag{7-33}$$

当条件$\frac{u_R(y)}{u_1(y)} \leqslant 0.3$满足时，式（7－33）等式右边方括号中的第二项为

$$\frac{1}{2}\left(\frac{u_R(y)}{u_1(y)}\right)^2 \leqslant \frac{1}{2} \times 0.3^2 = 0.045$$

也就是说，与优势分量$u_1(y)$相比，所有其他分量对合成标准不确定度的影响不足5%。对于不确定度评定来说，它对被测量分布的影响完全可以忽略。

进一步推论，若在各不确定度分量中，没有任何一个分量是占优势的分量，但如能发现其中最大两个分量的合成为占优势的分量，即所有其他分量的合成标准不确定度与两个最大分量的合成标准不确定度之比不超过0.3时，则可以认为被测量估计值的分布接近于该两个最大分量合成后的分布。例如：若两个最大分量均为矩形分布且宽度相等，则被测量接近于三角分布；若两者为宽度不等的矩形分布，则被测量接近于梯形分布。

总之，被测量估计值y接近于正态分布和接近于其他某种非正态分布是两种不同的极端情况。正态分布的判定要求是不确定度分量的数目越多越好，且各分量的大小越接近越好。而其他分布的判定则要求是不确定度分量的数目越少越好，且各分量的大小相差越悬殊越好。

当无法用中心极限定理判断被测量估计值接近于正态分布，同时也没有任何一个分量，或若干个分量的合成为占优势的分量，此时将无法判定y的分布。

下面举例说明如何根据各不确定度分量的分布和大小来判断被测量估计值的分布，以下所有的举例均来自不确定度评定的实例。

【例7－13】标称长度50 mm量块的校准不确定度评定。

各不确定度分量的大小和分布见表7－6。

表7－6　各不确定度分量大小和分布

输入量X_i	估计值x_i/mm	标准不确定度$u(x_i)$	分布	灵敏系数c_i	不确定度分量$u_i(y)$/nm
l_S	50.000 020	17.4 nm	正态	1	17.4
δl_D	0	17.3 nm	矩形	1	17.3
Δl	−0.000 092	7.2 nm	正态	1	7.2
δl_C	0	18.5 nm	矩形	1	18.5
$\delta\theta$	0	0.028 9 ℃	矩形	575 nm℃$^{-1}$	16.6
δl_v	0	5.77 nm	矩形	1	5.8
l_X	49.999 928				$u_c=36$

表7－6中共有6个不确定度分量，其中4个较大的不确定度分量大小相近，故根据中心极限定理可以判定被测量估计值满足正态分布。

【例7－14】标称值10 kg砝码的校准不确定度评定。

各不确定度分量的大小和分布见表7－7。

表 7-7 各不确定度分量大小和分布

输入量 X_i	估计值 x_i/g	标准不确定度 $u(x_i)$/mg	分布	灵敏系数 c_i	不确定度分量 $u_i(y)$/mg
m_S	10 000.005	22.5	正态	1	22.5
Δm	0.02	14.4	正态	1	14.4
δm_D	0	8.66	矩形	1	8.66
δm_C	0	5.77	矩形	1	5.77
δB	0	5.77	矩形	1	5.77
m_X	10 000.025				$u_c=29.3$

表 7-7 中：

①共有 5 个不确定度分量，其中没有任何一个不确定度分量是明显占优势的分量；

②2 个最大的分量为正态分布；故它们的合成也接近于正态分布；

③3 个较小分量均是矩形分布，其合成分布呈凸形，比较接近于正态分布；

④正态分布的线性叠加仍为正态分布。

于是可以判断被测量估计值接近于正态分布。

【例 7-15】150 mm 游标卡尺的校准不确定度评定。

各不确定度分量的大小和分布见表 7-8。

表 7-8 各不确定度分量大小和分布

输入量 X_i	估计值 x_i	标准不确定度 $u(x_i)$	分布	灵敏系数 c_i	不确定度分量 $u_i(y)$
l_{iX}	150.10 mm	—	—	—	—
l_S	150.00 mm	0.46 μm	矩形	1	0.46 μm
Δt	0	1.15 ℃	矩形	1.7 μm℃$^{-1}$	2.0 μm
δl_{iX}	0	15 μm	矩形	1	15 μm
δl_M	0	29 μm	矩形	1	29 μm
E_X	0.10 mm				$u_c=33$ μm

表 7-8 中：

①有 4 个不确定度分量，其中有 2 个较小，对合成分布的贡献不大。2 个最大分量不服从正态分布，故被测量不接近于正态分布。

②第 4 个分量是最大分量，但它在合成标准不确定度中不是占优势的分量，故也不能判定被测量估计值接近于矩形分布。

③由于有 2 个不确定度分量甚小，故 2 个较大分量的合成在合成标准不确定度中是占优势的分量，故被测量估计值接近于 2 个较大分量的合成分布。

2 个不等宽度矩形分布的合成满足梯形分布，故被测量接近于梯形分布。其中第 3 个不确定度分量是由半宽度为 25 μm 的矩形分布得到的，而第 4 个分量是由半宽度为 50 μm 的矩形分布得到的。故合成后梯形分布上底的半宽为两者之差 25 μm，下底的半宽为两者之和 75 μm，梯形的角参数 β 值为 0.33。

【例 7-16】手提式数字多用表 100 V DC 点的校准不确定度评定。

各不确定度分量的大小和分布见表 7-9。

表 7-9 各不确定度分量大小和分布

输入量 X_i	估计值 x_i	标准不确定度 $u(x_i)$	分布	灵敏系数 c_i	不确定度分量 $u_i(y)$
V_{iX}	100.1 V	—	—	—	—
V_S	100.0 V	0.001 V	正态	−1	0.001 V
δV_{iX}	0	0.029 V	矩形	1	0.029 V
δV_S	0	0.006 4 V	矩形	−1	0.006 4 V
E_X	0.1 V				u_c=0.030 V

表 7-9 中：

①仅有 3 个不确定度分量，且最大分量为非正态分布，故被测量估计值不可能接近正态分布；

②最大分量是占优势的分量，其大小约为另 2 个分量的 5 倍，故被测量估计值接近于占优势分量的分布，即矩形分布。

7.6.2 不同分布时包含因子的确定

包含因子的确定方法取决于被测量估计值的分布，因此对于 y 的不同分布，应采用不同的方法来确定包含因子。

7.6.2.1 当无法判断 y 的分布时

当无法判断 y 的分布时，不可能根据分布来确定包含因子 k。由于大部分测量均规定要给出扩展不确定度，因此只能假定取 $k=2$ 或 3，绝大部分情况下均取 $k=2$，当包含因子取其他值时，应说明其来源。

由于不知道被测量估计值的分布，故无法建立包含概率 p 和包含因子 k 之间的关系。此时的 k 值是假设的，而不是由概率导出的，也就是说，无法知道此时所对应的包含概率。因此扩展不确定度不能用 U_p 表示，而只能用 U 来表示。

7.6.2.2 当 y 接近于某种非正态分布

当 y 接近于某种已知的非正态分布时，则绝不应该按 7.6.2.1 的方法直接取 $k=2$ 或 3，也不能按正态分布的方法，根据计算得到的有效自由度 ν_{eff} 并由 t 分布表得到 k_p。此时应根据已经确定的 y 的分布，由其概率密度函数具体计算出包含因子 k_p。

表 7-10 给出了所要求的包含概率分别为 95% 和 99% 时被测量估计值接近于矩形分布、三角分布和梯形分布时的包含因子。对于梯形分布，不同角参数 β 值的包含因子 k 不同，所计算的 β 值在表 7-10 中没有的，可取接近该值较小的 β 值，如计算的角参数 $\beta=0.334$，则可取 $\beta=0.3$。

表 7-10 被测量接近于矩形分布、三角分布和梯形分布时的包含因子

被测量分布	β	包含因子	
		k_{95}	k_{99}
三角分布	0*	1.90	2.20
梯形分布	0.1	1.90	2.19
	0.2	1.88	2.17
	0.3	1.85	2.12
	0.4	1.81	2.07
	0.5	1.77	2.00
	0.6	1.72	1.93
	0.7	1.69	1.86
	0.8	1.66	1.80
	0.9	1.64	1.74
矩形分布	1*	1.65	1.71

* 若梯形分布的 $\beta=0$，则梯形分布成为三角分布；当梯形分布的 $\beta=1$，梯形分布成为矩形分布。

7.6.2.3 被测量 y 接近于正态分布

对于正态分布，包含因子 k 与包含概率 p 的关系见表 7-2。

但当 y 接近于正态分布时，上述 k 值不能直接采用。

由于标准不确定度定义为以标准偏差表示的不确定度。而标准偏差应通过无限多次测量才能够得到，故标准偏差也称为总体标准偏差。正态分布也是对应于无穷多次测量的总体分布。也就是说，只有当真正用标准偏差 σ 来作为标准不确定度时，才能采用正态分布的 k 值。但由于在实际测量中不可能进行无限多次测量，只能用有限次测量的实验标准偏差 s 作为标准偏差 σ 的估计值，并且这一估计必然会引入误差。由于该误差的存在，如果仍采用正态分布的 k 值，将达不到所要求的包含概率。反过来说，为了得到对应于所规定包含概率的扩展不确定度，必须适当增大 k 值，并且随着测量次数的减少，用实验标准偏差代替标准偏差可能引入的误差将越来越大，包含因子 k 的值也必将随之增加。因此，这时的包含因子 k 将是一个与测量次数有关的变量。

在数学上，这相当于当总体分布满足正态分布时，其样本分布将满足 t 分布。t 分布是表征正态分布总体中所取子样的分布。不同的子样大小，对应于不同的 t 分布，其包含因子 k 也将不同。因此，当 y 接近于正态分布时，仅仅根据所要求的包含概率还不足以得到包含因子 k，还必须再知道一个与所取样本大小有关的参数，这个参数就称为“自由度”，一般用希腊字母 ν 表示。对于不同的自由度，包含因子 $k_p=t_p(\nu)$ 的数值可以由所规定的包含概率 p 和估计得到的自由度 ν 通过查表（表 7-5）得到。有关自由度的评定及包含因子 $k_p=t_p(\nu)$ 的确定，参见本章 7.5 节。

7.7 不确定度的报告与表示

7.7.1 不确定度的有效位

估计值的数值 y 和它的标准不确定度 $u_c(y)$ 或扩展不确定度 U 的数值都不应该给出过多的位数。通常 $u_c(y)$ 和 U [以及输入估计值 x_i 的标准不确定度 $u(x_i)$] 最多为两位有效数字，尽管在某些情况下，为了在连续计算中避免修约误差而必须保留多余的位数。当不确定度的第一位有效数字为 1 或 2 时，一般要求给出 2 位有效数字。例如：0.014 9 V→0.01 V 的舍入误差为 1/2，0.024 9 V→0.02 V 的舍入误差为 1/4，这是难以接受的。当第一位有效数字大于 2 时，例如：0.034 9 V→0.03 V 的舍入误差为 1/6，还是可以接受的。

7.7.2 不确定度的修约

在报告最终结果时，有时可能要将不确定度最末位后面的数都进位而不是舍去。例如：$u_c(y)$ =10.47 mΩ，可以进位到 11 mΩ。但一般的修约规则也可用。如 $u(x_i)$ = 28.05 kHz 经修约后写成 28 kHz。

7.7.3 最佳估计值的有效位

输入和输出估计值的修约间隔，应当与其不确定度的修约间隔相同。例如：如果 y=10.057 62 Ω，U=27 mΩ，则 y 应进位到 10.058 Ω。当测量结果的不确定度是用相对扩展不确定度 U_r 或 U_{pr} 表示时，要确定 Y 的测量结果 y 的有效位修约到哪一位，所用的修约间隔是多大，必须把 U_r 或 U_{pr} 按 $U=y\times U_r$ 或 $U=y\times U_{pr}$ 计算出 U 或 U_p，按不确定度的有效位的确定原则修约为一位或两位，再以其修约间隔修约 y。例如：时间间隔 t 的测量结果为：t=100.647 426 s，其相对扩展不确定度 $U_{95r}=1.0\times10^{-6}$，由于其扩展不确定度 U_{95}=100.647 426 s$\times1.0\times10^{-6}$=0.000 100 647 426 s，修约成 2 位有效数字，U_{95}=0.000 10 s，其修约间隔为 0.000 01 s，用于修约测量结果得 t=100.647 43 s。最后可给成 t=100.647 43 $(1\pm1.0\times10^{-6})$ s，包含概率 p=95%。应注意，测量结果的修约，只与 U 或 U_p 的修约有关，而与 U_r 或 U_{pr} 的修约无关。

当输出量估计值的修约间隔，是由测量方法或计量检定规程等做了规定时，此修约间隔将是不确定度的一个来源，甚至是一个主要来源。例如，用 0.01 级电能计量标准，校准某 0.2 级电子式标准电能表，计量检定规程规定的修约间隔为 0.02%，由此产生的标准不确定度为 u_r=0.29×0.02%=0.006%，这已大于由标准器产生的标准不确定度，成为一个主要来源。

7.7.4 不确定度报告的表示形式

当给出完整的测量结果时，一般应报告其不确定度。报告应尽可能详细，以便使用者可以正确地利用测量结果。按计量技术规范要求无须给出不确定度的除外。证书上的校准结果或修正值应给出不确定度。相对不确定度的表示可以加下标 r 或 rel（本书推荐优先用 r 表示）。例如：相对标准不确定度 u_r 或 u_{rel}；相对扩展不确定度 U_r 或 U_{rel}。

7.7.4.1　用合成标准不确定度报告的表示形式

合成标准不确定度 $u_c(y)$ 的报告可用以下 3 种形式之一，例如：标准砝码的质量为 m_s，被测量的估计值为 100.021 47 g，合成标准不确定度 $u_c(m_s)$ 为 0.35 mg，则报告为：

①m_s＝100.021 47 g；合成标准不确定度 $u_c(m_s)$ ＝0.35 mg。

②m_s＝100.021 47（35）g；括号内的数是合成标准不确定度的值，其末位与前面结果的末位数对齐。

③m_s＝100.021 47（0.000 35）g；括号内的数是合成标准不确定度的值，与前面结果有相同的计量单位。

形式②用于公布常数、常量。

7.7.4.2　用扩展不确定度报告的表示形式

$U=ku_c(y)$ 的报告可用以下 4 种形式之一，例如，$u_c(y)$ ＝0.35 mg，取包含因子 $k=2$，$U=2\times0.35$ mg＝0.70 mg，则报告为：

①m_s＝100.021 47 g；U ＝0.70 mg，$k=2$。

②m_s＝(100.021 47±0.000 70) g；$k=2$。

③m_s＝100.021 47（70）g；括号内为 $k=2$ 的 U 值，其末位与前面结果的末位数对齐。

④m_s＝100.021 47（0.000 70）g；括号内为 $k=2$ 的 U 值，与前面结果有相同的计量单位。

在能估计被测量估计值接近于正态分布，并且能确保有效自由度不小于 15 时，还可以在上述 4 种表示形式后边进一步说明："估计被测量估计值接近于正态分布，其对应的包含概率约为 95%"。

$U_p=k_pu_c(y)$ 的报告可用以下 4 种形式之一，例如，$u_c(y)$ ＝0.35 mg，$\nu_{eff}=9$，按 p ＝95%，查表 7-5 得 $k_p=t_{95}(9)$ ＝2.26，$U_{95}=2.26\times0.35$ mg＝0.79 mg，则报告为：

①m_s＝100.021 47 g；U_{95}＝0.79 mg，$\nu_{eff}=9$。

②m_s＝(100.021 47±0.000 79) g；$\nu_{eff}=9$，括号内第二项为 U_{95}之值。

③m_s＝100.021 47（79）g；$\nu_{eff}=9$，括号内为 U_{95}之值，其末位与前面结果的末位数对齐。

④m_s＝100.021 47（0.000 79）g；$\nu_{eff}=9$，括号内为 U_{95}之值，与前面结果有相同的计量单位。

不确定度也可用相对形式的 U_r 或 u_r 报告，例如：

①m_s＝100.021 47（1±7.9×10^{-6}）g；p ＝95%，其中 7.9×10^{-6}为 U_{95r}之值。

②m_s＝100.021 47 g；$U_{95r}=7.9\times10^{-6}$。

上述列举的表达式中的符号含义，必要时应有文字说明，也可采用它们的名称代替符号，或同时采用。如有必要，单位的符号亦可代之以中文符号或名称。

当给出扩展不确定度 U_p 时，为了明确起见，推荐以下说明方式，例如：

$m_s=$（100.021 47±0.000 79）g，式中，正负号后的值为扩展不确定度 $U_{95}=k_{95}u_c$，式中，合成标准不确定度 $u_c(m_s)=0.35$ mg，自由度 $\nu=9$，包含因子 $k_p=t_{95}(9)=2.26$，从而具有包含概率约为95%的包含区间。

当上述结果用相对扩展不确定度 U_{pr} 表示时：$m_s=100.047(1\pm6\times10^{-5})$ g，也同样应有类似上面的说明。

当输出量估计值的分布为其他已知的非正态分布时，报告 U_p 时应指明分布。例如，$u_c(y)=0.35$ mg，按 $p=95\%$，对于不同的分布，则报告为：

①$m_s=100.021\ 47$ g；$U_{95}=0.58$ mg，$k=1.65$（矩形分布）。

②$m_s=100.021\ 47$ g；$U_{95}=0.67$ mg，$k=1.90$（三角分布）。

③$m_s=100.021\ 47$ g；$U_{95}=0.65$ mg，$k=1.85$（梯形分布）。

7.8 不确定度评定的简化途径和方法

通过对大量校准和检测不确定度评定实例的分析，依据合理、方便、简单、实用、快捷的原则，提出如下简化途径和方法。

7.8.1 重复性标准偏差 s 与分辨力导致的分散性标准偏差 $0.29\ \delta x$ 的处理

如果重复观测的若干结果中，末位存在明显的差异，那么由此按贝塞尔公式计算出的实验标准偏差 s 中，已包含了分辨力导致的分散性。但如果末位无明显变化，甚至相同，则 $s=0$ 或甚小，那么其中未包含分辨力 δx 导致的分散性，这时 $0.29\ \delta x$ 必须作为一个分量引入 u_c，通常取 s 和 $0.29\ \delta x$ 中的较大者。

7.8.2 被校标准源或仪器的示值不稳定和示值重复性如何考虑和评定

①示值不稳定显然是一个不确定度来源，在短时间内其值就在最大值与最小值间变化，因此可将最大值与最小值之差的一半作为分散区间半宽 a，按矩形分布处理，$u=a/\sqrt{3}$。

②示值重复性的评定可用每次测量的最大值或最小值的标准偏差 s 表示。

③当示值不稳定产生的不确定度 u 较大时，s 可忽略；当两者相当时，可分别考虑；当 s 较大时，u 可忽略。

7.8.3 重复性的三种处理情况

当对某类仪器进行重复性试验，即预评估重复性，试验结果表明重复性可忽略时，则以后可不再评定；当试验结果表明重复性不能忽略，此时可设法获得合并样本标准偏差；对于重要的测量，重复性产生的不确定度分量可实时进行评定。

7.8.4 B类评定分布的估计

一般可只取正态分布和矩形分布。

①矩形分布：按“级”使用的测量仪器最大允许误差、数据修约、数字式测量仪器对示值量化、度盘或齿轮的回差、平衡指示器调零不准、测量仪器的滞后或摩擦效应导致的不确定度。

②正态分布：部分按“级”使用的测量仪器；已知级别的装置，其最大允许误差导致的不确定度，如标准电能表、电能表检定装置；校准证书中给出的U未指明分布时按正态分布。

③三角分布：滴定管、移液管、容量瓶、量杯等其最大允许误差导致的不确定度有文献按三角分布，也有文献按矩形分布处理。

7.8.5 B类评定自由度的估计

只有输出量估计值的分布接近正态分布时才评估自由度。

①由数据修约和仪表分辨力产生的不确定度，其自由度可估计为50。

②按校准证书、检定证书以及测量仪器最大允许误差所评定出的标准不确定度应是较为可信的，其自由度可估计为50或稍小些。

③来源不十分可靠时，其自由度可估计为12或更小。

对于检测测量结果的扩展不确定度U，可用$k=2$的扩展不确定度表示。因此，可不必估计其自由度。

7.8.6 A、B两类评定方法的选择

A、B两类评定只是评定方法不同，对于一个完整的评定，不一定非得要既有A类评定，又要有B类评定。选择A、B两类评定方法时，重要的是找到各个不确定度来源，做到不能遗漏重要的分量，至于用什么方法，应按照方便、可靠、简单、实用的原则来选择。

7.8.7 不确定度分量的忽略原则

在各输入量相互独立的情况下，一切不确定度分量均贡献于合成标准不确定度，只会使合成标准不确定度增大。忽略任何一个分量都会导致合成标准不确定度变小。但是，由于采用的是方差相加得到合成方差，因此当某些分量小到一定程度后，对合成标准不确定度实际上起不到什么作用，为简化分析与计算，当然也可以忽略不计。例如，忽略掉一些分量后合成标准不确定度的减少不到1/10，对于比较重要的测量可控制到1/20。这也可以称作微小不确定度准则。

7.8.8 相关性的处理

输入量之间的相关系数r一般只取3个值，即-1，0，$+1$。

除非有明确的理由表明两输入量之间存在强相关，否则均按不相关处理，即取相关系数$r=0$。

若有明确的理由表明两输入量之间存在强相关，则视其正相关或负相关而取相关

系数 $r=1$ 或 $r=-1$。

对于存在强相关的各不确定度分量，合成时采用线性相加（当相关系数 $r=-1$ 时，则为相减）。对于不相关的各不确定度分量，合成时采用方差（即标准不确定度的平方）相加。

若有部分不确定度分量相关，则先将相关的不确定度分量采用线性相加的方法进行合成，然后再与其他不相关的分量采用方差相加的方法进行合成。

一般情况下，可以采取改变测量原理、测量方法，更换测量仪器等手段，尽可能使其不相关。

7.8.9 不确定度的合成

在不确定度评定中，合成标准不确定度及其有效自由度的计算有时是相当复杂和困难的，特别是不确定度随测量结果变化而变化时，需要重复计算。这里推荐参照本书第 8 章中介绍的“Excel 在不确定度评定中的应用”原理和方法，可使不确定度的评定变得方便而且快捷，从而获得每一个结果的不确定度。

7.8.10 最终不确定度报告形式

不确定度报告给出 U_p 的条件是被测量估计值的分布是已知的，例如是正态分布或接近正态分布，还有就是其他已知分布，例如矩形分布（U_{95}，$k=1.65$）。在无法估计被测量估计值的分布的情况下，不确定度报告可只给出 U，$k=2$ 或 3。在能估计被测量估计值接近于正态分布，并且能确保有效自由度不小于 15 时，不确定度报告还可以给出 $k=2$ 的扩展不确定度 U，并进一步说明：估计被测量估计值接近于正态分布，其对应的包含概率约为 95%。

①对于输出量估计值是正态分布或接近正态分布的，可做出评定 U_{95} 的 Excel 电子表格，计算得到有效自由度，查 t 分布表获得 k_p。当有效自由度 ν_{eff} 从表 7－5 查不到时，不必一律用内插法计算 t 值。只有当 $\nu_{eff} \leqslant 6$ 时用内插法计算 t 值，其余可取表 7－5 中能查到的较小的数值。若要给出 $k=2$ 的扩展不确定度 U，则可在 Excel 电子表格的 k_p 单元格输入 2 即可。不确定度的报告形式为“$U_{95}=\times\times$，$\nu_{eff}=\times\times$”和“$U=\times\times$，$k=2$ 或 3”。

②对于输出量估计值的分布为其他已知的非正态分布，如矩形分布，不确定度的报告形式可为“$U_{95}=\times\times$，$k=1.65$（矩形分布）”。

③扩展不确定度的有效位数：最多为 2 位。首位为 1，2 的应取两位，首位为 3，4 的可取两位，其余可取 1 位。

7.9 不确定度在符合性评定中的作用

7.9.1 被测量 Q 在两个实验室测量，测量结果 q_1 与 q_2 之差与其扩展不确定度 $U(q_1)$ 和 $U(q_2)$ 之间的关系

在能力验证中，为一个样品提供参考值的实验室称为参考实验室，它所给出的 Q

之最佳估计值称为参考值q_{ref}，其扩展不确定度为参考扩展不确定度U_{ref}。设q_i为第i个实验室对Q所测量出的值，其扩展不确定度为$U_{\mathrm{lab}\,i}$，若$|q_{\mathrm{ref}}-q_i|/\sqrt{U_{\mathrm{ref}}^2+U_{\mathrm{lab}i}^2}=E_n\leqslant1$，则是理想的，否则不理想。

上述扩展不确定度U的包含因子k按一般规律取为$k=2$，或扩展不确定度为已知分布的U_{95}。

对于在不为参考实验室的任两个实验室之间的测量结果q_1与q_2之差$\Delta=q_1-q_2$，按不确定度传播律，其差的扩展不确定度$U(\Delta)$等于$\sqrt{U^2(q_1)+U^2(q_2)}$（k均为2）。如自由度均足够大，或其他已知分布，也可以是包含概率p均为95%。即被测量Q两次测量结果q_1与q_2之差与其扩展不确定度$U(q_1)$和$U(q_2)$之间的关系应满足：

$$|q_1-q_2|/\sqrt{U^2(q_1)+U^2(q_2)}\leqslant1$$

7.9.2 不确定度基本相同的多个实验室间进行比对时应满足的关系

不确定度基本相同的多个实验室间进行比对时，设其扩展不确定度为U（k为2）或U_{95}，多个实验室对同一被测量进行测量所得结果的平均值为$\bar{q}$，某个实验室的测量结果为q_i，则比对结果应满足下述关系：

$$|q_i-\bar{q}|\leqslant\sqrt{\frac{n-1}{n}}U$$

式中，n为参加比对的实验室个数（n应充分大，一般不得小于10）。

7.9.3 不确定度在合格评定中的应用

在工业生产领域，经常要通过测量来判定工件或产品是否符合技术指标，例如设计图纸上所标明的公差要求；质检部门经常要通过测量来检验原材料或产品是否符合规定的技术要求；在计量领域，也经常要通过检定来判定实物量具或测量仪器是否符合技术指标的要求，即测量仪器的示值误差是否在所规定的最大允许误差范围内。这些对工件特征量的公差限或测量设备特征量的最大允许误差的要求，即用来判定工件或测量仪器是否合格的技术要求称为“规范”。而将工件特征量的公差限或测量设备特征量的最大允许误差称为“规范限”。工件特征量或测量设备特征量在规范限之间的一切变动值（包括规范限本身）称为“规范区”。规范可以有单侧规范和双侧规范两类。对于双侧规范，则分别将工件特征量公差限或测量设备特征量最大允许误差的上界和下界分别称为“上规范限”（USL）和“下规范限”（LSL）。

合格与否的判定是一个看似简单，其实并不容易的工作。乍看起来，似乎只要测量结果位于规范区内，就判为合格，反之就不合格。这是没有考虑到测量结果存在不确定度的情况。如果考虑到测量结果存在不确定度，并且一旦测量结果位于规范限附近的区域内时，就可能处于既无法判定其合格，又无法判定其不合格的两难境地。而这一区域的大小直接与测量结果的扩展不确定度有关。在单侧或双侧规范限两侧，其半宽为扩展不确定度U的区域，通常称为“不确定区”。当测量结果位于不确定区内时，无法较有把握地做出合格或不合格的判定。因此，工件或测量仪器的合格或不合格的判据实际上将与不确定度有关。

为解决这一问题，ISO 14253－1：1998 规定了在处理供方和用户之间关系时合格和不合格的判定规则，并将该合格和不合格判定规则作为在供方和用户之间的合同中未商定其他判定规则时的缺省规则。该规定虽然是由 ISO/TC 213 产品尺寸和几何量技术规范和检验技术委员会起草和制定的，并适用于产品几何量技术规范（Geometrical Product Specifications，GPS）中规定的工件规范（通常以工件的公差形式给定）和测量设备规范（通常以最大允许误差的形式给定），但其原则应该也可以适用于其他领域。

ISO 14253－1：1998 的文件内容现已被采纳进 GB/T 18779.1—2002。

由于合格或不合格的判定与不确定度有关，因此无论由供方还是用户进行检验并提供不确定度，双方应先对所给的不确定度达成一致意见，即由供方和用户共同商定不确定度估计值。

下述规则是按规范检验合格与不合格的缺省规则，即当供方和用户之间未商定其他规则时，该规则有效。当供方和用户之间已商定其他规则时，则双方应签订专门的协议并列入有关文件。对于影响工件和测量设备功能的比较重要的规范，建议始终采用下述判定规则。对不太重要的要求，也可按双方的专门协议，采用限制性较小的其他规则。

合格区和不合格区的大小与估计的测量结果的扩展不确定度 U 有关，$U=ku_c$。包含因子 k 的缺省值为 2。如果有必要的话，也可以根据用户和供方的协议选用不同数值的包含因子，或采用扩展不确定度 U_{95}。

（1）双侧规范

对于双侧规范，如图 7－5 所示，由于不确定度的存在，得到 4 个区间：1 为规范区间，2 为合格区间，3 为不确定区间，4 为不合格区间。从而得出如下规则：

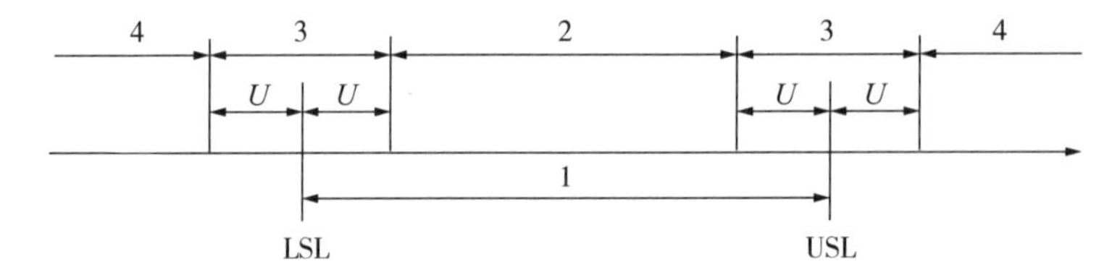

图 7－5　双侧规范

①按规范检验合格的规则

当测量结果 y 位于被扩展不确定度缩小的工件特征量的公差区或测量设备特征量的最大允许误差内时（见图 7－5 的 2 区），则表明检验合格。即满足

$$\mathrm{LSL}+U<y<\mathrm{USL}-U$$

②按规范检验不合格的规则

当测量结果 y 位于被扩展不确定度扩大了的工件特征量的公差区或测量设备特征量的最大允许误差外时（见图 7－5 的 4 区），则表明检验不合格。即满足

$$y<\mathrm{LSL}-U \text{ 或 } y>\mathrm{USL}+U$$

③不确定区

当测量结果 y 位于 USL 和 LSL 左右一倍的扩展不确定度区域时（见图 7－5 的 3 区），则无法判定合格还是不合格。即满足

$$\mathrm{LSL}-U<y<\mathrm{LSL}+U \text{ 或 } \mathrm{USL}-U<y<\mathrm{USL}+U$$

（2）单侧规范

在某些检测中还有两种单测规范的情况，如图 7－6 和图 7－7 所示，其中 1 为规范区间，2 为合格区间，3 为不确定区间，4 为不合格区间。

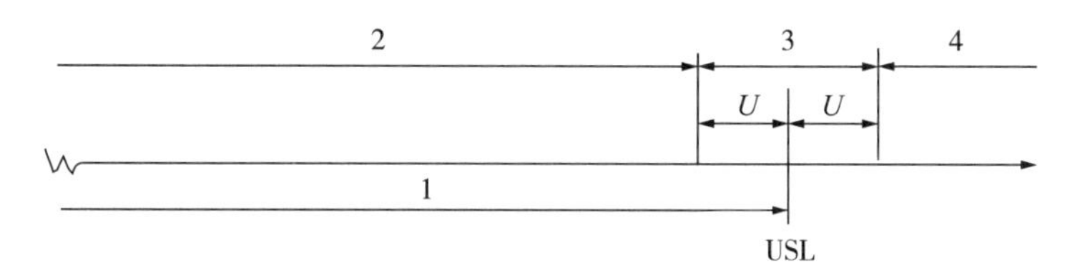

图 7－6　只存在 USL 的单侧规范

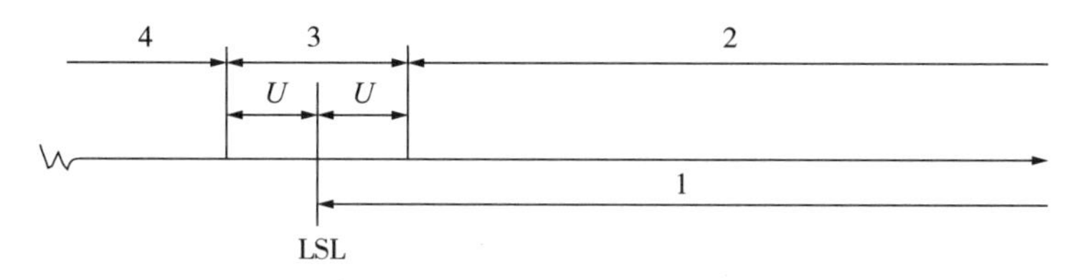

图 7－7　只存在 LSL 的单侧规范

在供方和用户预先已签订有关合格判定方法的协议时，按有关协议执行。若双方没有签订协议，则合格判定的原则是不确定度将总是不利于进行测量并提供合格与不合格证明的一方。因此，改进不确定度将对提供检验结果证明的一方有利。

无论提供证明的一方在其内部进行测量，或委托第三方实验室进行测量，上述双侧规范和单侧规范的原则都适用。也就是说，当供方委托第三方实验室进行测量时，则第三方代表供方；当用户委托第三方实验室进行测量时，则第三方代表用户。

（1）供方检验合格

供方应根据其所评估的不确定度，并按“按规范检验合格的规则”证明合格。

（2）用户检验不合格

用户应根据其所评估的不确定度，并按“按规范检验不合格的规则”证明不合格。

（3）再卖方

再卖方先是用户，然后再是供方。当再卖方评估的不确定度大于供方评估的不确定度时，再卖方可能会处于这样一种两难的境地：他既无法向其用户证明合格，同时又无法向其供方证明不合格。为避免这种情况的发生，此时再卖方应使用原供方向他提供的合格证明给其用户。

从图 7－5 可以看出，这 4 个区间我们最关心的是 2、3 区间，而这两个区间的大小是由测量的扩展不确定度 U 决定的，扩展不确定度 U 增大，则合格区变小，不确定区变大；当扩展不确定度 U 大于或等于（USL－LSL）/2 时，已没有了合格区，此时将不能判定产品是合格的，只能判定产品可能合格或不合格。

为了获得更大的合格区，即有更多的可能判定产品是合格的，此时就要减小测量的扩展不确定度 U，以减小不确定区，当 U 趋于零时（理想情况），已没有了不确定区，此时可肯定地判定产品是合格还是不合格。

不确定度总是存在的，它的减小是要付出代价的。多次的重复测量可以减小部分随机效应产生的不确定度，但需要付出更多的劳动，提高测量设备的准确度可以减小不确定度，但需要更多的投资。因此，对于某特定的测量，对测量不确定度的要求应该是适当的，从而使误判带来的风险与投资相适应。

不确定度在检定和校准中的作用有如下的要求，假定测量仪器的最大允许误差为$\pm a$，示值误差的扩展不确定度为U_{95}，则：

①对于检定，一般要求$U_{95}\leqslant\frac{1}{3}$MPEV（MPEV为测量仪器最大允许误差的绝对值）。当按计量检定规程进行检定，$U_{95}\leqslant\frac{1}{3}$MPEV时，检定出的示值误差不大于最大允许误差即可判为示值误差合格，不考虑不确定区。

②对于校准，没有规定不确定度与被校准仪器最大允许示值误差之间的关系，但一般要求在校准证书中给出校准结果的不确定度，仪器使用者根据报告中给出的实际值或修正值（校准结果）及其不确定度，确认测量仪器能否满足使用要求。对于加修正值使用的情况，在进行不确定度评定时，修正值的不确定度应作为一个分量来考虑。

7.10 CNAS对不确定度的要求

中国合格评定国家认可委员会（CNAS）发布的CNAS－CL01：2018《检测和校准实验室能力认可准则》，等同采用了ISO/IEC 17025：2017《检测和校准实验室能力的通用要求》，在“7.6 测量不确定度的评定”中规定：

开展校准的实验室，包括校准自有设备，应评定所有校准的不确定度。

开展检测的实验室应评定不确定度。当由于检测方法的原因难以严格评定不确定度时，实验室应基于对理论原理的理解或使用该方法的实践经验进行评估。

下面介绍CNAS－CL01－G003：2021《测量不确定度的要求》中的规定。

7.10.1 通用要求

①合格评定机构应评定和应用不确定度，并建立维护不确定度有效性的机制。

②合格评定机构应有具备能力的人员，正确评定、报告和应用不确定度。

③不确定度评定的程序、方法，以及不确定度的表示和使用应符合GB/T 27418《测量不确定度评定和表示》和ISO/IEC指南98系列标准的其他文件及补充文件的规定。

注：CNAS发布了一些特定领域不确定度的指南文件或技术报告供实验室参考使用。

④实验室应识别不确定度的贡献。评定不确定度时，应采用适当的分析方法考虑所有显著贡献，包括来自抽样的贡献。

⑤当在证书/报告中报告不确定度时，应包含测量结果y和对应的扩展不确定度U，通常宜使用“$y\pm U$（y和U的单位）”或类似的表述方式；也可以使用列表表示，即将测量结果与其扩展不确定度在列表中对应给出。适当时，扩展不确定度也可以用相对扩展不确定度$U/|y|$（$|y|\neq 0$）的方式给出。应在证书/报告中注明扩展不确定度的包含因子和包含概率，可以使用以下文字描述：

“本报告给出的扩展不确定度是由合成标准不确定度乘以包含概率约为95%时对应的包含因子 k 得到的。”

注：

1. 对于不对称分布的不确定度、使用蒙特卡洛法确定的不确定度或使用对数单位表示的不确定度，可能需要使用 $y \pm U$ 之外的方法表述。

2. GB/T 27418给出了规范的报告和表示不确定度的方式和要求。

⑥扩展不确定度的数值不应超过两位有效数字，并且应满足以下要求：

——最终报告的测量结果的末位应与扩展不确定度的末位对齐，除非使用相对扩展不确定度；

——应根据通用的规则进行数值修约，并符合GB/T 27418的规定。

注：数值修约的详细规定参见ISO 80000－1《量和单位　第1部分：总则》和GB/T 8170《数值修约规则与极限数值的表示和判定》。

⑦当做出与计量技术规范或标准的符合性声明时，合格评定机构应考虑不确定度的影响，明确判定规则，所用判定规则应考虑到相关的风险水平（如错误接受、错误拒绝，以及统计假设）。实验室应将判定规则形成文件，并加以应用。

注：判定规则的确定可参考ISO/IEC指南98－4：2012《测量不确定度　第4部分：测量不确定度在合格评定中的作用》和CNAS－GL015：2022《判定规则和符合性声明指南》。

7.10.2　对校准实验室的要求

①开展校准的实验室，包括校准自有设备的实验室，应评定所有校准结果的不确定度。

注：

1. “所有校准结果”通常不包括定性评价结果和功能性检查结果。

2. 如果校准过程中直接测量的量需经过数据处理，转换为最终报告给客户的校准结果，则应评定并报告最终校准结果的不确定度。

②认可的校准和测量能力（CMC）应是在常规条件下的校准中可获得的最小不确定度，其评估应基于“现有的最佳仪器”。应特别注意当被测量的值是一个范围时，不确定度通常可以用下列一种或多种方式表示：

——用整个测量范围内都适用的单一值表示。

——用范围表示。此时，实验室应有适当的线性插值算法以给出区间内的各个值的不确定度。

——用被测量和/或参数的显函数表示。

——用矩阵表示。此时，不确定度的值取决于被测量的值以及与其相关的其他参数。

——用图形表示。此时，每个数轴应有足够的分辨率，使得到的不确定度至少有2位有效数字。

注：

1. “现有的最佳仪器”通常是相关测量标准在计量溯源链中可校准的最高等级（或性能）的被校仪器，如有可能可选择其中具有特殊性能（比如稳定性）或经过长期校准的仪器，但不应选择性能等于或优于所用测量标准的仪器作为“现有的最佳仪器”。

2. 当“现有的最佳仪器”对来自重复性的不确定度的贡献可能为零时，该贡献也可用于 CMC 的评估中。但是，CMC 还应包含与“现有的最佳仪器”有关的其他固有不确定度。

3. 对某些校准，可能没有“现有的最佳仪器”，或者被校仪器的不确定度分量对 CMC 有显著影响，此时如果来源于被校仪器的不确定度分量可以识别并区分出来的话，在评定 CMC 时可以不包括被校仪器的不确定度分量。在这种情况下，认可范围中应清晰注明 CMC 未包括被校仪器的不确定度分量。

4. CNAS 实验室业务系统目前不支持后两种方式的录入，建议采取前三种方式表示不确定度。

③校准实验室应在校准证书中报告经认可的每个校准结果的不确定度，且报告的不确定度不得小于认可的 CMC。

④校准证书中报告的不确定度通常应包含评定 CMC 时的所有不确定度分量（除非不适用），并用被校仪器的不确定度分量取代“现有的最佳仪器”的分量。另外，校准证书中报告的不确定度还应包括校准过程中相关的短期贡献所引入的分量。因此，校准证书中报告的不确定度往往比 CMC 大。

实验室通常可不考虑未知影响对不确定度的贡献，例如运输过程引入的不确定度。但是，如果实验室预计到这些不确定度分量将对不确定度有显著影响，实验室应当在校准证书中说明或根据 CNAS－CL01：2018 中有关合同评审的要求告知客户。

注：在实际校准工作中，并不是每次校准都需要针对被校仪器重新评估不确定度，可以使用预评估结果。如实验室已对某一类型（规格或型号）的被校仪器的校准结果评定过不确定度，则可将评定结果直接用于之后相同测量条件下对同类型仪器的校准。

⑤ 对于提供参考值的实验室，CMC 及其覆盖的不确定度通常应包含测量程序（方法）相关的因素，比如典型的基质效应、干扰等被测样品的信息。一般情况下，CMC 及其覆盖的不确定度可不包含因材料的不稳定、不均匀引入的不确定度分量。CMC 应基于典型、稳定、均匀样品的测量方法对本身的性能进行分析。

注：参考测量的不确定度与标准物质生产者（RMP）提供给标准物质/标准样品（RM）的不确定度是不同的，一般情况下，参考测量的不确定度优于提供给有证标准物质/标准样品（CRM）的扩展不确定度，这是因为参考测量的不确定度通常只与测量方法和仪器本身有关，而 CRM 的扩展不确定度还考虑了材料的不均匀性和不稳定性贡献。

⑥不确定度不允许用开区间表示，例如“$U<X$”。

⑦不确定度的包含概率均取 95％或约等于 95％。在校准证书中报告校准结果的不确定度时，应说明其包含概率及包含因子。

⑧不确定度的量纲应与对应的测量范围或测量结果的量纲相同，或使用相对不确定度表示。

7.10.3 对检测实验室的要求

①检测实验室应分析不确定度对检测结果的贡献，应评定每一项用数值表示的测量结果的不确定度。

注：

1. 某些情况下，公认的检测方法对不确定度主要来源规定了限值，并规定了计算结果的表示方式，实验室只要遵守检测方法和报告要求，即满足本条的要求。

2. 对一特定方法，如果已确定并验证了结果的不确定度，实验室只要证明已识别的关键影响因素受控，则不需要对每个结果评定不确定度。

②如果检测结果不是用数值表示或者不是建立在数值基础上（如合格/不合格，阴性/阳性，或基于视觉和触觉等的定性检测），则实验室宜采用其他方法评估不确定度，例如假阳性或假阴性的概率。

③由于某些检测方法的性质，决定了无法从计量学和统计学角度对不确定度进行有效而严格的评定，这时实验室应基于对相关理论原理的理解或使用该检测方法的实践经验进行分析，列出各主要的不确定度分量，并做出合理的评定。同时应确保测量结果的报告形式不会使客户造成对所给不确定度的误解。

④检测实验室对于不同的检测项目和检测对象，可以采用不同的评定方法。

⑤检测实验室在采用新的检测方法时，应按照新方法重新评定不确定度。

⑥检测实验室对所采用的非标准方法、实验室自己设计和研制的方法、超出预定使用范围的标准方法以及其他修改的标准方法进行确认时，应包括对不确定度的评定。

⑦下列情况适用时，实验室应在检测报告中报告检测结果的不确定度：

——当不确定度与检测结果的有效性或应用有关时；

——当检测方法/标准有要求时；

——当客户要求时；

——当不确定度影响与规范限的符合性时。

注：CNAS 鼓励实验室尽可能地报告检测结果的不确定度，以便合理的使用检测结果，特别是对于如环境监测或产品检测等需要实施符合性判定的领域。

练习题

一、是非题

1. 准确度不是物理量。（　）

2. 准确度为 0.4 级就是一种定量的表述。（　）

3. 对已修正结果而言，其准确度为扩展不确定度。（　）

4. 测量仪器的级别是说明其示值误差所处的档次。（　）

5. 修正值为零时，其不确定度为零。（　）

6. A 类评定中，自由度是按所得到的标准偏差的不可靠程度决定的。（　）

7. B 类评定中，先有标准偏差后有方差。（　）

8. A、B 两类标准不确定度没有本质上的区别。（　）

9. 不确定度也可理解为被测量真值所处范围的评定。（　）

10. 无论 Y 的估计值的分布接近于哪一种分布，只要包含因子 $k=2$，扩展不确定度 $U=2u_c$，则取值于 $y-U$ 之 $y+U$ 区间的包含概率 p 为 95%。（　）

11. 测量结果的不确定度反映了对被测量之值的认识不足，借助于已查明的系统效应对测量结果进行修正后，所得到的只是被测量的估计值，而修正值的不确定度以及随机效应导致的不确定度依然存在。（　）

12. A 类、B 类、合成、扩展不确定度，都是标准不确定度。（　）

13. 不确定度也是对由测量结果给出的、被测量估计值的可能误差的度量。 （ ）

二、选择题

1. 自由度越大，说明______。
A. 标准偏差越可靠
B. 标准偏差之值越小
C. 标准偏差越接近总体偏差
2. 合成标准不确定度乘以包含因子 2 之后，其扩展不确定度的包含概率为______。
A. 95% B. 99% C. 99.73% D. 不能确定
3. 几个随机误差分量合成时，采用______。
A. 方和根 B. 代数和 C. 平均值
4. 被测量的真值也就是______。
A. 约定真值
B. 被测量的最佳估计值
C. 被测量之值
5. 报告不确定度的有效位，用______表述。
A. 一位 B. 两位 C. 三位
6. 报告相对扩展不确定度的有效位，用______表述。
A. 一位 B. 两位 C. 三位
7. 重复观测次数 n 趋近无限大时，算术平均值的重复性标准偏差趋近______。
A. σ B. 3σ C. 0
8. 当两个输入量估计值同时偏大或同时偏小时，则它们出现______。
A. 正相关 B. 负相关 C. 不相关
9. 产生两输入量估计值相关的原因有______。
A. 使用了同一计量标准
B. 使用了同一引用值
C. 使用了同一标准物质
10. 总不确定度已被扩展不确定度代替，计量标准的总不确定度可理解为______。
A. 是整套计量标准装置的合成不确定度
B. 只包括计量标准器和比较装置两部分的不确定度
C. 可分别给出计量标准器和比较装置的不确定度
11. 服从正态分布的随机误差，在 10 000 次中，从统计意义上说出现于 $[-\sigma, 2\sigma]$ 之外的有______次。
A. 6 827 B. 1 814 C. 9 545
12. 不确定度的 A 类评定可以用贝塞尔法和极差法，两种方法所得的标准［偏］差的自由度______。
A. 相等
B. 贝塞尔法所得较大
C. 极差法所得较大

13. 设数字式显示装置的分辨力为 δx，则由分辨力引入的标准不确定度为____δx。

A. 0.20　　B. 0.50　　C. 0.29

14. 不确定度可用______表示。

A. 方差的平方根

B. 说明了置信水准的区间

C. 标准偏差或其倍数

15. 不确定度的B类评定中需要估计被测量值落于某区间的概率分布，在缺乏更多其他信息的情况下一般估计为______是较合理的。

A. 正态分布　　B. 三角分布　　C. 矩形分布

16. 通过重复观测按贝塞尔公式算得的标准［偏］差，随观测次数的增加而______。

A. 变小　　B. 更为可靠　　C. 既变小又可靠

17. 根据信息来源的可靠程度，已判断某B类不确定度分量 u 的相对标准不确定度 $\sigma(u)/u=0.25$，则该不确定度的自由度为______。

A. 8　　B. 2　　C. 不定

18. 用准确度级别为⓪①的某计量仪器进行测量，按计量检定规程规定其最大允许误差为±0.1%，则测量结果中由该仪器导致的相对标准不确定度分量为______%。

A. 0.2　　B. 0.058　　C. 0.033

19. 当不确定度很大时，测量的______。

A. 误差绝对值可能很小

B. 随机误差绝对值很大

C. 系统误差绝对值很大

20. 要测量某矩形平板的面积，为此先测量矩形的长度 a 和宽度 b，若分别用两把直尺测量，设其相对标准不确定度分别为 $u_r(a)$ 和 $u_r(b)$，则测量结果面积的相对合成标准不确定度为______。

A. $u_r(a)+u_r(b)$　　B. $\sqrt{u_r^2(a)+u_r^2(b)}$

C. $\sqrt{u_r^2(a)+u_r^2(b)+u_r(a)\times u_r(b)}$

三、计算题

1. 桌子的长为：$l=(100.0\pm0.2)\text{cm}$ $(k=2)$，宽为：$b=(50.0\pm0.2)\text{cm}$ $(k=2)$，彼此独立，求其面积 $S=5\ 000\ \text{cm}^2$ 的扩展不确定度 $U(S)(k=2)$。

2. 输出量是由两个100 g的砝码（彼此独立）构成的200 g质量。第一个100 g砝码的相对扩展不确定度为 $2\times10^{-4}(k=2)$，第二个100 g砝码的相对扩展不确定度为 $3\times10^{-4}(k=3)$。求这200 g质量 m 的扩展不确定度 $U(m)$ $(k=2)$，以及相对扩展不确定度 $U_r(m)$ $(k=2)$。

四、思考题

1. 被测量之值是否是被测量的真值？

2. 导致产生不确定度的系统效应与随机效应间有何区别？

3. 为什么说被测量定义不完整会导致不确定度的产生？

4. 什么情况下，我们可以认为某个不确定度分量可忽略不计？

5. 修正值可以不加到测量结果中，这种情况下，修正值的不确定度是否也可忽略不计？

6. 为什么在给出测量结果不确定度时，必须是被测量之值的最佳估计？

7. 误差与不确定度的区别在哪些方面？

8. 标准不确定度的两类评定有哪些区别？

9. 合并样本标准偏差在标准偏差的评定中起什么作用？

10. 扩展不确定度分成几种？

11. 给出扩展不确定度 U 时，必须注意什么问题？

12. 给出扩展不确定度 U_p 时，必须注意什么问题？

13. 不确定度能修正吗？

参考答案

一、是非题

1，4，7，8，9，11，13（正确）　2，3，5，6，10，12（错误）

二、选择题

题号	1	2	3	4	5	6	7	8	9	10
答案	AC	D	B	C	AB	AB	C	A	ABC	ABC
题号	11	12	13	14	15	16	17	18	19	20
答案	B	B	C	C	C	B	A	B	A	B

三、计算题

1. 面积 $S=lb$，灵敏系数 $c_l=\dfrac{\partial S}{\partial l}=b=50.0\ \text{cm}$，$c_b=\dfrac{\partial S}{\partial b}=l=100.0\ \text{cm}$

测量桌子的长 l 的标准不确定度 $u(l)=U/k=0.2\ \text{cm}/2=0.1\ \text{cm}$

测量桌子的宽 b 的标准不确定度 $u(b)=U/k=0.2\ \text{cm}/2=0.1\ \text{cm}$

于是面积的合成标准不确定度为：

$$u_c(S)=\sqrt{c_l^2u^2(l)+c_b^2u^2(b)}=\sqrt{50.0^2\times0.1^2+100.0^2\times0.1^2}\ \text{cm}^2=11\ \text{cm}^2$$

面积的扩展不确定度 $U(S)=ku_c(S)=2\times11\ \text{cm}^2=22\ \text{cm}^2$（$k=2$）

2. 200 g 质量 $m=m_1+m_2$

第一个 100 g 砝码 m_1 的标准不确定度 $u(m_1)=m_1\times U_r(m_1)/k=100\ \text{g}\times2\times10^{-4}/2=0.01\ \text{g}$

第二个 100 g 砝码 m_2 的标准不确定度 $u(m_2)=m_2\times U_r(m_2)/k=100\ \text{g}\times3\times10^{-4}/3=0.01\ \text{g}$

于是 200 g 质量 m 的合成标准不确定度：

$$u_c(m)=\sqrt{u^2(m_1)+u^2(m_2)}=\sqrt{0.01^2+0.01^2}\ \text{g}=0.014\ \text{g}$$

200 g 质量 m 的扩展不确定度 $U(m)=ku_c(m)=2\times0.014\ \text{g}=0.028\ \text{g}$ （$k=2$）

200 g 质量 m 的相对扩展不确定度 $U_r(m)=U(m)/m=0.028\ \text{g}/200\ \text{g}=1.4\times10^{-4}$ （$k=2$）

8　Excel 在不确定度评定中的应用

ISO/IEC 17025：2017《检测和校准实验室能力的通用要求》的实施，对校准和检测实验室在测量结果的不确定度评定方面提出了更高的要求。目前，有许多不确定度评定实例在一些杂志中发表，也有一些关于不确定度评定实例的专著出版，也就是说怎样去评定不确定度已基本不成问题，但是要给出每一个测量结果的不确定度，是很麻烦的一件事。因为在大多数情况下，当测量结果的大小发生变化时，其不确定度也发生变化。此时要做到给出每一个测量结果的不确定度，需要进行大量的计算，若还要计算有效自由度，其计算量可想而知。通过设计一个并不复杂的 Excel 电子表格来辅助计算，可使问题大大简化，甚至只要在设计好的 Excel 电子表格中输入测量结果，便可立刻得到测量结果的合成标准不确定度及其有效自由度和扩展不确定度。

本章主要介绍通过 Word 文档中的 Excel 计算不确定度时，如何将 Excel 电子表格插入 Word 文档，来实现对各不确定度分量的汇总；如何利用 Excel 电子表格来实现实验标准偏差的计算、测量结果的合成标准不确定度及其有效自由度和扩展不确定度的计算；如何利用设计好的 Excel 电子表格来实现对任意一个测量结果的扩展不确定度的计算。同时，本章也介绍一些处理技巧。当然也可以不利用 Word 文档，仅在一个 Excel工作簿中，设计出若干个满足需要的 Excel 电子表格。

8.1　Excel 在合并样本标准偏差计算中的应用

在 A 类评定中，我们若用贝塞尔公式来计算实验标准偏差，通常是使用计算器，此时最不愿发生的事就是将数据输错。若用 Excel 来完成实验标准偏差的计算，将非常方便，它可以直观地检查每个数据是否输错，如在某个单元格中将 0.015 5 输成 0.155 是很容易检查出来的，若是在计算器里将很难发现。特别是对于规范化的常规测量，例如：按计量检定规程或校准规范进行的检定或校准工作，某种产品中成分的抽样化验等，我们还需要求得一个合并样本标准偏差 s_p。合并样本标准偏差 s_p 并非来自一个被测量的实验结果，但 s_p 所给出的数据仍为这一条件下单次测量结果的标准偏差。s_p 是根据多个被测量在重复性条件或复现性条件下重复观测所得测量结果，按统计方法计算出的一次测量结果的分散性标准偏差。采用 s_p 的前提是：检测方法不变；整个测量过程处于正常情况，被测量值的大小变化对分散性不起主要作用，若作用明显，则应在不同的量值下获得对应的 s_p。由于 s_p 的自由度一般可以比较容易地达到 20 以上，我们认为是相当可靠的，一般把它保留下来作为一种技术档案而用于今后的相同条件下测量结果（往往只重复 2 次、3 次，甚至不重复）不确定度的评定。下面分两种情况介绍Excel在合并样本标准偏差计算中的应用。

8.1.1 通过重复性条件下的多次独立测量来获得合并样本标准偏差

在校准或检测中，要获得某量值下的实验标准偏差，可选择 m 个被测量，各进行 n 次独立观测，获得 m 组数据，通过这 m 组数据使用Excel电子表格来计算合并样本标准偏差 s_p。

Excel电子表格的插入和设计步骤如下：

(1) 在Word文档下插入一个Excel电子表格

将光标移到要插入的位置，执行“插入”菜单中的“对象”命令，在“新建 对象类型”选项中单击“Microsoft Excel 工作表”，然后单击“确定”按钮，一个Excel电子表格就被插入到了Word文档里，如图8-1所示。

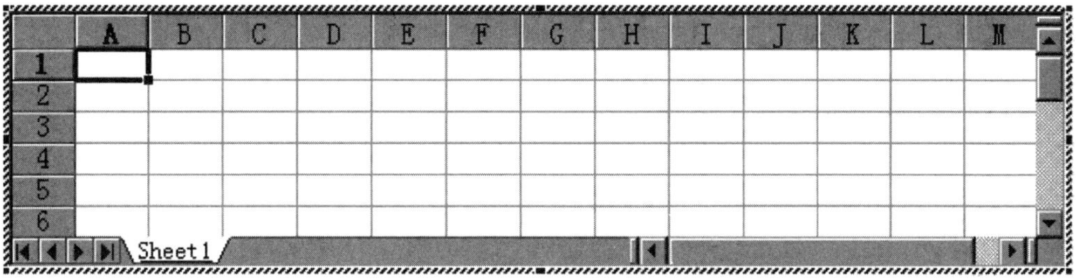

	A	B	C	D	E	F	G	H	I	J	K	L	M
1													
2													
3													
4													
5													
6													

Sheet1

图8-1 刚插入的电子表格

(2) Excel电子表格内数据的输入

首先选中整个工作表，对齐方式设置为居中。其次在B1～K1单元格中对应输入测量次数1～10，在L1单元格中输入实验标准偏差的符号 s_i，在A2～A5单元格中输入数据组数1～4，在B2～K5单元格区域中输入所测得的4组数据。其中，次数1～10和组数1～4，可用先输入1，最后用拖动填充的方法输入其他数。

(3) 实验标准偏差计算公式的输入

在L2单元格中输入计算第1组数据实验标准偏差的公式：单击L2单元格，输入“=STDEV (B2：K2)”，按回车键，从L2单元格拖动填充柄至L5，即可获得4组数据的实验标准偏差。

单击M2单元格，输入“=L2 * L2”或“=L2^2”，按回车键，从M2单元格拖动填充柄至M5，即可获得4个实验标准偏差的平方，为计算合并样本标准偏差做准备。

(4) 合并样本标准偏差计算公式的输入

合并样本标准偏差按 $s_p=\sqrt{\dfrac{1}{m}\sum\limits_{i=1}^{m}s_i^2}$ 计算，式中 m 为数据组数。在A6单元格中输入“s_p=”，设置为右对齐，在B6单元格中输入“=SQRT (SUM (M2：M5) /4)”，按回车键。

这样，一个计算实验标准偏差和合并样本标准偏差的Excel电子表格就基本设计好了，如图8-2所示。

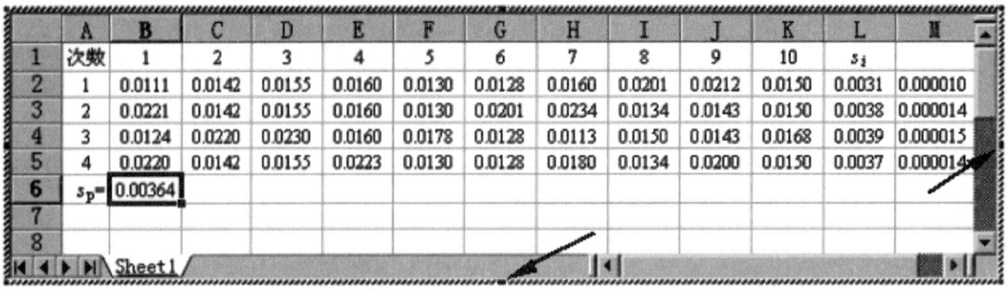

	A	B	C	D	E	F	G	H	I	J	K	L	M
1	次数	1	2	3	4	5	6	7	8	9	10	s_i	
2	1	0.0111	0.0142	0.0155	0.0160	0.0130	0.0128	0.0160	0.0201	0.0212	0.0150	0.0031	0.000010
3	2	0.0221	0.0142	0.0155	0.0160	0.0130	0.0201	0.0234	0.0134	0.0143	0.0150	0.0038	0.000014
4	3	0.0124	0.0220	0.0230	0.0160	0.0178	0.0128	0.0113	0.0150	0.0143	0.0168	0.0039	0.000015
5	4	0.0220	0.0142	0.0155	0.0223	0.0130	0.0128	0.0180	0.0134	0.0200	0.0150	0.0037	0.000014
6	s_p=	0.00364											
7													
8													

Sheet1

图 8-2　显示窗口调整前的电子表格

为了美观，需要加上边框和调整显示窗口。选中 A1～L6 单元格区域加上边框，调整显示窗口只显示 A1～L6 单元格区域，调整的方法是：将鼠标指向图 8-2 下边中间的控点（如尖头所指），当出现上下方向的尖头时，点击并按住鼠标，即可上下调整显示窗口，同样将鼠标指向图 8-2 右边中间的控点，当出现左右方向的尖头时，点击并按住鼠标，即可左右调整显示窗口。将窗口调整成如图 8-3 所示。

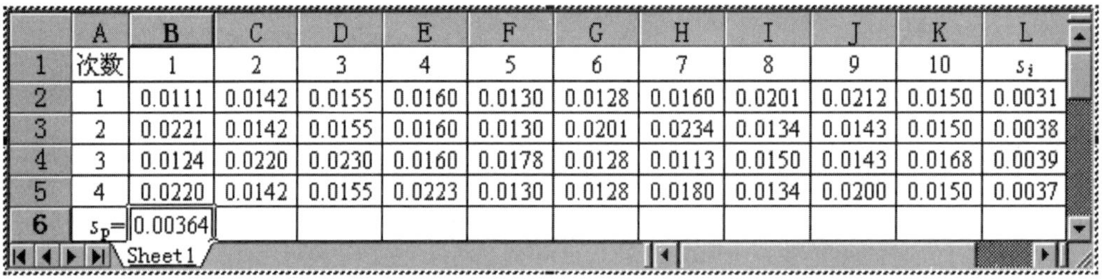

	A	B	C	D	E	F	G	H	I	J	K	L
1	次数	1	2	3	4	5	6	7	8	9	10	s_i
2	1	0.0111	0.0142	0.0155	0.0160	0.0130	0.0128	0.0160	0.0201	0.0212	0.0150	0.0031
3	2	0.0221	0.0142	0.0155	0.0160	0.0130	0.0201	0.0234	0.0134	0.0143	0.0150	0.0038
4	3	0.0124	0.0220	0.0230	0.0160	0.0178	0.0128	0.0113	0.0150	0.0143	0.0168	0.0039
5	4	0.0220	0.0142	0.0155	0.0223	0.0130	0.0128	0.0180	0.0134	0.0200	0.0150	0.0037
6	s_p=	0.00364										

Sheet1

图 8-3　显示窗口调整后的电子表格

将鼠标指向 Excel 电子表格以外的地方，点击鼠标即可退出 Excel，出现表 8-1 的形式。此时应注意识别表格，自左至右分别为第 A～L 列，自上至下分别为第 1～6 行。以后若再对该表格进行修改编辑，则双击表 8-1 即可。为了读者阅读的方便，在本书后文所有涉及的 Excel 电子表格均增加行标和列标，见表 8-2。

表 8-1　合并样本标准偏差计算电子表格

次数	1	2	3	4	5	6	7	8	9	10	s_i
1	0.0111	0.0142	0.0155	0.0160	0.0130	0.0128	0.0160	0.0201	0.0212	0.0150	0.0031
2	0.0221	0.0142	0.0155	0.0160	0.0130	0.0201	0.0234	0.0134	0.0143	0.0150	0.0038
3	0.0124	0.0220	0.0230	0.0160	0.0178	0.0128	0.0113	0.0150	0.0143	0.0168	0.0039
4	0.0220	0.0142	0.0155	0.0223	0.0130	0.0128	0.0180	0.0134	0.0200	0.0150	0.0037
s_p=	0.00364										

表 8-2 合并样本标准偏差计算电子表格（含行标和列标）

	A	B	C	B	E	C	G	H	I	J	K	L
1	次数	1	2	3	4	5	6	7	8	9	10	s_i
2	1	0.0111	0.0142	0.0155	0.0160	0.0130	0.0128	0.0160	0.0201	0.0212	0.0150	0.0031
3	2	0.0221	0.0142	0.0155	0.0160	0.0130	0.0201	0.0234	0.0134	0.0143	0.0150	0.0038
4	3	0.0124	0.0220	0.0230	0.0160	0.0178	0.0128	0.0113	0.0150	0.0143	0.0168	0.0039
5	4	0.0220	0.0142	0.0155	0.0223	0.0130	0.0128	0.0180	0.0134	0.0200	0.0150	0.0037
6	$s_p=$	0.00364										

有了表 8-2，我们就可以在此基础上，通过插入列或删除列的办法，设计出重复测量次数大于 10 或小于 10 的 Excel 电子表格；通过插入行或删除行的办法，设计出测量组数大于 4 或小于 4 的 Excel 电子表格。也就是说，利用表 8-2 可方便快捷地得到重复测量次数为 n，数据组数为 m 的 Excel 电子表格，来完成实验标准偏差及合并样本标准偏差的计算。这样得出的 s_p 的自由度 $\nu=m(n-1)$。

8.1.2 根据以前的测量记录来获得合并样本标准偏差

某些测量按规定一般应进行 2 次、4 次甚至 6 次观测，并用其算术平均值作为测量结果。如果对 m 个被测量进行了这种规范化的测量，则可以通过这 m 个记录中的若干个来获得合并样本标准偏差 s_p。

①若是进行 4 次或 6 次观测，可先按贝塞尔公式计算这 4 次或 6 次观测值的标准偏差 s_i，然后按 $s_p=\sqrt{\frac{1}{m}\sum_{i=1}^{m}s_i^2}$ 计算合并样本标准偏差，式中 m 为选取记录的个数。例如，某精密压力表按计量检定规程的规定应进行 4 次观测，今欲获得 10MPa 的合并样本标准偏差，可选取 10 份测量记录，设计为表 8-3 的电子表格，其中在 B6 单元格中输入计算第1组数据实验标准偏差的公式“=STDEV（B2：B5)”，从 B6 单元格拖动填充柄至 K6，即可获得 10 组数据的实验标准偏差。在 B7 单元格中输入“=B6^2”，从 B7 单元格拖动填充柄至 K7，即可获得 10 个实验标准偏差的平方，在 B8 单元格中输入“=SQRT（SUM（B7：K7）/10)”即可获得合并样本标准偏差 s_p。

这样得出的 s_p 的自由度 $\nu=m(n-1)=10\times(4-1)=30$。

②若是进行 2 次观测，可以通过被测量的两次测量结果之差 Δ 来求单次测量结果分散性标准偏差。例如：n 个被测量，每个均测了 2 次，得到 n 个差值 Δ_i，按贝塞尔公式计算差值 Δ_i 的标准偏差 $s(\Delta_i)$ 为

$$s(\Delta_i)=\sqrt{\frac{1}{n-1}\sum_{i=1}^{n}(\Delta_i-\overline{\Delta})^2}$$

式中，$\overline{\Delta}$ 为 n 个差值的算术平均值。由于单次测量结果的标准偏差 $s(x_i)$ 与 $s(\Delta_i)$ 之间的关系为

$$s(\Delta_i)=\sqrt{2}\,s(x_i)$$

表 8-3　4 次观测时的合并样本标准偏差计算电子表格

单位：MPa

	A	B	C	D	E	F	G	H	I	J	K
1	i	1	2	3	4	5	6	7	8	9	10
2	x_{i1}	10.025	10.030	10.030	10.040	10.015	10.010	10.025	10.040	10.025	10.010
3	x_{i2}	10.020	10.035	10.020	10.035	10.020	10.020	10.020	10.035	10.020	10.020
4	x_{i3}	10.010	10.030	10.030	10.035	10.010	10.025	10.030	10.030	10.025	10.015
5	x_{i4}	10.020	10.025	10.035	10.030	10.020	10.020	10.035	10.035	10.035	10.020
6	s_i	0.0063	0.0041	0.0063	0.0041	0.0048	0.0063	0.0065	0.0041	0.0063	0.0048
7	s_i^2	4.0E-05	1.7E-05	4.0E-05	1.7E-05	2.3E-05	4.0E-05	4.2E-05	1.7E-05	4.0E-05	2.3E-05
8	$s_p=$	0.0054									

因此，用这一方法得出的 $s(\Delta_i)$ 还要除以$\sqrt{2}$才是 $s(x_i)$，即单次测量结果 x_i的合并样本标准偏差 s_p。$s(\Delta_i)$ 的自由度就是 s_p的自由度，$\nu=n-1$。采用这种方法时，应有较多的被测量，以使其自由度足够大，一般被测量应有 20 个以上。

例如，某精密压力表按计量检定规程的规定应进行 2 次观测，今欲获得 10 MPa 的合并样本标准偏差，可选取 20 份测量记录，设计为表 8－4 的电子表格，其中在 D2 单元格中输入计算第 1 个差值 Δ 的公式“＝B2－C2”，从 D2 单元格拖动填充柄至 D21，即可获得 20 个差值 Δ。在 B22 单元格中输入“＝STDEV（D2：D21）/SQRT（2）”，即可获得合并样本标准偏差 s_p。

这样得出的 s_p的自由度 $\nu=n-1=20-1=19$。

表 8－4　2 次观测时的合并样本标准偏差计算电子表格　　单位：MPa

	A	B	C	D
1	i	x_{i1}	x_{i2}	Δ_i
2	1	10.025	10.020	0.005
3	2	10.030	10.035	−0.005
4	3	10.010	10.020	−0.010
5	4	10.040	10.035	0.005
6	5	10.015	10.020	−0.005
7	6	10.010	10.020	−0.010
8	7	10.010	10.020	−0.010
9	8	10.040	10.035	0.005
10	9	10.015	10.020	−0.005
11	10	10.010	10.020	−0.010
12	11	10.025	10.020	0.005
13	12	10.030	10.035	−0.005
14	13	10.010	10.020	−0.010
15	14	10.040	10.035	0.005
16	15	10.015	10.020	−0.005
17	16	10.010	10.020	−0.010
18	17	10.010	10.020	−0.010
19	18	10.040	10.035	0.005
20	19	10.015	10.020	−0.005
21	20	10.010	10.020	−0.010
22	$s_p=$	0.0045		

8.2 应用 Excel 计算合成标准不确定度及其有效自由度的原理

中国标准出版社在 2020 年出版的《实用测量不确定度评定（第 6 版）》等关于不确定度评定的专著，以及在技术杂志中发表的不确定度评定实例，都给出了不确定度评定的完整步骤，给出了如何根据输入量的各标准不确定度分量及其自由度计算输入量的标准不确定度及其自由度，再根据灵敏系数计算输出量的合成标准不确定度及其自由度，同时给出了不确定度评定一览表，整个评定过程层次分明，一目了然。但是，如果测量结果的不确定度随测量结果的不同而变化时，若还按上述评定过程计算合成标准不确定度及其自由度，其计算量是相当大的。

本节将介绍当各输入量互不相关时，根据输入量的各标准不确定度分量及其自由度和灵敏系数直接计算输出量的合成标准不确定度及其自由度的原理，以及采用数值计算法计算输出不确定度分量的原理和方法。该方法省去了对输入量的标准不确定度及其自由度的计算，利用 Excel 的计算功能来完成从 B 类评定的分散区间的半宽 a（注：本书中的 a，可理解为采用 $p=100\%$ 对应分散区间的半宽，来源于证书的扩展不确定度 U，以及来源于数字仪器分辨力或数据修约间隔的一半等）和 A 类评定的结果，直接到合成标准不确定度及其自由度的计算。

8.2.1 利用 Excel 简化计算合成标准不确定度及其有效自由度的公式

（1）合成标准不确定度及其有效自由度简化计算一般公式的推导

假设被测量有 3 个输入量 X_1，X_2，X_3，测量模型为

$$Y=f(X_1,X_2,X_3)$$

输入量 X_1 的标准不确定度为 u_1，由 2 个标准不确定度分量 u_{11} 和 u_{12} 合成得到；输入量 X_2 的标准不确定度为 u_2，也由 2 个标准不确定度分量 u_{21} 和 u_{22} 合成得到；输入量 X_3 的标准不确定度为 u_3，由 3 个标准不确定度分量 u_{31}、u_{32} 和 u_{33} 合成得到；输入量 X_1，X_2，X_3 的灵敏系数分别为 $c_1=\partial f/\partial x_1$，$c_2=\partial f/\partial x_2$，$c_3=\partial f/\partial x_3$，其各不确定度分量及有效自由度见表 8－5。

按照《实用测量不确定度评定（第 6 版）》中介绍的方法要获得合成标准不确定度 u_c 和有效自由度 ν_{eff}，应先按式（8－1）～式（8－6）计算 u_1、u_2、u_3、ν_1、ν_2、ν_3。

$$u_1=\sqrt{u_{11}^2+u_{12}^2} \tag{8-1}$$

$$\nu_1=\frac{u_1^4}{\dfrac{u_{11}^4}{\nu_{11}}+\dfrac{u_{12}^4}{\nu_{12}}} \tag{8-2}$$

$$u_2=\sqrt{u_{21}^2+u_{22}^2} \tag{8-3}$$

表 8-5 各不确定度分量及自由度列表

<table>
<tr><th>输入量</th><th>输入量的标准不确定度分量</th><th>输入量的标准不确定度分量的自由度</th><th>输入量的标准不确定度</th><th>输入量的标准不确定度的自由度</th><th>灵敏系数</th><th>输出量的合成标准不确定度</th><th>输出量合成标准不确定度的有效自由度</th></tr>
<tr><td rowspan="2">X_1</td><td>u_{11}</td><td>ν_{11}</td><td rowspan="2">u_1</td><td rowspan="2">ν_1</td><td rowspan="2">c_1</td><td rowspan="7">u_c</td><td rowspan="7">ν_{eff}</td></tr>
<tr><td>u_{12}</td><td>ν_{12}</td></tr>
<tr><td rowspan="2">X_2</td><td>u_{21}</td><td>ν_{21}</td><td rowspan="2">u_2</td><td rowspan="2">ν_2</td><td rowspan="2">c_2</td></tr>
<tr><td>u_{22}</td><td>ν_{22}</td></tr>
<tr><td rowspan="3">X_3</td><td>u_{31}</td><td>ν_{31}</td><td rowspan="3">u_3</td><td rowspan="3">ν_3</td><td rowspan="3">c_3</td></tr>
<tr><td>u_{32}</td><td>ν_{32}</td></tr>
<tr><td>u_{33}</td><td>ν_{33}</td></tr>
</table>

$$\nu_2=\frac{u_2^4}{\dfrac{u_{21}^4}{\nu_{21}}+\dfrac{u_{22}^4}{\nu_{22}}} \tag{8-4}$$

$$u_3=\sqrt{u_{31}^2+u_{32}^2+u_{33}^2} \tag{8-5}$$

$$\nu_3=\frac{u_3^4}{\dfrac{u_{31}^4}{\nu_{31}}+\dfrac{u_{32}^4}{\nu_{32}}+\dfrac{u_{33}^4}{\nu_{33}}} \tag{8-6}$$

再按式（8-7）和式（8-8）分别计算 u_c和 ν_{eff}。

$$u_c=\sqrt{c_1^2u_1^2+c_2^2u_2^2+c_3^2u_3^2} \tag{8-7}$$

$$\nu_{eff}=\frac{u_c^4}{\dfrac{(c_1u_1)^4}{\nu_1}+\dfrac{(c_2u_2)^4}{\nu_2}+\dfrac{(c_3u_3)^4}{\nu_3}} \tag{8-8}$$

现在将式（8-1）、式（8-3）、式（8-5）代入式（8-7），将式（8-2）、式（8-4）、式（8-6）代入式（8-8），即可得到根据输入量的各标准不确定度分量及其自由度和灵敏系数直接计算输出量的合成标准不确定度［见式（8-9）］及其有效自由度［见式（8-10）］的公式。

$$u_c=\sqrt{c_1^2u_{11}^2+c_1^2u_{12}^2+c_2^2u_{21}^2+c_2^2u_{22}^2+c_3^2u_{31}^2+c_3^2u_{32}^2+c_3^2u_{33}^2} \tag{8-9}$$

$$\nu_{eff}=\frac{u_c^4}{\dfrac{(c_1u_{11})^4}{\nu_{11}}+\dfrac{(c_1u_{12})^4}{\nu_{12}}+\dfrac{(c_2u_{21})^4}{\nu_{21}}+\dfrac{(c_2u_{22})^4}{\nu_{22}}+\dfrac{(c_3u_{31})^4}{\nu_{31}}+\dfrac{(c_3u_{32})^4}{\nu_{32}}+\dfrac{(c_3u_{33})^4}{\nu_{33}}} \tag{8-10}$$

式（8-9）、式（8-10）两个公式包括了中间计算过程，看似复杂了，但它们为后面利用 Excel 的计算功能来完成合成标准不确定度及其有效自由度的计算提供了依据。

（2）函数形式为线性函数时合成标准不确定度及其有效自由度简化计算公式

当被测量 Y 为相互独立的输入量 X_i的线性函数时，且灵敏系数 c_i为+1或-1，则式（8-9）和式（8-10）可简化为式（8-11）和式（8-12）。

$$u_c=\sqrt{u_{11}^2+u_{12}^2+u_{21}^2+u_{22}^2+u_{31}^2+u_{32}^2+u_{33}^2} \tag{8-11}$$

$$\nu_{\mathrm{eff}}=\frac{u_{\mathrm{c}}^{4}}{\frac{u_{11}^{4}}{\nu_{11}}+\frac{u_{12}^{4}}{\nu_{12}}+\frac{u_{21}^{4}}{\nu_{21}}+\frac{u_{22}^{4}}{\nu_{22}}+\frac{u_{31}^{4}}{\nu_{31}}+\frac{u_{32}^{4}}{\nu_{32}}+\frac{u_{33}^{4}}{\nu_{33}}} \tag{8-12}$$

（3）函数形式为幂指数乘积时合成标准不确定度及其有效自由度简化计算公式

在 X_i 彼此独立的条件下，如果函数 f 的形式表现为

$$Y=cX_1^{p_1}X_2^{p_2}X_3^{p_3}$$

式中，系数 c 并非灵敏系数，指数 p_i 可以是正数、负数或分数，式（8－9）和式（8－10）可用相对标准不确定度计算（要求 $y\neq0$ 和 $x\neq0$），见式（8－13）和（8－14）。

$$u_{\mathrm{cr}}=\sqrt{\left(\frac{p_1u_{11}}{x_1}\right)^2+\left(\frac{p_1u_{12}}{x_1}\right)^2+\left(\frac{p_2u_{21}}{x_2}\right)^2+\left(\frac{p_2u_{22}}{x_2}\right)^2+\left(\frac{p_3u_{31}}{x_3}\right)^2+\left(\frac{p_3u_{32}}{x_3}\right)^2+\left(\frac{p_3u_{33}}{x_3}\right)^2} \tag{8-13}$$

$$\nu_{\mathrm{eff}}=\frac{u_{\mathrm{cr}}^{4}}{\frac{p_1^4u_{11}^4}{x_1^4\nu_{11}}+\frac{p_1^4u_{12}^4}{x_1^4\nu_{12}}+\frac{p_2^4u_{21}^4}{x_2^4\nu_{21}}+\frac{p_2^4u_{22}^4}{x_2^4\nu_{22}}+\frac{p_3^4u_{31}^4}{x_3^4\nu_{31}}+\frac{p_3^4u_{32}^4}{x_3^4\nu_{32}}+\frac{p_3^4u_{33}^4}{x_3^4\nu_{33}}} \tag{8-14}$$

如果指数 p_i 只是＋1 或－1，式（8－13）和式（8－14）还可进一步简化，这里不再列出。

（4）合成标准不确定度及其有效自由度简化计算的通用公式

总结式（8－9）、式（8－10）、式（8－11）、式（8－12）、式（8－13）和式（8－14），可以得到合成标准不确定度及其有效自由度计算的通用公式。设测量模型为

$$Y=f(X_1,X_2,\cdots,X_N)$$

则合成标准不确定度及其有效自由度的一般计算式可按式（8－15）和式（8－16）计算。

$$u_{\mathrm{c}}=\sqrt{\sum c_i^2u_{ij}^2} \tag{8-15}$$

$$\nu_{\mathrm{eff}}=\frac{u_{\mathrm{c}}^4}{\sum\frac{(c_iu_{ij})^4}{\nu_{ij}}} \tag{8-16}$$

当被测量 Y 为相互独立的输入量 X_i 的线性函数时，且灵敏系数 c_i 为＋1 或－1，则合成标准不确定度及其有效自由度可按式（8－17）和式（8－18）计算。

$$u_{\mathrm{c}}=\sqrt{\sum u_{ij}^2} \tag{8-17}$$

$$\nu_{\mathrm{eff}}=\frac{u_{\mathrm{c}}^4}{\sum\frac{u_{ij}^4}{\nu_{ij}}} \tag{8-18}$$

如果函数 f 的形式表现为幂指数乘积的形式，则合成标准不确定度及其有效自由度可按式（8－19）和式（8－20）计算。

$$u_{\mathrm{cr}}=\sqrt{\sum\left(\frac{p_iu_{ij}}{x_i}\right)^2} \tag{8-19}$$

$$\nu_{\mathrm{eff}}=\frac{u_{\mathrm{cr}}^4}{\sum\frac{p_i^4u_{ij}^4}{x_i^4\nu_{ij}}} \tag{8-20}$$

式（8－19）和式（8－20）中的 $\frac{u_{ij}}{x_i}$ 为相对标准不确定度分量，可用 $u_{\mathrm{r}ij}$ 表示。

8.2.2 不确定度评定的Excel电子表格设计

下面以测量模型 $Y=f(X_1, X_2, X_3)$ 为例，X_i 的不确定度、Y 的不确定度分量及自由度见表（8－5），根据测量模型的几种形式，介绍用设计Excel电子表格的方法进行各不确定度分量汇总和计算。

（1）函数 f 的表现形式为输入量 X_i 的线性函数时的电子表格设计

当被测量 Y 为相互独立的输入量 X_i 的线性函数时，此时灵敏系数 c_i 为＋1、－1或其他常数，则合成标准不确定度及其有效自由度可按式（8－9）、式（8－10）或式（8－11）、式（8－12）计算，假设各不确定度来源分别用A、B、C、D、E、F和G表示，则各分散区间的半宽 a_{ij} 及其分布对应的包含因子 k_{ij} 和自由度 ν_{ij}，以及各输入量的灵敏系数 c_i 见表8－6。

表8－6 测量模型为线性函数时的各参数示例表

序号	不确定度来源	a_{ij}	k_{ij}	u_{ij}	ν_{ij}	输入量 X_i	c_i
1	A	0.20	3	0.067	50	X_1	1
2	B	0.10	$\sqrt{3}$	0.058	12		
3	C	0.10	$\sqrt{3}$	0.058	12	X_2	2
4	D	0.10	$\sqrt{2}$	0.071	12		
5	E	0.20	3	0.067	8	X_3	0.5
6	F	0.30	$\sqrt{3}$	0.173	8		
7	G			0.100	9		

表8－6中序号1～6采用B类评定，序号7采用A类评定。此时进行不确定度分量汇总和计算的Excel电子表格可设计为表8－7的形式。我们用表8－7所示的Excel电子表格作为各标准不确定度汇总表，同时完成合成标准不确定度及其有效自由度和扩展不确定度的计算。

表8－7 测量模型为线性函数时的各不确定度分量汇总及计算电子表格

	A	B	C	D	E	F	G	H	I	J
1	序号	不确定度来源	a_{ij}	k_{ij}	u_{ij}	c_i	$c_i u_{ij}$	ν_{ij}	$c_i^2 u_{ij}^2$	$c_i^4 u_{ij}^4/\nu_{ij}$
2	1	A	0.20	3	0.067	1	0.067	50	0.0044	3.95E－07
3	2	B	0.10	1.732	0.058	1	0.058	12	0.0033	9.26E－07
4	3	C	0.10	1.732	0.058	2	0.115	12	0.0133	1.48E－05
5	4	D	0.10	1.414	0.071	2	0.141	12	0.0200	3.34E－05
6	5	E	0.20	3	0.067	0.5	0.033	8	0.0011	1.54E－07
7	6	F	0.30	1.732	0.173	0.5	0.087	8	0.0075	7.03E－06
8	7	G			0.100	0.5	0.050	9	0.0025	6.94E－07
9	$u_c=$	0.23	$\nu_{eff}=$	47.5						
10	$U_{95}=$	0.46	$k_{95}=$	2.01	$\nu_{eff}=$	45				

表 8-7 所示的 Excel 电子表格设计步骤如下：

①先选中整个工作表，设置为居中。

②在 A1～J1 单元格中分别输入各列的名称或符号。

③在 B2～B8 单元格中分别输入各不确定度来源（假设用 A～G 表示）。

④在 C2～C7 和 D2～D7 单元格中分别输入各分散区间的半宽及其包含因子，$k=\sqrt{3}$的输入 1.732，$k=\sqrt{2}$的输入 1.414 等。

⑤在 E2 单元格中输入“=C2/D2”，从 E2 单元格拖动填充柄至 E7，即可获得各分散区间的半宽导致的标准不确定度，在 E8 单元格中输入“0.10”（A 类评定结果），选中 E2～E8 单元格调整小数位数为 3 位（根据具体情况设定，下同）。

⑥在 F2～F8 单元格中分别输入各分量的灵敏系数（这里是假设的）。

⑦在 G2 单元格中输入“=E2 * F2”，从 G2 单元格拖动填充柄至 G8，即可获得输入量 X_i各标准不确定度与灵敏系数的乘积（以下称为输出量不确定度分量），选中 G2～G8 单元格调整小数位数为 3 位。

⑧在 H2～H8 单元格中分别输入各分量的自由度。

⑨在 I2 单元格中输入“=G2 * G2”或“=G2^2”，从 I2 单元格拖动填充柄至 I8，即可获得输出量不确定度分量的平方。为计算合成标准不确定度 u_c做准备。

⑩在 J2 单元格中输入“=G2^4/H2”，从 J2 单元格拖动填充柄至 J8，即可获得输出量不确定度分量的 4 次方与自由度的商。为计算有效自由度 ν_{eff}做准备。

⑪在 A9 单元格中输入“u_c=”，设置为右对齐，按本节给出的合成标准不确定度的计算公式（8-9）在 B9 单元格中输入“=SQRT（SUM（I2：I8））”，设置为左对齐和 2 位小数，即可获得合成标准不确定度。

⑫在 C9 单元格中输入“ν_{eff}=”，设置为右对齐，按有效自由度的计算公式（8-10）在 D9 单元格中输入“=B9^4/（SUM（J2：J8））”，设置为 1 位小数，即可获得合成标准不确定度的有效自由度。

⑬在 E10 单元格中输入“ν_{eff}=”，设置为右对齐，根据 $\nu_{eff}=47.5$，查 t 分布表应将有效自由度值近似取整为 45，在 F10 单元格中输入自由度“45”，设置为左对齐。

⑭在 C10 单元格中输入“k_{95}=”，设置为右对齐，取包含概率 $p=95\%$，根据合成标准不确定度的有效自由度 $\nu_{eff}=45$ 查表得到：$k_{95}=t_{95}(\nu_{eff})=t_{95}(45)=2.01$，将此值输入 D10 单元格。

⑮在 A10 单元格中输入“U_{95}=”，设置为右对齐，在 B10 单元格中输入“B9 * D10”，设置为左对齐和 2 位小数，即可获得扩展不确定度 $U_{95}=k_{95}u_c$。

⑯选中 A1～J10 单元格区域加上边框，调整显示窗口只显示 A1～J10 单元格区域，则设计为表 8-7。

也可采用本章 8.1.1 节所介绍的方法调整显示窗口，将第 I 和 J 列隐藏起来，退出 Excel 状态，见表 8-8。

表 8-8　测量模型为线性函数时的各不确定度分量汇总及计算电子表格（隐藏了 I、J 列）

	A	B	C	D	E	F	G	H
1	序号	不确定度来源	a_{ij}	k_{ij}	u_{ij}	c_i	c_iu_{ij}	ν_{ij}
2	1	A	0.20	3	0.067	1	0.067	50
3	2	B	0.10	1.732	0.058	1	0.058	12
4	3	C	0.10	1.732	0.058	2	0.115	12
5	4	D	0.10	1.414	0.071	2	0.141	12
6	5	E	0.20	3	0.067	0.5	0.033	8
7	6	F	0.30	1.732	0.173	0.5	0.087	8
8	7	G			0.100	0.5	0.050	9
9	$u_c=$	0.23	$\nu_{eff}=$	47.5				
10	$U_{95}=$	0.46	$k_{95}=$	2.01	$\nu_{eff}=$	45		

这样一个能够计算合成标准不确定度及其有效自由度和扩展不确定度的 Excel 电子表格就设计完成了。在实际的不确定度评定中，如果各不确定度分量随着测量结果的不同是变化的，则只需在 C2～C7 单元格中分别输入各分散区间的半宽，在 E8 单元格中输入 A 类评定结果（可用 8.1 节的方法求得），便能立即得到所求的输出量的合成标准不确定度及其有效自由度，再根据给定的包含概率 $p=95$，查表得到 $k_{95}=t_{95}(\nu_{eff})$ 并输入到 D10 单元格，即可得到扩展不确定度 U_{95}。

如果扩展不确定度不需用 U_p 表示，而是用 $k=2$ 的扩展不确定度 U 表示，则评定过程可省去对各不确定度分量自由度的估计，此时进行不确定度分量汇总和计算的 Excel 电子表格可省去表 8-7 中的 H 和 J 列，简化为表 8-9 的形式。

表 8-9　简化后的各不确定度分量汇总及计算电子表格

	A	B	C	D	E	F	G	H
1	序号	不确定度来源	a_{ij}	k_{ij}	u_{ij}	c_i	c_iu_{ij}	$c_i^2u_{ij}^2$
2	1	A	0.20	3	0.067	1	0.067	0.0044
3	2	B	0.10	1.732	0.058	1	0.058	0.0033
4	3	C	0.10	1.732	0.058	2	0.115	0.0133
5	4	D	0.10	1.414	0.071	2	0.141	0.0200
6	5	E	0.20	3	0.067	0.5	0.033	0.0011
7	6	F	0.30	1.732	0.173	0.5	0.087	0.0075
8	7	G			0.100	0.5	0.050	0.0025
9	$u_c=$	0.23	$U=$	0.46	$k=$	2		

（2）函数 f 的形式表现为输入量 X_i 的幂指数乘积时的电子表格设计

当被测量 Y 为相互独立的输入量 X_i 的幂指数乘积时，可用相对标准不确定度计算（要求 $y\neq0$ 和 $x\neq0$），则相对合成标准不确定度及其有效自由度可按式（8-13）和式（8-14）计算，此时用以进行不确定度分量汇总和计算的 Excel 电子表格可设计为表 8-10的形式。设计过程与表 8-7 类似，此处不再详述。

表 8-10　测量模型为幂指数乘积时的各不确定度分量汇总及计算电子表格

	A	B	C	D	E	F	G	H	I	J
1	序号	不确定度来源	a_{ij}	k_{ij}	u_{rij}	p_i	p_iu_{rij}	ν_{ij}	$p_i^2u_{rij}^2$	$p_i^4u_{rij}^4/\nu_{ij}$
2	1	A	0.20	3	0.067	1	0.067	50	0.0044	3.95E-07
3	2	B	0.10	1.732	0.058	1	0.058	12	0.0033	9.26E-07
4	3	C	0.10	1.732	0.058	2	0.115	12	0.0133	1.48E-05
5	4	D	0.10	1.414	0.071	2	0.141	12	0.0200	3.34E-05
6	5	E	0.20	3	0.067	1	0.067	8	0.0044	2.47E-06
7	6	F	0.30	1.732	0.173	1	0.173	8	0.0300	1.13E-04
8	7	G			0.100	1	0.100	9	0.0100	1.11E-05
9	$u_{cr}=$	0.293	$\nu_{eff}=$	41.7						
10	$U_{95r}=$	0.59	$k_{95}=$	2.02	$\nu_{eff}=$	40				

在大多数的检测和校准工作中，测量模型的函数形式表现为输入量 X_i 的线性函数或幂指数乘积的形式，这两种函数形式的特点是灵敏系数 c_i 和幂指数 p_i 为常数，如果测量结果的不确定度随测量结果大小发生变化时，则只需在各不确定度分量汇总及计算电子表格的 C 列（即分散区间的半宽一列）将变化了的分散区间的半宽输入相应的位置，可即时得到合成标准不确定度以至扩展不确定度。

更有甚者，如果某个分散区间的半宽与输入量存在确定的函数关系，则可在电子表格中增加一行输入量和输出量的数据，利用相对引用或绝对引用将该数据与分散区间的半宽建立关系，同时根据测量模型计算出输出量（最终测量结果）。此时只要输入不同的输入量数据，就即刻得到最终测量结果及其合成标准不确定度以至扩展不确定度。以表 8-7 为基础，假设序号 1、3 和 5 的分散区间的半宽与输入量存在确定的函数关系，则可将电子表格设计为表 8-11 的形式。其中在 F11、H11 和 J11 单元格中输入 3 个输入量的最佳估计值，D11 单元格中根据测量模型输入引用 F11、H11 和 J11 单元格的计算公式，在 C2、C4 和 C6 单元格中根据分散区间的半宽与输入量之间的函数关系，分别输入引用 F11、H11 和 J11 单元格的计算公式，在 B11 单元格中输入“B10/D11”可得到相对扩展不确定度 U_{95r}。

表 8-11 与测量结果相联系的各不确定度分量汇总及计算电子表格

	A	B	C	D	E	F	G	H	I	J
1	序号	不确定度来源	a_{ij}	k_{ij}	u_{ij}	c_i	$c_i u_{ij}$	ν_{ij}	$c_i^2 u_{ij}^2$	$c_i^4 u_{ij}^4/\nu_{ij}$
2	1	A	0.20	3	0.067	1	0.067	50	0.0044	3.95E-07
3	2	B	0.10	1.732	0.058	1	0.058	12	0.0033	9.26E-07
4	3	C	0.10	1.732	0.058	2	0.115	12	0.0133	1.48E-05
5	4	D	0.10	1.414	0.071	2	0.141	12	0.0200	3.34E-05
6	5	E	0.20	3	0.067	0.5	0.033	8	0.0011	1.54E-07
7	6	F	0.30	1.732	0.173	0.5	0.087	8	0.0075	7.03E-06
8	7	G			0.100	0.5	0.050	9	0.0025	6.94E-07
9	$u_c=$	0.23	$\nu_{eff}=$	47.5						
10	$U_{95}=$	0.46	$k_{95}=$	2.01	$\nu_{eff}=$	45				
11	$U_{95r}=$		$y=$		$x_1=$		$x_2=$		$x_3=$	

表8-11形式的其他部分的设计与表8-7相同。有了该电子表格，只要在F11、H11和J11单元格中输入3个输入量的最佳估计值，就即刻得到最终测量结果 y 及其合成标准不确定度 u_c，以及扩展不确定度 U_{95} 和相对扩展不确定度 U_{95r}。

至此，我们可以感受到使用Excel电子表格的好处，只要掌握部分简单的Excel知识就可方便快捷地实现对任意一个测量结果的不确定度评定。

(3) 函数 f 的形式表现为输入量 X_i 的其他复杂形式时的电子表格设计

当被测量 Y 为相互独立的输入量 X_i 的其他复杂形式时，此时灵敏系数 $c_i=\partial f/\partial x_i$ 可能不为常数，而是某几个输入量最佳估计值的函数，因此灵敏系数的处理变的非常复杂，这是进行不确定度评定最难解决的问题，此时的合成标准不确定度及其有效自由度只能按式（8-9）和式（8-10）计算。在这里如果 $u(x_i)$ 与 x_i 相比相对较小，各不确定度分量大小与对应各输入量存在确定的函数关系，则我们同样可以用Excel电子表格来处理，并能做到只要输入各输入量的最佳估计值，就即刻得到输出量的最佳估计值及其合成标准不确定度，以及扩展不确定度。

假设测量模型为

$$Y=f(X_1,X_2,\cdots,X_N)$$

灵敏系数的获得方法有3种：偏导数法、数值计算法和实验方法。简述如下：

(1) 偏导数法

偏导数应是在 X_i 的期望值下评定，灵敏系数按式（8-21）计算。

$$c_i=\frac{\partial f}{\partial x_i}=\frac{\partial f}{\partial X_i}\bigg|_{x_1,x_2,\cdots,x_N} \tag{8-21}$$

可以用“指数乘系数、指数减1”的办法来求某些函数形式输入量的偏导。

对线性函数式，输入量的偏导数就是其系数，如

$$y=ax_1+bx_2+\cdots+hx_n$$

x_1 的偏导数就是 a，x_2 的偏导数就是 b。

对于非线性关系式，如

$$P=U^2/R=U^2R^{-1}$$

对 U 的偏导为 $\partial f/\partial U=2\times R^{-1}\times U^{2-1}=2U\cdot R^{-1}$

对 R 的偏导为 $\partial f/\partial R=-1\times U^2\times R^{-1-1}=-U^2R^{-2}$

（2）数值计算法

灵敏系数按式（8－22）计算。

$$c_i=\frac{f\ (x_1,\ \cdots,\ x_i+\mathrm{d}x_i,\ \cdots,\ x_N)\ -f\ (x_1,\ \cdots,\ x_i-\mathrm{d}x_i,\ \cdots,\ x_N)}{2\mathrm{d}x_i} \quad (8-22)$$

（3）实验方法

灵敏系数按式（8－23）计算。

$$c_i=\frac{\Delta y_i}{\Delta x_i} \quad (8-23)$$

保持其他量不变，x_i变化 Δx_i，引起 y 变化 Δy_i。

这里我们采用数值计算法获得灵敏系数，见式（8－24）。

$$c_i=\frac{\partial f}{\partial x_i}=\frac{f(x_1,\cdots,x_i+\mathrm{d}x_i,\cdots,x_N)-f(x_1,\cdots,x_i-\mathrm{d}x_i,\cdots,x_N)}{2\mathrm{d}x_i} \quad (8-24)$$

式中，x_1，…，x_i，…x_N分别为输入量 X_1，…，X_i，…X_N的最佳估计值，$\mathrm{d}x_i$是相对于 x_i为很小的数值。

假如 $u(x_i)$ 与 x_i相比相对较小，则偏导数 $\partial f/\partial x_i$ 也可近似为式（8－25）。

$$\frac{\partial f}{\partial x_i}\approx\frac{f(x_1,\cdots,x_i+u(x_i),\cdots,x_N)-f(x_1,\cdots,x_i,\cdots,x_N)}{u(x_i)} \quad (8-25)$$

将式（8—25）两边同时乘以 $u(x_i)$，可获得因 x_i的不确定度引起的 y 的不确定度 $u_i(y)$。为便于理解，参照中国计量出版社 2002 年出版的《化学分析中不确定度的评估指南》，用符号 $u(y,\ x_i)$ 表示不确定度［见式（8－26）］，当输入量有几个不确定度来源时，用 $u_j(y,\ x_i)$ 表示不确定度。

$$u(y,x_i)\approx f[x_1,x_2,\cdots,x_i+u(x_i),\cdots,x_N] \\ -f(x_1,x_2,\cdots,x_i,\cdots,x_N) \quad (8-26)$$

因此，$u(y,\ x_i)$ 只是分别用［$x_i+u\ (x_i)$］和 x_i计算出来的 y 之差。这样我们就可以避免了求偏导，并为使用 Excel 电子表格来处理输出量的最佳估计值的扩展不确定度提供了依据。

下面以聚氯乙烯树脂溶液黏数测量结果的不确定度评定为例，介绍进行不确定度分量汇总和计算的 Excel 电子表格的设计。

测量模型为式（8－27）。

$$\mathrm{VN}=\frac{t_s-t_0}{t_0\rho}=\left(\frac{t_s}{t_0}-1\right)\times\frac{V}{m} \quad (8-27)$$

式中，VN 为黏数，mL/g；t_s为溶液 3 次流经时间的算术平均值，s；t_0为溶剂 3 次流经时间的算术平均值，s；ρ 为溶液的质量浓度，g/mL；V 为容量瓶体积，mL；m 为样品质量，g。

表 8－12 是设计好的聚氯乙烯树脂溶液黏数测量结果不确定度评定各不确定度分量汇总及计算电子表格。

表 8-12 聚氯乙烯树脂溶液黏数测量结果各不确定度分量汇总及计算电子表格

	A	B	C	D	E	F	G	H	I
1	序号	不确定度来源	a_{ij}	k_{ij}	u_{ij}	$u_j(y,x_i)$	ν_{ij}	$u_j^2(y,x_i)$	$u_j^4(y,x_i)/\nu_{ij}$
2	1	测量t_s的不确定度	0.50	1.732	0.289	0.852	12	0.7262	4.40E-02
3	2	测量t_0的不确定度	0.50	1.732	0.289	−1.305	12	1.7017	2.41E-01
4	3	用容量瓶测量体积时的不确定度	0.10	1.732	0.058	0.062	12	0.0038	1.23E-06
5	4	称量质量的不确定度	0.0001	1.732	0.00006	−0.012	12	0.0002	1.97E-09
6	5	重复性导致的不确定度				0.313	50	0.0982	1.93E-04
7	u_c=	1.6	ν_{eff}=	22.4	k_{95}=	2.09			
8	VN=	107.5	U_{95}=	3.3	U_{95r}=	3.1%	ν_{eff}=	20	
9	t_s=	104.15	t_0=	67.75	V=	100	m=	0.5000	

该电子表格的设计方法为：

①B9、D9、F9 和 H9 单元格中分别为溶液 3 次流经时间的算术平均值 t_s、溶剂 3 次流经时间的算术平均值 t_0、容量瓶体积 V 和样品质量 m 的最佳估计值，根据测量模型在 B8 单元格中输入公式“＝（B9/D9－1）＊F9/H9”可获得输出量的最佳估计值 VN。

②F 列是计算 $u(y, x_i)$ 的，该列数据是分别用 $[x_i+u(x_i)]$ 和 x_i计算出来的 y 之差，即 VN 值之差。电子表格输入公式的方法为：先在 F2 单元格中输入“=(B$9/D$9－1)＊F$9/H$9－B$8”，从 F2 单元格拖动填充柄至 F5 单元格，然后将 F2、F3、F4 和 F5 单元格中的公式分别修改为“=((B$9+E2)/D$9－1)＊F$9/H$9－B$8”“=(B$9/(D$9+E3)－1)＊F$9/H$9－B$8”“=(B$9/D$9－1)＊(F$9+E4)/H$9－B$8”和“=(B$9/D$9－1)＊F$9/(H$9+E5)－B$8”。

③F6 单元格的输入根据是平行试样的单个测试值和两次平均值的相对差值不得大于 0.7%。由于重复性导致的标准不确定度 u(VN) ＝VN×0.7%/2.4，则输入公式“=B8＊0.7%/2.4”。

④在 F8 单元格中输入“=D8/B8”，并将单元格数字格式设置为“百分比”，即可获得以百分数表示的相对扩展不确定度。

⑤电子表格其他部分的设计与前面相同。

该电子表格设计好后，对于任意溶液黏数的测量，如果测量条件和程序相同，则只要在 B9、D9、F9 和 H9 单元格中分别输入溶液 3 次流经时间的算术平均值 t_s、溶剂 3 次流经时间的算术平均值 t_0、容量瓶体积 V 和样品质量 m 的最佳估计值，就即刻在 B8 单元格中获得输出量的最佳估计值 VN，在 B7 单元格中获得其合成标准不确定度 u_c，在 D7 单元格中获得合成标准不确定度 u_c的有效自由度 ν_{eff}。根据 ν_{eff}的数值，查 t 分布表得 k_p值，将此值输入 F7 单元格中，就即刻在 D8 单元格中获得其扩展不确定度 U_p，在 F8 单元格中获得其相对扩展不确定度 U_{pr}。

如果不考虑自由度和包含概率，不确定度用 $k=2$ 的扩展不确定度表示，则表 8-12 的电子表格可设计为表 8-13 所示。

表 8-13 聚氯乙烯树脂溶液黏数测量结果各不确定度分量汇总及计算电子表格（U，$k=2$）

	A	B	C	D	E	F	G
1	序号	不确定度来源	a_{ij}	k_{ij}	u_{ij}	$u_j(y,\ x_i)$	$u_j^2(y,\ x_i)$
2	1	测量 t_s 的不确定度	0.50	1.732	0.289	0.852	0.7262
3	2	测量 t_0 的不确定度	0.50	1.732	0.289	−1.305	1.7017
4	3	用容量瓶测量体积时的不确定度	0.10	1.732	0.058	0.062	0.0038
5	4	称量质量的不确定度	0.0001	1.732	0.00006	−0.012	0.0002
6	5	重复性导致的不确定度				0.313	0.0982
7	VN=	107.5	$t_s=$	104.15	$t_0=$	67.75	
8	$u_c=$	1.6	$V=$	100	$m=$	0.5000	
9	$U=$	3.2	$U_r=$	3.0%	$k=$	2	

如果函数形式虽比较复杂，但灵敏系数通过偏导数法很容易获得，此时电子表格的设计也可以采用将灵敏系数与输入量的最佳估计值联系起来的方法。

如果函数形式相当复杂，最终结果是由几个公式计算得来，此时灵敏系数很难通过偏导数法获得，也不宜采用上面的数值计算法，此时可参照《化学分析中不确定度的评估指南》中提供的数值计算法，具体可参阅中国质检出版社 2013 年 4 月出版的《Excel 在测量不确定度评定中的应用及实例》最后一个实例，或参阅《Excel 在复杂数学模型测量不确定度评定中的应用》[计量学报，2005，26（4）：379-383]。

从本章 8.4.1“电能表示值误差测量结果的不确定度评定”的 8.4.1.6 评注④可以获知，对于输出量的分布接近正态分布的情况，可以不计算合成标准不确定度的有效自由度，直接取 $k=2$，此时其对应的包含概率约为 95%，这样的处理将省去所有有关自由度的内容。当然有了电子表格的帮助，有效自由度的计算将不成问题。若不考虑自由度，以 0.05 级装置检定 0.2 级电能表为例，表 8-19 可变为表 8-14。

表 8-14 不考虑自由度时各不确定度分量汇总及扩展不确定度计算电子表格

	A	B	C	D	E	F	G	H
1	序号	不确定度来源	a_i	k_i	$u(x_i)$	c_i	$c_iu(x_i)$	$c_i^2u^2(x_i)$
2	1	电能表标准装置的最大允许误差	0.050%	3	0.017%	1	0.017%	2.78E-08
3	2	被检表误差修约产生的不确定度	0.010%	1.732	0.0058%	1	0.0058%	3.33E-09
4	3	被检表和标准装置的示值重复性			0.0200%	1	0.0200%	4.00E-08
5	$u_c=$	0.027%	$U=$	0.053%	$k=$	2	被检表等级	0.2
6	注：对于不同型号等级的电能表，不同功率因数下误差测量结果的不确定度计算，只要分别在 C2、E4 和 H5 单元格中输入相应的数值，即刻在 B5 得到 u_c，在 D5 单元格中得到 U。							

将鼠标指向表 8-14 双击进入 Excel 状态后，可复制得到包含 6 种情况的不确定度分量汇总及扩展不确定度计算电子表格的工作簿，如图 8-4 所示。

	A	B	C	D	E	F	G	H	I
1		A	B	C	D	E	F	G	H
2	1	序号	不确定度来源	a_i	k_i	$u(x_i)$	c_i	$c_i u(x_i)$	$c_i^2 u^2(x_i)$
3	2	1	电能表标准装置的最大允许误差	**0.050%**	3	0.017%	1	0.017%	2.78E-08
4	3	2	被检表误差修约产生的不确定度	0.010%	1.732	0.0058%	1	0.0058%	3.33E-09
5	4	3	被检表和标准装置的示值重复性			**0.0200%**	1	0.0200%	4.00E-08
6	5	u_c=	0.027%	U=	**0.053%**	k=	2	被检表等级	**0.2**
7	6	注：对于不同型号等级的电能表，在不同功率因数下误差测量结果的不确定度计算，只要分别在C2、E4和H5单元格中输入相应的数值，即刻在B5得到u_c，在D5单元格中得到U。							

0.05% / 0.07% / 0.1% / 0.2% / 0.06% / 0.08%

图8-4　包含6种情况的不确定度分量汇总及扩展不确定度计算电子表格的工作簿

还有一种变换方式，就是将表8-14变成电子表格中的一行，从而给出各种功率因数下的汇总，增大信息量，使表格更加实用高效，表8-14变为表8-15(在L3单元格输入"=SQRT((G3 * E3/F3)^2+(J3 * H3/I3)^2+(L3 * K3)^2)"，从L3单元格拖动填充柄至L8，即可获得各种条件下的合成标准不确定度)。对于测量点特别多的不确定度评定，例如校准数字多用表，可采用这种方式，可以清晰地保留计算过程。

表8-15　各功率因数下各不确定度分量汇总及扩展不确定度计算电子表格

	A	B	C	D	E	F	G	H	I	J	K	L	M
1	负载	序号	功率因数	标准装置的最大允许误差			误差修约产生的不确定度			重复性		合成标准不确定度	扩展不确定度
2			cosϕ	a_i	k_i	c_i	a_i	k_i	c_i	u_i	c_i	u_c	U，$k=2$
3	平衡负载	1	1.0	0.05%	3	1	0.010%	1.732	1	0.020%	1	0.0267%	0.053%
4		2	0.5(L) 0.8(C)	0.07%	3	1	0.010%	1.732	1	0.020%	1	0.0313%	0.063%
5		3	0.5(C)	0.10%	3	1	0.010%	1.732	1	0.020%	1	0.0393%	0.079%
6		4	0.25(L)	0.20%	3	1	0.010%	1.732	1	0.020%	1	0.0698%	0.140%
7	不平衡负载	5	1.0	0.06%	3	1	0.010%	1.732	1	0.020%	1	0.0289%	0.058%
8		6	0.5(L)	0.08%	3	1	0.010%	1.732	1	0.020%	1	0.0338%	0.068%
9		被检表等级		0.2									
10	注：对于不同型号等级的电能表，只要分别在D3：D9和J3：J8单元格区域中输入相应的数值，即刻得到不同功率因数下的扩展不确定度。												

由于灵敏系数都为1，可在表格中省略，表8-15可变为表8-16。

表 8-16　各功率因数下各不确定度分量汇总及扩展不确定度计算电子表格（灵敏系数均为 1）

	A	B	C	D	E	F	G	H	I	J
1 2	负载	序号	功率因数	标准装置的最大允许误差		误差修约产生的不确定度		重复性	合成标准不确定度	扩展不确定度
			cosϕ	a_i	k_i	a_i	k_i	u_i	u_c	U，$k=2$
3	平衡负载	1	1.0	0.05%	3	0.010%	1.732	0.020%	0.0267%	0.053%
4		2	0.5(L) 0.8(C)	0.07%	3	0.010%	1.732	0.020%	0.0313%	0.063%
5		3	0.5(C)	0.10%	3	0.010%	1.732	0.020%	0.0393%	0.079%
6		4	0.25(L)	0.20%	3	0.010%	1.732	0.020%	0.0698%	0.140%
7	不平衡负载	5	1.0	0.06%	3	0.010%	1.732	0.020%	0.0289%	0.058%
8		6	0.5（L）	0.08%	3	0.010%	1.732	0.020%	0.0338%	0.068%
9		被检表等级		0.2						
10	注：对于不同型号等级的电能表，只要分别在 D3：D9 和 H3：H8 单元格区域中输入相应的数值，即刻得到不同功率因数下的扩展不确定度。									

8.2.3　Excel 电子表格中单元格的保护

设计好的 Excel 电子表格，为了防止误操作将不需输入数据的单元格中的内容或公式修改了，可将这些单元格保护起来，设置为保护的步骤如下。

①用鼠标双击需要保护的电子表格，进入 Excel 状态，按下 Ctrl 键，单击选中不需要保护的单元格，即需要在不确定度评定中输入数据的单元格。执行“格式”菜单中的“单元格”命令，选择“保护”选项卡，单击“锁定（L）”，使选定的单元格不被锁定，单击“确定”按钮。

②执行“工具”菜单中的“保护（P）”命令中的“保护工作表（P）”命令，在对话框中输入密码，单击“确定”按钮，出现重新输入密码对话框，再次输入先前输入的密码，单击“确定”按钮，即可完成对电子表格保护的设置。

若要对电子表格进行修改，则需撤销工作表保护，撤销保护的方法为：执行“工具”菜单中的“保护（P）”命令中的“撤销工作表保护”命令，出现输入密码的对话框，输入先前输入的密码，单击“确定”按钮即可。修改完成后可再按上述步骤对电子表格设置为保护。

8.2.4　使用 Excel 电子表格的意义

使用 Excel 电子表格纯粹是为了简化计算，并没有干预对每个不确定度分量大小及其分布和自由度的估计，更没有改变最终评定的扩展不确定度，但从测量模型的 3 种形式看，所设计的 Excel 电子表格均巧妙地解决了对灵敏系数的计算，特别是对于复杂的函数形式。Excel 的“参与”也使评定过程大为简化。因此，对于某一个认为合理的评定实例，可以利用本章的方法来完成任意一个测量结果的合成标准不确定度及其有效自由度和扩展不确定度的计算，使我们给出任意一个测量结果的不确定度变得不再那么复杂。

同使用计算器计算相比，用该法计算扩展不确定度可省去众多的按键操作，并可避免使用计算器时产生的按键错误，在有多个不确定度分量的情况下表现更为优越；同利用其他计算机软件相比，该法不需要复杂的编程，只需掌握基本的 Excel 知识。

另外，一旦设计了一个计算不确定度的 Excel 电子表格，就可以将它复制到另一个需要插入 Excel 电子表格的地方，修改后得到另一个需要的 Excel 电子表格，无须重新设计。具体做法是：在 Word 状态下，用鼠标单击要复制的 Excel 电子表格，按“Ctrl＋C”键或用鼠标单击“复制”按钮，而后将光标移到要插入 Excel 电子表格的位置，再按“Ctrl＋V”键或用鼠标单击“粘贴”按钮。

该法具有直观性和更大的灵活性，评定者可以方便地根据具体情况增加或删去某些分量，并立刻得到新的不确定度评定结果。同时，通过该法还可以看出该分量对合成标准不确定度或扩展不确定度贡献的大小，从而指导测量者应该重点控制哪些测量条件和所采用仪器的准确度或不确定度，在满足不确定度要求的情况下寻求最佳的测量方案，包括测量程序、环境条件控制以及选用的仪器设备等，做到既经济合理又满足实际需要。从而本方法也可以应用于计量检定规程、校准规范、测量方法和标准的制定等。这也是采用 Excel 电子表格辅助不确定度评定的另一亮点。

8.3 应用 Excel 辅助不确定度评定的步骤

按照 8.2 应用 Excel 进行不确定度评定的原理论述，用如下的不确定度评定步骤，可使评定过程大为简化。

8.3.1 概述

在概述中主要介绍如下内容：

测量依据——依据的具体计量检定规程、校准规范、国家标准或其他技术规范；

环境条件——测量过程中对温度、相对湿度等的要求；

测量标准——测量时使用的计量标准、标准物质和测量仪器等；

被测对象——本评定方法适应的被测对象；

测量过程——对测量过程以及数据处理等的简要描述；

评定结果的使用——对评定结果的使用和各电子表格的用途做简要说明。

8.3.2 测量模型

根据测量过程的描述写出测量模型的表达式，并对各符号的含义做出注释，并注明所采用的单位。

8.3.3 各输入量的标准不确定度分量的评定

根据测量模型和对测量过程的描述定性确定各输入量的标准不确定度分量，而后对每个分量进行定量评定。

（1）采用A类评定方法

若能通过多组测量获得合并样本标准偏差s_p的，尽量采用合并样本标准偏差，进而获得一个自由度较大的实验标准偏差。此时应注意采用合并样本标准偏差s_p时必须同时满足以下3个条件：

①规范化的常规测量，即测量的条件、方法、程序、观测人员不变。

②被测量之值的大小影响重复性标准偏差不明显，即使被测量大小有某种改变，其重复性标准偏差仍无明显改变。能否满足这一要求，需通过实验加以证明。

③在通过实验得到s_p到使用s_p对测量结果不确定度进行评定时间内，测量过程是处于统计控制状态，或称之为随机状态，也就是重复性条件或复现性条件能充分保证的状态。

（2）采用B类评定方法

采用B类评定方法只需确定分散区间的半宽a（注：这里的a，可理解为采用$p=100\%$对应分散区间的半宽，来源于证书的扩展不确定度U，以及来源于数字仪器分辨力或数据修约间隔的一半等），并对分布进行估计（即确定对应的包含因子k），以及必要时对自由度进行估计，不必将标准不确定度计算出来（即不必计算出$u=a/k$的结果）。若某个输入量x_i有几个不确定度来源，设其标准偏差及自由度为u_{i1}、ν_{i1}，u_{i2}、ν_{i2}，u_{i3}、ν_{i3}等，也不必按式（8-28）、式（8-29）计算出输入量的标准不确定度及其自由度。

$$u_i=\sqrt{u_{i1}^2+u_{i2}^2+u_{i3}^2} \tag{8-28}$$

$$\nu_i=\frac{u_i^4}{\frac{u_{i1}^4}{\nu_{i1}}+\frac{u_{i2}^4}{\nu_{i2}}+\frac{u_{i3}^4}{\nu_{i3}}} \tag{8-29}$$

8.3.4 合成标准不确定度及扩展不确定度的评定

根据测量模型的表现形式，确定选用的Excel电子表格的形式，来完成对各不确定度分量的汇总和合成标准不确定度及其有效自由度（需要时）的计算，并将扩展不确定度也在电子表格中计算出，有的甚至将最终测量结果也在电子表格中计算出。由于在电子表格中有时无法输入单位，因此采用Excel电子表格进行计算时，要特别注意各输入量所采用的单位，以及输出量和扩展不确定度的单位。

8.3.5 不确定度的报告

根据所评估的输出量估计值的分布，扩展不确定度采用下列两种形式之一来表示：

（1）扩展不确定度U

当包含因子的数值不是由规定的包含概率p并根据被测量估计值的分布计算得到，而是直接取定时，扩展不确定度应用U表示。在此情况下一般均取$k=2$。

在给出扩展不确定度U的同时，应同时给出所取包含因子k的数值。在能估计被测量估计值接近于正态分布，并且能确保有效自由度不小于15时，还可以进一步说明："估计被测量估计值接近于正态分布，其对应的包含概率约为95%"。

（2）扩展不确定度U_p

当包含因子的数值是由规定的包含概率p并根据被测量估计值的分布计算得到时，

扩展不确定度应该用U_p表示。当规定的包含概率p分别为95%和99%时，扩展不确定度分别用U_{95}和U_{99}表示。包含概率p通常取95%。

在给出扩展不确定度U_p的同时，应注明所取包含因子k_p的数值以及被测量估计值的分布类型。若被测量估计值接近于正态分布，还应给出其有效自由度ν_{eff}。

8.4 不确定度评定的Excel应用实例

本节给出了5个校准结果不确定度评定的Excel应用实例：

①电能表示值误差测量结果的不确定度评定；

②数字式绝缘电阻表示值误差测量结果的不确定度评定；

③数字多用表示值误差测量结果的不确定度评定；

④精密压力表示值误差测量结果的不确定度评定；

⑤电流互感器比值差、相位差测量结果的不确定度评定。

《Excel在测量不确定度评定中的应用及实例》（北京：中国质检出版社，2013）给出了更多的校准和检测应用实例，可供参考。

8.4.1 电能表示值误差测量结果的不确定度评定

8.4.1.1 概述

①测量依据：JJG 1085—2013《标准电能表》、JJG 596—2012《电子式交流电能表》、JJG 307—2006《机电式交流电能表》。

②环境条件：对于不同形式的电能表的环境温度和相对湿度应符合上述相应计量规程的要求。

③测量标准：电能表标准装置，装置最大允许相对误差见表8-17。

④被测对象：0.02级及以下各式电能表。

⑤测量过程：装置输出一定功率给被检表，并对被检表输出的脉冲或产生的转数进行累计，将得到的电能值与装置给出的标准电能值比较，得到被检表在该功率时的相对误差。

⑥评定结果的使用：符合上述条件的测量结果，一般可直接使用本不确定度的评定方法。表8-18和表8-19为Excel电子表格，分别用于计算合并样本标准偏差和扩展不确定度。

8.4.1.2 测量模型

$$\gamma=\gamma_0+\Delta\gamma$$

式中，γ为被检电能表的相对误差，%；γ_0为标准装置测得的相对误差，%；$\Delta\gamma$为标准装置的修正值，%。

8.4.1.3 各输入量的标准不确定度分量的评定

输入量γ_0的标准不确定度$u(\gamma_0)$是由重复性条件下被测电能表和标准装置重复性引入的，采用A类评定方法，并进行多组测量获得合并样本标准偏差s_p，进而获得一个自由度较大的实验标准偏差。修正值$\Delta\gamma$通常取零，即不做修正，或标准装置并没有给出修正值，此时输入量 $\Delta\gamma$ 的标准不确定度 $u(\Delta\gamma)$ 来源于电能表标准装置的最大允许误差；若装置给出了修正值，需要进行修正，则应考虑修正值的不确定度及标准装置的稳定性，不论哪一种情况均采用 B 类评定方法。另外，被检表的相对误差数据修约还产生一个不确定度分量 $u(\gamma)$。

表 8-17 以百分数表示的标准装置的最大允许相对误差 单位：%

检定装置准确度等级		0.01 级	0.02 级	0.03 级	0.05 级	0.1 级	0.2 级	0.3 级
有功测量的准确度等级		0.01 级	0.02 级	0.03 级	0.05 级	0.1 级	0.2 级	0.3 级
单相和平衡负载时的 $\cos\varphi$	1.0	±0.01	±0.02	±0.03	±0.05	±0.1	±0.2	±0.3
	0.5（L）、0.8（C）	±0.01	±0.02	±0.04	±0.07	±0.15	±0.3	±0.45
	0.5（C）	±0.015	±0.03	±0.05	±0.1	±0.2	±0.4	±0.6
	当有特殊要求时：0.25(L)	—	—	—	±0.2	±0.4	±0.8	±1.0
不平衡负载时的 $\cos\theta$	1.0	±0.01	±0.02	±0.04	±0.06	±0.15	±0.3	±0.5
	0.5（L）	±0.015	±0.03	±0.05	±0.08	±0.2	±0.4	±0.6
检定装置准确度等级		0.01 级	0.02 级	0.03 级	0.05 级	0.1 级	0.2 级	0.3 级
无功测量的准确度等级		—	—	—	—	0.2 级	0.3 级	0.5 级
单相和平衡负载时的 $\sin\varphi$	1.0（L，C）	—	—	—	—	±0.2	±0.3	±0.5
	0.5（L，C）	—	—	—	—	±0.3	±0.5	±0.7
	当有特殊要求时：0.25(L,C)	—	—	—	—	±0.6	±1.0	±1.5
不平衡负载时的 $\sin\theta$	1.0（L，C）	—	—	—	—	±0.3	±0.5	±0.7
	0.5（L，C）	—	—	—	—	±0.4	±0.6	±1.0

下面以 0.03 级电能表标准装置检定 0.1 级电能表为例介绍测量结果的不确定度评定。

（1）不确定度分量 $u(\gamma_0)$ 的评定

对不同等级和不同型号规格的电能表应分别获得各种情况下的合并样本标准偏差 s_p，获得 s_p 后应注意它的使用条件。可对 4 台同型号规格的电能表进行 10 次测量，如对 4 台 0.1 级同型号规格的被检电能表，在额定电压和负载电流等于 5A，功率因数为 1.0 时，在重复性条件下各进行 10 次独立测量，分别得到 4 组测量数据，并设计为 Excel 电子表格，见表 8-18。该电子表格的设计方法参见本章 8.1 节。

表 8-18 计算合并样本标准偏差电子表格 单位：%

	A	B	C	D	E	F	G	H	I	J	K	L
1	次数	1	2	3	4	5	6	7	8	9	10	s_i
2	1	0.0112	0.0142	0.0155	0.0160	0.0130	0.0128	0.0160	0.0201	0.0212	0.0150	0.0031
3	2	0.0220	0.0142	0.0155	0.0160	0.0130	0.0201	0.0234	0.0134	0.0143	0.0150	0.0037
4	3	0.0124	0.0220	0.0230	0.0160	0.0178	0.0128	0.0113	0.0150	0.0143	0.0168	0.0039
5	4	0.0235	0.0142	0.0155	0.0223	0.0130	0.0128	0.0180	0.0134	0.0200	0.0150	0.0040
6	$s_p=$	0.0037										

$u(\gamma_0) = s_p = 0.0037\%$，自由度 $\nu_1 = m(n-1) = 4\times(10-1) = 36$

合并样本标准偏差按 $s_p = \sqrt{\frac{1}{m}\sum_{i=1}^{m} s_i^2}$ 计算。

（2）不确定度分量 $u(\Delta\gamma)$ 的评定

该不确定度分量来源于电能表标准装置的最大允许误差。电能表标准装置必须经过上级检定合格，并经考核合格，其误差通常不会超过 JJG 597—2005《交流电能表检定装置》中表 1 规定的数值。另外，在 JJG 1085—2013《标准电能表》中的表 10、JJG 307—2006《机电式交流电能表》中的表 6 和 JJG 596—2012《电子式交流电能表》中的表 7 也对装置的最大允许误差做了明确规定。我们完全可以有理由认为，在装置使用过程中其实际误差一般不会超出其最大允许误差，将装置的最大允许相对误差综合为表 8-17，我们可以将电能表标准装置看作一个整体，其最大允许相对误差即可作为分布区间半宽的信息来源。

用 0.03 级电能表标准装置检定 0.1 级电能表，在额定电压和负载电流等于 5 A，功率因数为 $\cos\varphi = 1.0$ 时，由表 8-17 可知装置误差的绝对值不会超过 0.030%，即分散区间的半宽为 0.030%，在此区间估计为服从正态分布（$k=3$），估计 $\Delta u(\Delta\gamma)/u(\Delta\gamma) = 0.1$，其自由度 $\nu_2 = 50$。

（3）修约导致的不确定度分量 $u(\gamma)$ 的评定

由于实验室出具的校准证书中给出的测量结果是修约后的测量结果，因此数据修约将产生不确定度，0.1 级表的修约间隔为 0.01%，即分散区间的半宽为 0.005%（在 C3 单元格中输入“=F5%/20”），在此区间服从均匀分布（$k=\sqrt{3}$），其自由度 $\nu_3 = \infty$。

8.4.1.4　合成标准不确定度及扩展不确定度的评定

（1）灵敏系数

$$c_1 = \partial\gamma/\partial\gamma_0 = 1$$

$$c_2 = \partial\gamma/\partial\Delta\gamma = 1$$

被检表相对误差数据修约产生的不确定度分量的灵敏系数为 1。

（2）各不确定度分量汇总及计算表

将各不确定度分量汇总为如表 8-19 的 Excel 电子表格，该电子表格的设计方法参见本章 8.2 节，用它来同时完成合成标准不确定度 u_c、有效自由度 ν_{eff} 和扩展不确定度 U_{95} 的计算。该表中的 I 和 J 列，用于计算各输出量确定度分量的平方和各输出量确定度分量的 4 次方与自由度的商，为了显示简洁这两列被隐藏。

各输入量估计值互不相关，合成标准不确定度为

$$u_c = \sqrt{\sum c_i^2 u^2(x_i)}$$

有效自由度为

$$\nu_{eff} = \frac{u_c^4}{\sum_{i=1}^{N}\frac{[c_i u(x_i)]^4}{\nu_i}}$$

表 8-19　各不确定度分量汇总及扩展不确定度计算电子表格

	A	B	C	D	E	F	G	H
1	序号	不确定度来源	a_i	k_i	$u(x_i)$	c_i	$c_iu(x_i)$	ν_i
2	1	电能表标准装置的最大允许误差	0.030%	3	0.010%	1	0.010%	50
3	2	被检表误差修约产生的不确定度	0.005%	1.732	0.0029%	1	0.0029%	∞
4	3	被检表和标准装置的示值重复性			0.0037%	1	0.0037%	36
5	$u_c=$	0.011%	$\nu_{eff}=$	73	被检表等级	0.1		
6	$U_{95}=$	0.022%	$k_{95}=$	2.01				
7	注：对于不同型号等级的电能表，不同功率因数下误差测量结果的不确定度计算，只要分别在 C2、F5 和 E4 单元格中输入相应的数值，即刻在 B5 和 D5 单元格中得到 u_c 和 ν_{eff}，查表得 k_{95}，输入到 D6 单元格，可在 B6 单元格中得到 U_{95}。							

取包含概率 $p=95\%$，由 $\nu_{eff}=73$，查 t 分布表并将有效自由度值近似取整为 50 得到

$$k_{95}=t_{95}(\nu_{eff})=t_{95}(50)=2.01$$

8.4.1.5　不确定度的报告

利用表 8-18 和表 8-19 的 Excel 电子表格，对 0.1 级电能表误差测量结果的不确定度进行评定，得到如表 8-20 的不确定度报告。

表 8-20　各种功率因数下校准结果的扩展不确定度

测量时的功率因数		扩展不确定度为 U_{95}	k_{95}	ν_{eff}
单相和平衡负载时的 $\cos\varphi$	1.0	0.022%	2.01	50
	0.5（L）、0.8（C）	0.028%	2.01	50
	0.5（C）	0.035%	2.01	50
不平衡负载时的 $\cos\theta$	1.0	0.028%	2.01	50
	0.5（L）	0.035%	2.01	50

从表 8-20 的结果可以看出各种情况下扩展不确定度的自由度和包含因子都相同，且 k_{95} 约等于 2，为了报告的简洁可不给出有效自由度，在校准证书中注明："本报告中给出的扩展不确定度是由合成标准不确定度乘以包含概率约为 95%时对应的包含因子 2 得到的。"

8.4.1.6　评注

①将鼠标指向表 8-19 双击进入 Excel 状态后，可以复制出多张相同的电子表格，得到一个工作簿。对于同一等级的标准装置，在每个工作表中输入标准装置的不同最大允许误差、重复性数据和被检表的等级，即可得到对应的不确定度结果，可以保留备查，如图 8-4。

②对于不同等级的标准装置，复制表 8-19，再重复①的步骤即可保留。总之，通过复制可以保存所有的计算过程。当然，整个评定过程也可以复制、修改、保存。

③对于输出量的分布接近正态分布的不确定度评定，需要根据输入量的标准不确

定度的自由度，来计算合成标准不确定度的有效自由度，查 t 分布表获得 k_{95}，进而给出 U_{95}。此时通过对表 8-19 的复制和修改，可以很容易地实现。

④大量校准不确定度实例表明，输出量的分布接近正态分布时，由于其主要分量的自由度通常估计得较大，因此计算出的合成标准不确定度的有效自由度在 50 左右，查 t 分布表获得 k_{95} 将与 2 非常接近。根据 JJF 1033，在被测量估计值的分布接近正态分布，并能确保有效自由度不小于 15 时，不确定度报告可直接给出包含因子 $k=2$ 的扩展不确定度 U，并做进一步说明："由于估计被测量估计值接近于正态分布，并且其有效自由度足够大，故所给的扩展不确定度 U 所对应的包含概率约为 95%"。这样的处理方式将省去所有有关自由度的内容。当然有了电子表格的帮助，有效自由度的计算将不成问题。

⑤如果不考虑自由度，将表 8-19 变成电子表格中的一行，从而给出各种功率因数下的汇总，增大信息量，使表格更加实用高效，如何变换这里不再赘述，最终表 8-19 变为表 8-15，由于灵敏系数都为 1，可在表格中省略，最终表 8-15可变为表 8-16。

8.4.2 数字式绝缘电阻表示值误差测量结果的不确定度评定

8.4.2.1 概述

①测量依据：参照 JJG 1005—2005《电子式绝缘电阻表》。

②环境条件：温度 (23±5)℃，相对湿度≤80%。

③测量标准：直流高压高阻箱，测量范围：$(10^2 \sim 1.1\times10^{11})\ \Omega$，最大允许相对误差见表 8-21。

④被测对象：数字式绝缘电阻表，最大允许误差 $\Delta=\pm(a\%R_X+b\%R_m)$。

⑤测量过程：采用直接测量法，用被校准的数字式绝缘电阻表直接测量直流高压高阻箱的调定电阻值 R_N，来获得其各测量点的示值误差。

⑥评定结果的使用：符合上述条件的测量结果，一般可直接使用本不确定度的评定方法。表 8-22 和表 8-23 为 Excel 电子表格，分别用于计算标准偏差和数字式绝缘电阻表示值误差测量结果的扩展不确定度。

表 8-21 直流高压高阻箱的最大允许相对误差

测量范围/Ω	$10^2 \sim 10^8$	$10^8 \sim 10^9$	$10^9 \sim 10^{10}$	$10^{10} \sim 10^{11}$
最大允许相对误差	±0.20%	±1.0%	±2.0%	±5.0%

8.4.2.2 测量模型

测量环境温度为 (23±5)℃，可忽略温度影响，则测量模型可为

$$\Delta=R_X-R_N$$

式中，Δ 为数字式绝缘电阻表的示值误差，MΩ；R_X 为数字式绝缘电阻表的读数，MΩ；R_N 为直流高压高阻箱的调定值，MΩ。

8.4.2.3 各输入量的标准不确定度分量的评定

输入量 R_X 的标准不确定度 $u(R_X)$ 由被测数字表读数引入的标准不确定度，主要来源包括重复性、被测数字式绝缘电阻表的示值不稳定、被测表的分辨力等引入的标准不确定度分量。校准时若不使用直流高压高阻箱证书中给出的实际值，则输入量 R_N

的标准不确定度 $u(R_N)$ 来源于直流高压高阻箱的最大允许误差；若按直流高压高阻箱的实际值使用，则 $u(R_N)$ 来源于实际值的不确定度及直流高压高阻箱的稳定性。不论哪一种情况均采用B类评定方法。下面以校准某数字式绝缘电阻表20 MΩ量程，3位半显示的10 MΩ测量点为例进行不确定度评定。

（1）输入量 R_X 的标准不确定度 $u(R_X)$ 的评定

选择3005型号的数字式绝缘电阻测试仪，在重复性条件下对10 MΩ测量点进行10次独立测量，得到1组测量数据，见表8-22，并获得标准偏差。

由重复性试验可知，被测数字式绝缘电阻表的示值比较稳定，只有约1个字的波动，可不计算标准偏差，再考虑到被测数字式绝缘电阻表1个字的分辨力，得到分散区间为0.02 MΩ，其半宽为 $a=0.01$ MΩ，此区间估计为均匀分布（$k=\sqrt{3}$），则标准不确定度 $u(R_X)=a/\sqrt{3}$。

表8-22　计算标准偏差电子表格　　单位：MΩ

	A	B	C	D	E	F	G	H	I	J	K	L
1	次数	1	2	3	4	5	6	7	8	9	10	s_i
2	测量值	10.04	10.05	10.04	10.05	10.04	10.04	10.05	10.05	10.05	10.05	0.0052

（2）输入量 R_N 的标准不确定度 $u(R_N)$ 的评定

测量时不按直流高压高阻箱的实际值使用，则该不确定度分量来源于直流高压高阻箱的最大允许误差。直流高压高阻箱经过上级检定合格，检定结果均不超过表8-21的数值，其最大允许相对误差即可作为分散区间半宽的信息来源。由表8-21可知直流高压高阻箱10 MΩ的最大允许相对误差为±0.20%，即分散区间的半宽为10 MΩ×0.20%，在此区间估计为服从正态分布（$k=3$），则标准不确定度 $u(R_N)=10$ MΩ×0.20%/3。

8.4.2.4　合成标准不确定度及扩展不确定度的评定

（1）灵敏系数

$$c_1=\partial\Delta/\partial R_X=1$$

$$c_2=\partial\Delta/\partial R_N=-1$$

（2）各不确定度分量汇总及计算表

将各不确定度分量汇总为如表8-23的Excel电子表格，该电子表格的设计方法参见本章8.2节，用它来同时完成各测量点的合成标准不确定度 u_c（单位为MΩ）、扩展不确定度 U（单位为MΩ）及相对扩展不确定度 U_r 的计算。

各输入量估计值彼此不相关，合成标准不确定度按 $u_c=\sqrt{\sum c_i^2 u^2(x_i)}$ 计算。

8.4.2.5　不确定度报告

检定数字式绝缘电阻表10 MΩ测量点示值误差测量结果的扩展不确定度 $U=0.018$ MΩ，相对扩展不确定度为 $U_r=0.18\%$，$k=2$。

8.4.2.6　评注

按照上述不确定度的评定方法，可将表8-23转换成一行，设计成如表8-24的电子表格，这更加方便地得出被检数字式绝缘电阻表任一测量点的扩展不确定度 U 及相

对扩展不确定度 U_{r}（$k=2$）。

表8-23　各不确定度分量汇总及扩展不确定度计算电子表格

	A	B	C	D	E	F	G	H
1	序号	不确定度来源	a_i	k_i	$u(x_i)$	c_i	$c_iu(x_i)$	$c_i^2u^2(x_i)$
2	1	直流高压高阻箱的最大允许相对误差	0.20%	3	0.0067	−1	−0.0067	4.4E-05
3	2	重复性			0	1	0	0.0E+00
4	3	被检表分辨力及稳定性	0.01	1.732	0.0058	1	0.0058	3.3E-05
5	$u_{\mathrm{c}}=$	0.009	$U=$	0.018	$U_{\mathrm{r}}=$	0.18%	$k=$	2
6	数字式绝缘电阻表测量点：$R_X=$		10					
7	注：对于不同型号等级的数字式绝缘电阻表，只要分别在C6和C2单元格中输入测量点和对应直流高压高阻箱的最大允许误差，重复性和被检表分辨力及稳定性取其中较大者，即刻在B5单元格中得到 u_{c}，在D5单元格中得到 U，在F5单元格中得到 U_{r}。							

表8-24　各不确定度分量汇总及扩展不确定度计算电子表格

	A	B	C	D	E	F	G	H	I	J	K	L
1	被检表测试点		重复性或分辨力			标准器的最大允许误差				合成标准不确定度与扩展不确定度		
2			重复性 s	分辨力及波动半宽	u	标准允许相对误差	标准的MPEV	k	u	u_{c}	U $k=2$	U_{r} $k=2$
3	100	kΩ	0.000	1	5.8E-01	0.20%	2.0E-01	3	6.7E-02	5.8E-01	1.2	1.2%
4	500	kΩ	0.000	1	5.8E-01	0.20%	1.0E+00	3	3.3E-01	6.7E-01	1.3	0.3%
5	1.00	MΩ	0.000	0.01	5.8E-03	0.20%	2.0E-03	3	6.7E-04	5.8E-03	0.012	1.2%
6	5.00	MΩ	0.000	0.01	5.8E-03	0.20%	1.0E-02	3	3.3E-03	6.7E-03	0.013	0.3%
7	10.00	MΩ	0.000	0.01	5.8E-03	0.20%	2.0E-02	3	6.7E-03	8.8E-03	0.018	0.18%
8	50.0	MΩ	0.000	0.1	5.8E-02	0.50%	2.5E-01	3	8.3E-02	1.0E-01	0.20	0.4%
9	100.0	MΩ	0.000	0.1	5.8E-02	1.0%	1.0E+00	3	3.3E-01	3.4E-01	0.7	0.7%
10	500	MΩ	0.000	1	5.8E-01	1.0%	5.0E+00	3	1.7E+00	1.8E+00	3.5	0.7%
11	1000	MΩ	0.000	1	5.8E-01	1.0%	1.0E+01	3	3.3E+00	3.4E+00	7	0.7%
12	5.00	GΩ	0.000	0.01	5.8E-03	2.0%	1.0E-01	3	3.3E-02	3.4E-02	0.07	1.4%
13	10.00	GΩ	0.000	0.01	5.8E-03	2.0%	2.0E-01	3	6.7E-02	6.7E-02	0.13	1.3%
14	50.0	GΩ	0.000	0.1	5.8E-02	2.0%	1.0E+00	3	3.3E-01	3.4E-01	0.7	1.4%
15	100.0	GΩ	0.000	0.1	5.8E-02	2.0%	2.0E+00	3	6.7E-01	6.7E-01	1.3	1.3%
16	1000	GΩ	0.000	1	5.8E-01	2.0%	2.0E+01	3	6.7E+00	6.7E+00	13	1.3%

8.4.3 数字多用表示值误差测量结果的不确定度评定

8.4.3.1 概述

①测量依据：JJF 1587—2016《数字多用表校准规范》。

②环境条件：温度为（20±2)℃，相对湿度≤75%。

③测量标准：5720A多功能校准器。以直流电压为例，其1年的置信度为95%的绝对不确定度技术指标见表8-25，表8-25给出的是$U=a\%\times$输出$+b\%\times Y_m$的形式，其中Y_m为量程。

④被测对象：各种以直流电压测量为主体的数字多用表。

⑤测量过程：采用标准源法校准各测量功能的示值误差。将多功能校准器与被校表直接连接，由多功能校准器输出电量给被校表，在被校表上读取相应的示值。将该示值与多功能校准器的输出值相减，其差值即为数字多用表的示值误差。

⑥评定结果的使用：符合上述条件的测量结果，一般可直接使用本不确定度的评定方法。表8-26为Excel电子表格，用于计算数字多用表不同测量点的示值误差测量结果的扩展不确定度。

表8-25 5720A多功能校准器直流电压1年的置信度为95%的绝对不确定度技术指标

量程	$a\%$	$b\%\times Y_m$
220 mV	0.00075%	0.0004 mV
2.2 V	0.00050%	0.0000007 V
11 V	0.00035%	0.0000025 V
22 V	0.00035%	0.000004 V
220 V	0.00050%	0.00004 V
1100 V	0.00065%	0.0004 V

8.4.3.2 测量模型

测量环境温度为（23±2)℃，可忽略温度影响，则测量模型可为

$$\Delta=X-N$$

式中，Δ为数字多用表的示值误差；X为数字多用表的示值；N为多功能校准器输出值。

8.4.3.3 各输入量的标准不确定度分量的评定

根据测量模型，被测数字多用表示值误差测量结果的不确定度将取决于输入量X、N的不确定度。下面分别对这两个输入量的标准不确定度进行评定。

（1）输入量X的标准不确定度$u(X)$的评定

输入量X的标准不确定度$u(X)$是由被测数字多用表读数引入的标准不确定度，主要来源包括数字多用表的重复性、被测数字多用表的分辨力及被测数字多用表的示值不稳定（示值波动）等引入的标准不确定度分量。针对在实际测量工作中可能遇到的具体情况，可以按以下类别用不同的方法进行评定。

①被测数字多用表的示值稳定，且在重复测量过程中其示值不变，则输入量X的

标准不确定度$u(X)$来源于被测数字多用表的分辨力，采用B类评定方法。其分散区间的半宽（用a表示）为分辨力的一半，在此区间服从均匀分布（$k=\sqrt{3}$），则标准不确定度$u(X)=a/\sqrt{3}$。

②被测数字多用表的示值稳定，在重复测量过程中其值有显著变化，则输入量X的标准不确定度$u(X)$来源于被测数字多用表的重复性，采用A类评定方法。如有可能可进行多组测量获得合并样本标准偏差s_p，进而获得一个自由度较大的实验标准偏差。

③被测数字多用表的示值不稳定，即有显著变化，在重复测量过程中其示值改变仍在不稳定变化范围内，则输入量X的标准不确定度$u(X)$来源于被测数字多用表的示值变化和分辨力，采用B类评定方法。其分散区间的半宽为被测数字多用表的示值变化范围与分辨力之和的1/2，在此区间估计为服从均匀分布（$k=\sqrt{3}$），则标准不确定度$u(X)=a/\sqrt{3}$。在用这种方法评定时应该注意被测数字多用表的示值不稳定范围与分辨力的关系，若分辨力用1个字来表示，当被测数字多用表的示值变化范围在5个字以上时，可以考虑被测数字多用表的末位显示是无效的，测量结果取其稳定位，其分辨力也相应降低，此时可以采用①的方法进行评定。

④被测数字多用表的示值不稳定且在重复测量过程中其示值也有显著变化，此时输入量X的标准不确定度$u(X)$来源较多，从简单实用且保证可靠的角度出发，可以采用如下简化处理：取其多次测量中出现的最大值与最小值之差作为分散区间，在此区间估计为服从均匀分布（$k=\sqrt{3}$），则标准不确定度$u(X)=a/\sqrt{3}$。在用这种方法评定时仍应该注意被测数字多用表的示值变化范围与分辨力的关系，若分辨力用1个字来表示，当被测数字多用表的示值变化范围在5个字以上时，可以考虑被测数字多用表的末位显示是无效的，测量结果取其稳定位，其分辨力也相应降低，此时可以采用①～③中的相应方法进行评定。

下面以校准2000型数字多用表直流电压10 V量程为例进行不确定度评定。

被测数字多用表的示值稳定，在重复测量过程中其示值变化不大，则输入量X的标准不确定度$u(X)$来源于被测数字多用表的示值变化和分辨力，采用B类评定方法。其分散区间的半宽为被测数字多用表的示值变化范围与分辨力之和的1/2，在此区间估计为服从均匀分布（$k=\sqrt{3}$），则标准不确定度$u(X)=a/\sqrt{3}$，经实验观察示值变化范围为末位1个字，加上分辨力，则半宽a为末位1个字（在表8-26的G3单元格中输入0.000 01，在I3单元格中输入“G3/H3”）。

（2）输入量N的标准不确定度$u(N)$的评定

输入量N的标准不确定度$u(N)$主要来源于多功能校准器的不确定度，其1年的置信度为95%的绝对不确定度技术指标见表8-25，直流电压10 V量程的绝对不确定度$U=a\%\times$输出$+b\%\times Y_m$，对应的包含因子$k=2$，则标准不确定度$u(N)=(a\%\times$输出$+b\%\times Y_m)/2$。[在表8-26的F3单元格中输入“=(C3*B3+D3)/E3”]。

8.4.3.4 合成标准不确定度及扩展不确定度的评定

（1）灵敏系数

测量模型：

$$\Delta=X-N$$

表 8-26　各不确定度分量汇总及扩展不确定度计算电子表格

	A	B	C	D	E	F	G	H	I	J	K	L
1	DCV		标准器的不确定度				分辨力及波动			合成标准不确定度与扩展不确定度		
2	量程	测量值	$a\%$	$b\% \times Y_m$	k	u	半宽	k	u	u_c	U	U_r（%）
3	10 V	2	0.00035%	0.0000025	2	4.8E-06	0.00001	1.73	5.8E-06	7.5E-06	0.000015	0.0007
4		4	0.00035%	0.0000025	2	8.3E-06	0.00001	1.73	5.8E-06	1.0E-05	0.000020	0.0005
5		6	0.00035%	0.0000025	2	1.2E-05	0.00001	1.73	5.8E-06	1.3E-05	0.000026	0.0004
6		8	0.00035%	0.0000025	2	1.5E-05	0.00001	1.73	5.8E-06	1.6E-05	0.000033	0.0004
7		10	0.00035%	0.0000025	2	1.9E-05	0.00001	1.73	5.8E-06	2.0E-05	0.000039	0.0004
8	100 mV	20	0.00075%	0.0004	2	2.8E-04	0.001	1.73	5.8E-04	6.4E-04	0.0013	0.0064
9		50	0.00075%	0.0004	2	3.9E-04	0.001	1.73	5.8E-04	7.0E-04	0.0014	0.0028
10		100	0.00075%	0.0004	2	5.8E-04	0.001	1.73	5.8E-04	8.1E-04	0.0016	0.0016
11	1 V	0.2	0.00050%	0.0000007	2	8.5E-07	0.000001	1.73	5.8E-07	1.0E-06	0.0000021	0.0010
12		0.5	0.00050%	0.0000007	2	1.6E-06	0.000001	1.73	5.8E-07	1.7E-06	0.0000034	0.0007
13		1	0.00050%	0.0000007	2	2.9E-06	0.000001	1.73	5.8E-07	2.9E-06	0.0000058	0.0006
14	100 V	20	0.00050%	0.00004	2	7.0E-05	0.0001	1.73	5.8E-05	9.1E-05	0.00018	0.0009
15		50	0.00050%	0.00004	2	1.5E-04	0.0001	1.73	5.8E-05	1.6E-04	0.00031	0.0006
16		100	0.00050%	0.00004	2	2.7E-04	0.0001	1.73	5.8E-05	2.8E-04	0.00055	0.0006
17	1000 V	200	0.00050%	0.00004	2	5.2E-04	0.001	1.73	5.8E-04	7.8E-04	0.0016	0.0008
18		500	0.00065%	0.0004	2	1.8E-03	0.001	1.73	5.8E-04	1.9E-03	0.0038	0.0008
19		1000	0.00065%	0.0004	2	3.5E-03	0.001	1.73	5.8E-04	3.5E-03	0.0070	0.0007

灵敏系数：

$$c_1=\partial\Delta/\partial X=1$$

$$c_2=\partial\Delta/\partial N=-1$$

（2）各不确定度分量汇总及计算表

各输入量估计值互不相关，合成标准不确定度按 $u_c=\sqrt{\sum c_i^2u^2(x_i)}$ 计算。灵敏系数的绝对值都为1，可以省略。将各不确定度分量汇总为如表8-26形式的Excel电子表格，用该电子表格来同时完成各量程各测量点的合成标准不确定度 u_c 和对应包含因子 $k=2$ 的扩展不确定度 U（其单位与输入量程的单位相同）及扩展不确定度 U_r 的计算。

8.4.3.5 不确定度报告

10 V量程测量结果的不确定度见表8-26，对应包含因子 $k=2$，其他结果不再一一列出。对于其他量程任一测量点的不确定度也可方便地获得。通过复制表8-26，修改交流电压、交流电流和直流电阻的量程、测量点和对应的技术指标，可以获得计算交流电压、直流电流、交流电流和直流电阻的电子表格。

8.4.4 精密压力表示值误差测量结果的不确定度评定

8.4.4.1 概述

①测量依据：JJG 49—2013《弹性元件式精密压力表和真空表》。

②环境条件：温度为（20±2）℃，相对湿度不大于85%。

③测量标准：0.05级标准活塞式压力计。

④被测对象：精密压力表。

⑤测量过程：根据流体静力学原理，采用直接比较法，由0.05级标准活塞式压力计产生的压力与精密压力表所指示的压力相比较来完成。在活塞式压力计上加上相应的专用砝码，当砝码作用于活塞有效面积所产生的压力与造压器发生的压力相平衡时，被检精密压力表指示值与标准器产生的标准压力值之差即为精密压力表的示值误差。

⑥评定结果的使用：符合上述条件的测量结果，一般可直接使用本不确定度的评定方法。表8-27和表8-28为Excel电子表格，分别用于计算合并样本标准偏差和精密压力表示值误差测量结果的扩展不确定度。

8.4.4.2 测量模型

$$\Delta=P_X-P_N$$

式中：Δ 为被检精密压力表的示值误差，MPa；P_X 为被检精密压力表的指示值，MPa；P_N 为标准活塞压力计的示值，MPa。

8.4.4.3 各输入量的标准不确定度分量的评定

输入量 P_X 的标准不确定度 $u(P_X)$ 有两个分量。一是由重复性条件下被测精密压力表的重复性引起的，采用A类评定方法。精密压力表估读误差等引起的不确定度已包括在重复性测量的分散性中，故不再分析其影响。二是环境温度引入的不确定度分量，采用B类评定方法。输入量 P_N 的标准不确定度 $u(P_N)$ 主要由标准活塞式压力计的最大允许误差引起，采用B类评定方法。检定时，标准活塞式压力计的活塞下端面与精密压力表指针轴虽不在同一水平面上，但由它们之间液位高度差引起的不确定度可忽略不计。

表 8－27　4 次观测时平均值的标准偏差及合并样本标准偏差计算电子表格　单位：MPa

	A	B	C	D	E	F	G	H	I	J	K
1	i	1	2	3	4	5	6	7	8	9	10
2	x_{i1}	1.010	1.990	3.010	4.002	5.005	6.025	7.005	8.000	9.010	10.005
3	x_{i2}	1.010	1.990	3.010	4.002	5.005	6.025	7.005	8.000	9.010	10.005
4	x_{i3}	1.015	1.995	3.005	4.006	5.010	6.020	7.010	8.005	9.015	10.005
5	x_{i4}	1.015	1.995	3.005	4.006	5.010	6.025	7.005	8.005	9.015	10.010
6	s_i	0.0029	0.0029	0.0029	0.0023	0.0029	0.0025	0.0025	0.0029	0.0029	0.0025
7	$u_i(P_X)$	0.0014	0.0014	0.0014	0.0012	0.0014	0.0013	0.0012	0.0014	0.0014	0.0012
8	$u_i^2(P_X)$	2.1E－06	2.1E－06	2.1E－06	1.3E－06	2.1E－06	1.6E－06	1.6E－06	2.1E－06	2.1E－06	1.6E－06
9	$s_p=$	0.00136									

下面以测量范围为（1～60）MPa 的 0.05 级标准活塞式压力计为标准器，检定 0.25 级、测量范围为（0～10）MPa 的精密压力表为例，对其示值误差测量结果的各不确定度分量进行评定。

（1）输入量 P_X的标准不确定度 $u(P_X)$ 的评定

①检定 0.25 级精密压力表时，按 JJG 49—2013 规定应进行上升和下降共 4 次观测，用算术平均值作为测量结果报出，其重复性用表 8－27 形式的电子表格来计算。

由于测量结果是用算术平均值作为结果报出，则 $u_1(P_X)=s_i/\sqrt{4}$（在 B7 单元格中输入“＝B6/2”，拖动填充柄至 K7）。

合并样本标准偏差按 $s_p=\sqrt{\frac{1}{m}\sum_{i=1}^{m}u_i^2(P_X)}$ 计算，该合并样本标准偏差为 4 次检定结果的算术平均值的标准偏差［在 B9 单元格中输入“＝SQRT（SUM（B8：K8）/10)”］。

不同型号规格的精密压力表其合并样本标准偏差应分别获得。

②依据 JJG 49—2013，精密压力表的检定温度为（20±2)℃，温度影响所产生的最大误差为 $k_t(t-20)P_X$，这里温度系数 $k_t=0.000\ 4℃^{-1}$，$P_X=10$ MPa，估计为服从均匀分布，包含因子 $k=\sqrt{3}$，则分散区间的半宽为 $k_t\times2\times P_X$（在表 8－28 的 C3 单元格中输入“＝H5＊2＊F5”），标准不确定度 $u_2(P_X)=0.000\ 4℃^{-1}\times2℃\times P_X/\sqrt{3}$。

（2）输入量 P_N的标准不确定度分量 $u(P_N)$ 的评定

由标准活塞式压力计的检定证书可知，其准确度等级为 0.05 级，则检定 10 MPa 点的最大允许误差为±0.05％×P_X，即分散区间的半宽为 0.05％×P_X（在表 8－28 的 C2 单元格中输入“＝0.05％＊F5”)，在此区间估计服从均匀分布（$k=\sqrt{3}$），则标准不确定度 $u(P_N)=0.05\%\times P_X/\sqrt{3}$。

8.4.4.4　合成标准不确定度及扩展不确定度的评定

（1）灵敏系数

测量模型：

$$\Delta = P_X - P_N$$

灵敏系数：

$$c_1 = \partial\Delta/\partial P_X = 1$$

$$c_2 = \partial\Delta/\partial P_N = -1$$

（2）各不确定度分量汇总及计算表

将各不确定度分量汇总为如表8-28形式的Excel电子表格，该电子表格的设计方法参见本章8.2节，用它来同时完成合成标准不确定度 u_c（与 P_X 的单位相同）和扩展不确定度 U（与 P_X 的单位相同）的计算。

表8-28 各不确定度分量汇总及扩展不确定度计算电子表格

	A	B	C	D	E	F	G	H
1	序号	不确定度来源	a_{ij}	k_{ij}	$u_j(x_i)$	c_i	$c_iu_j(x_i)$	$c_i^2u_j^2(x_i)$
2	1	活塞压力计的最大允许误差	0.005	1.732	0.0029	−1	−0.0029	8.33E-06
3	2	温度影响引入的不确定度	0.008	1.732	0.0046	1	0.0046	2.13E-05
4	3	被测压力表的示值重复性			0.0013	1	0.0013	1.69E-06
5	u_c=	0.0056	U=	0.011	P_X=	10	k_t=	0.0004
6	注：以0.05级活塞压力计作标准，对于不同型号的精密压力表，只要在F5单元格中输入测量点，在E4单元格中输入对应的标准偏差，即刻在B5单元格中得到 u_c，在D5单元格中得到 U，$k=2$。							

各输入量估计值互不相关，合成标准不确定度按 $u_c = \sqrt{\sum c_i^2 u_j^2(x_i)}$ 计算。

从输入量估计值的分布和标准不确定度的数值看，输出量估计值的分布可估计为服从为凸形分布，应介于梯形与正态分布之间，这里取包含因子 $k=2$ 求得扩展不确定度 U，对应的包含概率应在95%以上。

8.4.4.5 不确定度报告

10 MPa测量结果的扩展不确定度 $U=0.011$ MPa，$k=2$。

利用表8-28，可方便地获得其他各点的扩展不确定度见表8-29。

表8-29 10 MPa量程各点的扩展不确定度（$k=2$）

测量点/MPa	1	2	3	4	5	6	7	8	9	10
U/MPa	0.004	0.004	0.004	0.005	0.006	0.007	0.008	0.009	0.010	0.011

8.4.5 电流互感器比值差、相位差测量结果的不确定度评定

8.4.5.1 概述

①测量依据：JJG 313—2010《测量用电流互感器》。

②环境条件：温度为（+10～+35）℃，相对湿度≤80%。

③测量标准：标准电流互感器。准确度为0.01级；一次电流量程为（0.1～5 000）A，二次电流量程为5 A。

④被测对象：电流互感器。准确度为0.05级；一次电流量程为（0.1～5 000）A，二

次电流量程为 5 A。

⑤测量过程：将标准电流互感器与被检电流互感器在相同额定变比的条件下，采用比较法进行测量，将在互感器校验仪测得的电流上升、下降的两次比值差读数和相位差读数的算术平均值作为被测电流互感器在该额定变比时的比值差和相位差。

⑥评定结果的使用：符合上述条件的测量结果，一般可直接使用本不确定度的评定方法。对于电压互感器也可参考使用本评定方法。在 100%额定电流时的比值差和相位差测量结果的不确定度可直接使用本不确定度的评定结果。表 8 - 30、表 8 - 31、表 8 - 32和表 8 - 33 为 Excel 电子表格，分别用于计算不同情况下的合并样本标准偏差和扩展不确定度。

8.4.5.2 测量模型

比值差测量：

$$f_x = f_p + \Delta f_0$$

式中，f_x为被检电流互感器的比值差,%；f_p为互感器校验仪上测得的电流上升、下降比值差的算术平均值,%；Δf_0为来源于标准电流互感器的比差修正值,%。

相位差测量：

$$\delta_x = \delta_p + \Delta\delta_0$$

式中，δ_x为被检电流互感器的相位差，(′)；δ_p为互感器校验仪上测得的电流上升、下降相位差的算术平均值，(′)；$\Delta\delta_0$为来源于标准电流互感器的角差修正值，(′)。

8.4.5.3 各输入量的标准不确定度分量的评定

输入量 f_p和 δ_p的标准不确定度 $u(f_p)$ 和 $u(\delta_p)$ 主要由重复性条件下被测电流互感器和标准电流互感器的重复性引起的，采用 A 类评定方法，并采用合并样本标准偏差。输入量 Δf_0和 $\Delta\delta_0$通常采用零修正，则其标准不确定度 $u(\Delta f_p)$ 和 $u(\Delta\delta_p)$ 主要来源于标准电流互感器最大允许误差，若采用修正值，则来源于修正值的不确定度及其稳定性，均采用 B 类评定方法。另外，被检电流互感器证书值数据修约还产生一个不确定度分量 $u(x)$。

根据互感器校验仪的技术指标可知，在被测量值较小（即被检互感器的比值差和相位差较小）时，由于互感器校验仪误差引起的不确定度主要是由最小分度值引起的，而该不确定度已包含在由重复性引起的不确定度分量 $u(f_p)$ 和 $u(\delta_p)$ 中。因此，当被测量值较小时，由互感器校验仪误差引起的不确定度可以不必再另做分析。

另外，标准电流互感器的变差、电源频率影响、电磁场影响等按 JJG 313—2010 规定的数值，在不确定度评定中完全可以忽略。

(1) 标准不确定度分量 $u(f_p)$ 和 $u(\delta_p)$ 的评定

该不确定度分量可以通过连续测量得到测量列，采用 A 类方法进行评定。磁场影响等引起的不确定度已包含在此标准不确定度分量中，故不另做分析评定。

对 3 台电流互感器，在 5A/5A 挡，额定电流为 100%时，在重复性条件下各进行 10 次独立测量，得到电流上升、下降比值差和相位差的算术平均值的测量列（每次测量均须重新接线)，分别得到 3 组测量数据，并设计为如表 8 - 30 和表 8 - 31 形式的 Excel 电子表格。

合并样本标准偏差按 $s_p=\sqrt{\frac{1}{m}\sum_{i=1}^{m}s_i^2}$ 计算。

表8-30 被检电流互感器各次测得的比差平均值 单位：%

	A	B	C	D	E	F	G	H	I	J	K	L
1	次数	1	2	3	4	5	6	7	8	9	10	s_i
2	1	0.039	0.033	0.035	0.034	0.039	0.036	0.038	0.036	0.038	0.033	0.0023
3	2	0.023	0.029	0.024	0.025	0.026	0.028	0.026	0.028	0.023	0.027	0.0021
4	3	0.033	0.032	0.037	0.034	0.038	0.033	0.032	0.032	0.035	0.038	0.0025
5	s_p=	0.0023										

$u(f_p)=s_p=0.002\,3\%$，自由度 $\nu_1(f_p)=m(n-1)=3\times(10-1)=27$。

表8-31 被检电流互感器各次测得的相位差平均值 单位：(′)

	A	B	C	D	E	F	G	H	I	J	K	L
1	次数	1	2	3	4	5	6	7	8	9	10	s_i
2	1	0.77	0.87	0.70	0.74	0.86	0.79	0.84	0.94	0.77	0.96	0.085
3	2	0.56	0.68	0.58	0.74	0.59	0.60	0.68	0.70	0.78	0.58	0.077
4	3	0.79	0.88	0.90	0.77	0.86	0.79	0.80	0.90	0.68	0.73	0.074
5	s_p=	0.079										

$u(\delta_p)=s_p=0.079'$，自由度 $\nu_1(\delta_p)=m(n-1)=3\times(10-1)=27$。

(2) 标准不确定度分量 $u(\Delta f_p)$ 和 $u(\Delta\delta_p)$ 的评定

该不确定度分量主要来源于标准电流互感器的最大允许误差。标准电流互感器经上级检定合格，其比值差最大允许误差为±0.01%，相位差最大允许误差为±0.3′，其半宽 $a_f=0.01\%$，$a_\delta=0.3'$，在此区间内可估计服从正态分布（$k=3$），则：

标准不确定度 $u(\Delta f_p)=0.01\%/3$，估计 $\Delta u(\Delta f_p)/u(\Delta f_p)=0.1$，其自由度 $\nu_2(\Delta f_p)=50$。

标准不确定度 $u(\Delta\delta_p)=0.3'/3$，估计 $\Delta u(\Delta\delta_p)/u(\Delta\delta_p)=0.1$，其自由度 $\nu_2(\Delta\delta_p)=50$。

(3) 不确定度分量 $u(x)$ 的评定

因为证书中给出的测量结果是修约后的测量结果，因此数据修约将产生不确定度，0.05级电流互感器比值差的修约间隔为0.005%，即分散区间的半宽为0.002 5%，在此区间估计为服从均匀分布（$k=\sqrt{3}$），则标准不确定度 $u(f_x)=0.002\,5\%/3$，其自由度 $\nu_3(f_x)=\infty$。相位差的修约间隔为0.2′，即分散区间的半宽为0.1′，在此区间估计为服从均匀分布（$k=\sqrt{3}$），则标准不确定度 $u(\delta_x)=0.1'/\sqrt{3}$，其自由度 $\nu_3(\delta_x)=\infty$。

8.4.5.4 合成标准不确定度及扩展不确定度的评定

(1) 灵敏系数

$$c_1=\partial f_x/\partial f_p=1$$

$$c_2=\partial f_x/\partial\Delta f_0=1$$

$$c_3 = \partial\delta_x / \partial\delta_p = 1$$

$$c_4 = \partial\delta_x / \partial\Delta\delta_0 = 1$$

被检电流互感器数据修约产生的不确定度分量的灵敏系数为 1。

（2）各不确定度分量汇总及计算表

比值差测量结果的各不确定度分量汇总为如表 8－32 所示的 Excel 电子表格，相位差测量结果的各不确定度分量汇总为如表 8－33 的 Excel 电子表格，用它们来同时完成合成标准不确定度 u_c、有效自由度 ν_{eff}和扩展不确定度 U_{95}的计算。

各输入量估计值彼此不相关，合成标准不确定度按 $u_c = \sqrt{\sum c_i^2 u^2(x_i)}$ 计算。

有效自由度按 $\nu_{eff} = \dfrac{u_c^4}{\sum\limits_{i=1}^{N} \dfrac{[c_i u(x_i)]^4}{\nu_i}}$ 计算。

取包含概率 $p=95\%$，$\nu_{eff}=97$，将有效自由度值近似取整为 50 并查 t 分布表得到：$k_{95}=t_{95}(\nu_{eff})=t_{95}(50)=2.01$；$\nu_{eff}=111$，将有效自由度值近似取整为 100 并查 t 分布表得到：$k_{95}=t_{95}(\nu_{eff})=t_{95}(50)=1.984$。

表 8－32　比值差各不确定度分量汇总及扩展不确定度计算电子表格

	A	B	C	D	E	F	G	H
1	序号	不确定度来源	a_i	k_i	$u(x_i)$	c_i	$c_i u(x_i)$	ν_i
2	1	标准电流互感器的比值差	0.010%	3	0.003%	1	0.0033%	50
3	2	被检误差修约产生的不确定度	0.0025%	1.732	0.0014%	1	0.0014%	∞
4	3	测量结果的不重复			0.0023%	1	0.0023%	27
5	$u_c=$	0.0043%	$\nu_{eff}=$	97				
6	$U_{95}=$	0.009%	$k_{95}=$	2.01				
7	注：对于不同型号等级的电流互感器，以及不同的负荷电流，只要分别在 C2、C3 和 E4 单元格中输入相应的数值即刻得到 u_c和 ν_{eff}，查表得 k_{95}，输入到 D6 单元格，即刻得到 U_{95}。							

表 8－33　相位差各不确定度分量汇总及扩展不确定度计算电子表格

	A	B	C	D	E	F	G	H
1	序号	不确定度来源	a_i	k_i	$u(x_i)$	c_i	$c_i u(x_i)$	ν_i
2	1	标准电流互感器的相位差	0.3	3	0.10	1	0.10	50
3	2	被检误差修约产生的不确定度	0.1	1.732	0.058	1	0.058	∞
4	3	测量结果的不重复			0.079	1	0.079	27
5	$u_c=$	0.14	$\nu_{eff}=$	111				
6	$U_{95}=$	0.28	$k_{95}=$	1.984				
7	注：对于不同型号等级的电流互感器，以及不同的负荷电流，只要分别在 C2、C3 和 E4 单元格中输入相应的数值即刻得到 u_c和 ν_{eff}，查表得 k_{95}，输入到 D6 单元格，即刻得到 U_{95}。							

8.4.5.5　不确定度报告

在 100%额定电流时，比值差测量结果的扩展不确定度为：$U_{95}=0.009\%$，$\nu_{eff}=$

50；相位差测量结果的扩展不确定度为：$U_{95}=0.28'$，$\nu_{eff}=100$。

计算得到的有效自由度都在50以上，整个评定过程可以删除有关自由度的内容，包括表8-32和表8-33中关于自由度的计算，直接给出包含因子$k=2$的扩展不确定度。那么，不确定度的报告变为：在100%额定电流时，比值差测量结果的扩展不确定度为：$U=0.009\%$，相位差测量结果的扩展不确定度为：$U=0.28'$，$k=2$。

1. 下表是重复性条件下的4组试验数据，请设计Excel电子表格计算合并样本标准偏差。

组数	次数									
	1	2	3	4	5	6	7	8	9	10
1	0.0111	0.0142	0.0155	0.0160	0.0130	0.0128	0.0160	0.0201	0.0212	0.0150
2	0.0221	0.0142	0.0155	0.0160	0.0130	0.0201	0.0234	0.0134	0.0143	0.0150
3	0.0124	0.0220	0.0230	0.0160	0.0178	0.0128	0.0113	0.0150	0.0143	0.0168
4	0.0220	0.0142	0.0155	0.0223	0.0130	0.0128	0.0180	0.0134	0.0200	0.0150

2. 设测量模型为$y=x_1+2x_2+0.5x_3$，假设各不确定度来源分别用A、B、C、D、E和F表示，各分散区间的半宽a_{ij}及其分布对应的包含因子k_{ij}和自由度ν_{ij}如下表。请设计Excel电子表格计算合成标准不确定度及其有效自由度和U_{95}。

输入量x_i	不确定度来源	a_{ij}	k_{ij}	ν_{ij}
x_1	A	0.20	3	50
	B	0.10	$\sqrt{3}$	12
x_2	C	0.10	$\sqrt{3}$	12
	D	0.10	$\sqrt{2}$	12
x_3	E	0.20	3	8
	F	0.30	$\sqrt{3}$	8

3. 采用第2题的条件，但不用考虑自由度。请设计Excel电子表格计算包含因子$k=2$的扩展不确定度U。

9　计量标准考核

9.1　计量标准考核规范

JJF 1033《计量标准考核规范》经过多次的修订，使得计量标准考核的要求更加完善和科学合理。特别是JJF 1033—2016用“检定或校准结果的重复性”代替了JJF 1033—2008“计量标准的重复性”，并进一步明确了试验方法和判定要求；细化了计量标准的稳定性考核方法和判定要求；明确了计量标准考核中有关不确定度的评定与表示方法，对涉及“不确定度”的有关内容进行了修订和完善等。

9.1.1　计量标准的考核要求

9.1.1.1　计量标准器及配套设备

建标单位应当按照计量技术规范的要求，科学合理、完整齐全地配置计量标准器及配套设备（包括计算机及软件，下同），并能满足开展检定或校准工作的需要。

建标单位配置的计量标准器及主要配套设备，其计量特性应当符合相应计量技术规范的规定，并能满足开展检定或校准工作的需要。

计量标准的量值应当溯源至计量基准或社会公用计量标准；当不能采用检定或校准方式溯源时，应当通过计量比对的方式确保计量标准量值的一致性；计量标准器及主要配套设备均应当有连续、有效的检定或校准证书（包括符合要求的溯源性证明文件，下同）。

计量标准的溯源性应当符合如下要求：

①计量标准器应当定点定期经法定计量检定机构或县级以上人民政府计量行政部门授权的计量技术机构建立的社会公用计量标准检定合格或校准来保证其溯源性；主要配套设备应当经检定合格或校准来保证其溯源性。

②有计量检定规程的计量标准器及主要配套设备，应当按照计量检定规程的规定进行检定。

③没有计量检定规程的计量标准器及主要配套设备，应当依据国家计量校准规范进行校准。如无国家计量校准规范，可以依据有效的校准方法进行校准。校准的项目和主要技术指标应当满足其开展检定或校准工作的需要，并参照JJF 1139《计量器具检定周期确定原则和方法》的要求，确定合理的复校时间间隔。

④计量标准中使用的标准物质应当是处于有效期内的有证标准物质。

⑤当计量基准和社会公用计量标准无法满足计量标准器及主要配套设备量值溯源

需要时，建标单位应当经国务院计量行政部门同意后，方可溯源至国际计量组织或其他国家具备相应测量能力的计量标准。

9.1.1.2 计量标准的主要计量特性

计量标准的测量范围应当用计量标准能够测量出的一组量值来表示，对于可以测量多种参数的计量标准，应当分别给出每种参数的测量范围。计量标准的测量范围应当满足开展检定或校准工作的需要。

计量标准的不确定度或准确度等级或最大允许误差应当根据计量标准的具体情况，按照本专业规定或约定俗成进行表述。对于可以测量多种参数的计量标准，应当分别给出每种参数的不确定度或准确度等级或最大允许误差。计量标准的不确定度或准确度等级或最大允许误差应当满足开展检定或校准工作的需要。

计量标准的稳定性用计量标准的计量特性在规定时间间隔内发生的变化量表示。新建计量标准一般应当经过半年以上的稳定性考核，证明其所复现的量值稳定可靠后，方可申请计量标准考核；已建计量标准一般每年至少进行一次稳定性考核，并通过历年的稳定性考核记录数据比较，以证明其计量特性的持续稳定。计量标准的稳定性考核按照JJF 1033附录C.2的要求进行。

若计量标准在使用中采用标称值或示值，则计量标准的稳定性应当小于计量标准的最大允许误差的绝对值；若计量标准需要加修正值使用，则计量标准的稳定性应当小于修正值的扩展不确定度（U_{95}或U，$k=2$）。当计量技术规范对计量标准的稳定性有规定时，则可以依据其规定判断稳定性是否合格。有效期内的有证标准物质可以不进行稳定性考核。

计量标准的灵敏度、分辨力、鉴别阈、漂移、死区及响应特性等计量特性应当满足相应计量技术规范的要求。

9.1.1.3 环境条件及设施

温度、湿度、洁净度、振动、电磁干扰、辐射、照明及供电等环境条件应当满足计量技术规范的要求。

建标单位应当根据计量技术规范的要求和实际工作需要，配置必要的设施，并对检定或校准工作场所内互不相容的区域进行有效隔离，防止相互影响。建标单位应当根据计量技术规范的要求和实际工作需要，配置监控设备，对温度、湿度等参数进行监测和记录。

9.1.1.4 人员

建标单位应当配备能够履行职责的计量标准负责人，计量标准负责人应当对计量标准的建立、使用、维护、溯源和文件集的更新等负责。

建标单位应当为每项计量标准配备至少两名具有相应能力，并满足有关计量法律法规要求的检定或校准人员。

9.1.1.5 文件集

每项计量标准应当建立一个文件集，文件集目录中应当注明各种文件保存的地点、方式和保存期限。建标单位应当确保所有文件完整、真实、正确和有效。

文件集应当包含以下文件：

①计量标准考核证书（如果适用）；

②社会公用计量标准证书（如果适用）；

③计量标准考核（复查）申请书；

④计量标准技术报告；

⑤检定或校准结果的重复性试验记录；

⑥计量标准的稳定性考核记录；

⑦计量标准更换申报表（如果适用）；

⑧计量标准封存（或撤销）申报表（如果适用）；

⑨计量标准履历书；

⑩国家计量检定系统表（如果适用）；

⑪计量技术规范；

⑫计量标准操作程序；

⑬计量标准器及主要配套设备使用说明书（如果适用）；

⑭计量标准器及主要配套设备的检定或校准证书；

⑮检定或校准人员能力证明；

⑯实验室的相关管理制度；

⑰开展检定或校准工作的原始记录及相应的检定或校准证书副本；

⑱可以证明计量标准具有相应测量能力的其他技术资料（如果适用）。如：检定或校准结果的不确定度评定报告、计量比对报告、研制或改造计量标准的技术鉴定或验收资料等。

建标单位应当备有开展检定或校准工作所依据的有效计量技术规范。如果没有国家计量检定规程或国家计量校准规范，可以选用部门、地方计量检定规程。对于国民经济和社会发展急需的计量标准，如果没有计量检定规程或国家计量校准规范，建标单位可以根据国际、区域、国家、军用或行业标准编制相应的校准方法，经过同行专家审定后，连同所依据的技术规范和实验验证结果，报主持考核的人民政府计量行政部门同意后，方可作为建立计量标准的依据。

新建计量标准，应当撰写计量标准技术报告，报告内容应当完整、正确；已建计量标准，如果计量标准器及主要配套设备、环境条件及设施、计量技术规范等发生变化，引起计量标准主要计量特性发生变化时，应当修订计量标准技术报告。建标单位在计量标准技术报告中应当准确描述建立计量标准的目的、计量标准的工作原理及其组成、计量标准的稳定性考核、结论及附加说明等内容，具体应当满足如下要求：

①计量标准器及主要配套设备的名称、型号、测量范围、不确定度或准确度等级或最大允许误差、制造厂及出厂编号、检定周期或复校间隔以及检定或校准机构等栏目信息应当填写完整、正确。

②计量标准的测量范围、不确定度或准确度等级或最大允许误差及计量标准的稳定性等主要技术指标以及温度、湿度等环境条件应当填写完整、正确。对于可以测量多种参数的计量标准，应当给出对应于每种参数的主要技术指标。

③根据相应的计量技术规范，正确画出所建计量标准溯源到上一级计量器具和传递到下一级计量器具的量值溯源和传递框图。

④按照 JJF 1033 附录 C.1 的要求进行检定或校准结果的重复性试验。新建计量标

准应当进行重复性试验，并将得到的重复性用于检定或校准结果的不确定度评定；已建计量标准，每年至少进行一次重复性试验，测得的重复性应当满足检定或校准结果的不确定度要求。

⑤按照 JJF 1033 附录 C.3 的要求进行检定或校准结果的不确定度评定，评定步骤、方法应当正确，评定结果应当合理。必要时，可以形成独立的检定或校准结果的不确定度评定报告。

⑥按照 JJF 1033 附录 C.4 的要求进行检定或校准结果的验证，验证方法应当正确，验证结果应当符合要求。

检定或校准的原始记录格式规范、信息齐全，填写、更改、签名及保存等符合有关规定的要求。原始数据真实、完整，数据处理正确。

检定或校准证书的格式、签名、印章及副本保存等符合有关规定的要求。检定或校准证书结果正确，内容符合计量技术规范的要求。

建标单位应当建立并执行下列管理制度，以保证计量标准处于正常运行状态。

①实验室岗位管理制度；

②计量标准使用维护管理制度；

③量值溯源管理制度；

④环境条件及设施管理制度；

⑤计量技术规范管理制度；

⑥原始记录及证书管理制度；

⑦事故报告管理制度；

⑧计量标准文件集管理制度。

上述各管理文件可以单独制订，也可以包含在建标单位的管理体系文件中。

9.1.1.6 计量标准测量能力的确认

技术资料审查。通过建标单位提供的计量标准的稳定性考核、检定或校准结果的重复性试验、检定或校准结果的不确定度评定、检定或校准结果的验证以及计量比对等技术资料，综合判断计量标准测量能力是否满足开展检定或校准工作的需要以及计量标准是否处于正常工作状态。

现场实验。通过现场实验的结果、检定或校准人员实际操作和回答问题的情况，判断计量标准测量能力是否满足开展检定或校准工作的需要以及计量标准是否处于正常工作状态。现场实验应当满足以下要求：

检定或校准人员采用的检定或校准方法、操作程序以及操作过程等符合计量技术规范的要求。

检定或校准人员数据处理正确，检定或校准的结果符合 JJF 1033 附录 C.5 的有关要求。

计量标准负责人及检定或校准人员能够正确回答有关本专业基本理论方面的问题、计量技术规范中有关问题、操作技能方面的问题，以及考评中发现的问题。

9.1.2 计量标准考核的程序

9.1.2.1 计量标准考核的申请

申请新建计量标准考核，建标单位应当按本章 9.1.1 节的要求进行准备，并完成以下工作：

①科学合理、完整齐全地配置计量标准器及配套设备；

②计量标准器及主要配套设备应当取得有效的检定或校准证书；

③计量标准应当经过试运行，考察计量标准的稳定性等计量特性，并确认其符合要求；

④环境条件及设施应当符合计量技术规范的要求，并对环境条件进行有效监控；

⑤每个项目配备至少两名具有相应能力的检定或校准人员，并指定一名计量标准负责人；

⑥建立计量标准的文件集。文件集中的计量标准的稳定性考核、检定或校准结果的重复性试验、检定或校准结果的不确定度评定以及检定或校准结果的验证等内容应当符合JJF 1033附录C的有关要求。

申请计量标准复查考核，建标单位应当确认计量标准持续处于正常工作状态，并完成以下工作：

①保证计量标准器及主要配套设备的连续、有效溯源；

②按规定进行检定或校准结果的重复性试验；

③按规定进行计量标准的稳定性考核；

④及时更新计量标准文件集中的有关文件。

建标单位依据《计量标准考核办法》的有关规定向主持考核的人民政府计量行政部门提出考核申请。

《计量法》第六、七、八条，《中华人民共和国计量法实施细则》第八、九、十条，以及《计量标准考核办法》对下述4类不同情况计量标准的考核申请做出了规定。

①国务院计量行政部门组织建立的社会公用计量标准及省级人民政府计量行政部门组织建立的本行政区域内最高等级的社会公用计量标准，应当向国务院计量行政部门申请考核。市（地）、县级人民政府计量行政部门组织建立的本行政区域内各项最高等级的社会公用计量标准，应当向上一级人民政府计量行政部门申请考核；各级地方人民政府计量行政部门组织建立的其他等级的社会公用计量标准，应当向组织建立计量标准的人民政府计量行政部门申请考核。即县级以上人民政府计量行政部门建立的本行政区域内的各项最高等级的社会公用计量标准，应当向上一级人民政府计量行政部门申请考核；其他等级的社会公用计量标准，应当向当地人民政府计量行政部门申请考核。

②国务院有关主管部门和省、自治区、直辖市人民政府有关主管部门组织建立本部门的各项最高计量标准，应当向同级人民政府计量行政部门申请考核。

国务院有关主管部门是指国务院下属的部级有关行业主管部门，省、自治区、直辖市人民政府有关主管部门是指省、自治区、直辖市人民政府下属的厅（局）级有关行业主管部门。

国务院有关主管部门建立本部门的各项最高计量标准应当向国务院计量行政部门申请考核；省级人民政府有关主管部门建立本部门的各项最高计量标准，应当向省级人民政府计量行政部门申请考核。

③企业、事业单位建立本单位的各项最高计量标准，应当向与其主管部门同级的

人民政府计量行政部门申请考核。

有主管部门的企业、事业单位的计量标准，无论是用于检定还是校准，其各项最高计量标准，都应当经与其主管部门同级的人民政府计量行政部门主持考核合格后，才能开展检定或校准工作。

无主管部门的企业单位建立本单位内部使用的各项最高计量标准，应当向该单位工商注册地的人民政府计量行政部门申请考核。民营、私营和三资企业单位一般都属于无主管部门的单位，这些单位在建立计量标准时，其各项最高计量标准应当向该单位工商注册地的人民政府计量行政部门申请考核。

④承担人民政府计量行政部门计量授权任务的单位建立相关计量标准，应当向授权的人民政府计量行政部门申请考核。

对社会开展强制检定、非强制检定或对内部执行强制检定应当按照国家《计量授权管理办法》的规定向有关人民政府计量行政部门申请计量授权。其计量标准应当向受理计量授权的人民政府计量行政部门申请考核。

建标单位向主持考核的人民政府计量行政部门提出考核申请时，应当按下列要求递交申请资料：

申请新建计量标准考核，建标单位应当向主持考核的人民政府计量行政部门提供以下资料：

①计量标准考核（复查）申请书原件一式两份和电子版一份；

②计量标准技术报告原件一份；

③计量标准器及主要配套设备有效的检定或校准证书复印件一套；

④开展检定或校准项目的原始记录及相应的模拟检定或校准证书复印件两套；

⑤检定或校准人员能力证明复印件一套；

⑥可以证明计量标准具有相应测量能力的其他技术资料（如果适应）复印件一套。

申请计量标准复查考核，建标单位应当在计量标准考核证书有效期届满前六个月向主持考核的人民政府计量行政部门提出申请，并向主持考核的人民政府计量行政部门提供以下资料：

①计量标准考核（复查）申请书原件一式两份和电子版一份；

②计量标准考核证书原件一份；

③计量标准技术报告原件一份；

④计量标准考核证书有效期内计量标准器及主要配套设备的连续、有效的检定或校准证书复印件一套；

⑤随机抽取该计量标准近期开展检定或校准工作的原始记录及相应的检定或校准证书复印件两套；

⑥计量标准考核证书有效期内连续的检定或校准结果的重复性试验记录复印件一套；

⑦计量标准考核证书有效期内连续的计量标准的稳定性考核记录复印件一套；

⑧检定或校准人员能力证明复印件一套；

⑨计量标准更换申报表（如果适用）复印件一份；

⑩计量标准封存（或撤销）申报表（如果适用）复印件一份；

⑪可以证明计量标准具有相应测量能力的其他技术资料（如果适应）复印件一套。

9.1.2.2 计量标准考核的受理

主持考核的人民政府计量行政部门收到建标单位申请考核的资料后，应当对资料进行初审，确定是否受理。

初审的内容主要包括：

①申请考核的计量标准是否属于受理范围；

②申请资料是否齐全，内容是否完整，所用表格是否采用 JJF 1033 规定的格式；

③计量标准器及主要配套设备是否具有有效的检定或校准证书；

④开展的检定或校准项目是否具有计量技术规范；

⑤是否配备至少两名具有相应能力的检定或校准人员。

申请资料齐全并符合规范要求的，受理申请，发送受理决定书。

申请资料不符合 JJF 1033 要求的：

①可以立即更正的，应当允许建标单位更正。更正后符合规范要求的，受理申请，发送受理决定书。

②申请资料不齐全或不符合 JJF 1033 要求的，应当在 5 个工作日内一次告知建标单位需要补正的全部内容，经补充符合要求的予以受理；逾期未告知的，视为受理。

③不属于受理范围的，发送不予受理决定书，并将有关申请资料退回建标单位。

9.1.2.3 计量标准考核的组织与实施

主持考核的人民政府计量行政部门受理考核申请后，应当及时确定组织考核的人民政府计量行政部门。主持考核的人民政府计量行政部门所辖区域内的计量技术机构具有与被考核计量标准相同或更高等级的计量标准，并有该项目的计量标准考评员（以下简称考评员）的，应当自行组织考核；不具备上述条件的，应当报上一级人民政府计量行政部门组织考核。

组织考核的人民政府计量行政部门应当及时委托具有相应能力的单位（即考评单位）或组成考评组承担计量标准考核的考评任务，并下达计量标准考核计划。计量标准考核的组织工作应当在 10 个工作日内完成。

主持考核的人民政府计量行政部门有国家、省级、市（地）及县四级。

计量标准考核实行考评员负责制，每项计量标准一般由 1 至 2 名考评员执行考评任务。

组织考核的人民政府计量行政部门一般聘用本行政区内的考评员执行考评任务，需要跨行政区域聘用考评员的，聘用时应当通过考评员所在地的人民政府计量行政部门认可。安排考评任务时，委托考评项目应当与考评员所取得的考评项目一致。如果考评员所持考评项目不足以覆盖被考评项目，组织考核的人民政府计量行政部门可以聘请有关技术专家和相近专业项目的考评员组成考评组执行考评任务。

考评单位应当根据有关人民政府计量行政部门下达的计量标准考评计划，聘请本单位的考评员执行考评工作。

如果是现场考评，组织考核的人民政府计量行政部门或考评单位应当组成考评组，并指派其中 1 名考评员担任考评组组长。

9.1.2.4 计量标准考核的审批

主持考核的人民政府计量行政部门对组织考核的人民政府计量行政部门、考评单位或考评组上报的考核资料及考评员的考评结果进行审核，批准考核合格的计量标准，确认考核不合格的计量标准。审批工作一般应当在20个工作日内完成。

主持考核的人民政府计量行政部门，应当根据审批结果在10个工作日内向考核合格的建标单位下达准予行政许可决定书，颁发计量标准考核证书，退回计量标准考核（复查）申请书和计量标准技术报告原件各一份；向考核不合格的建标单位发送不予行政许可决定书或计量标准考核结果通知书，将有关资料退回建标单位；主持考核的人民计量行政部门应当保留计量标准考核（复查）申请书和计量标准考核报告各一份存档。

计量标准考核证书的有效期为4年。

9.1.3 计量标准的考评

9.1.3.1 计量标准的考评方式、内容和要求

计量标准的考评分为书面审查和现场考评。新建计量标准的考评首先进行书面审查，如果基本符合条件，再进行现场考评；复查计量标准的考评一般采用书面审查的方式来判断计量标准的测量能力，如果建标单位提供的申请资料不能证明计量标准能够保持相应的测量能力，应当安排现场考评；对于同一建标单位同时申请多项计量标准复查考核的，在书面审查的基础上，可以采用抽查的方式进行现场考评。

计量标准的考评内容包括计量标准器及配套设备、计量标准的主要计量特性、环境条件及设施、人员、文件集以及计量标准测量能力的确认等6个方面共30项要求，见JJF 1033附录J计量标准考核报告中的计量标准考评表。其中重点考评项目（带*号的项目）有10项；书面审查项目（带△号的项目）有20项；可以简化考评项目（带○号的项目）有4项。考评时，如果有重点考评项目不符合要求，则为考评不合格；如果重点考评项目有缺陷，或其他项目不符合或有缺陷时，则可以限期整改，整改时间一般不超过15个工作日。超过整改期限仍未改正者，则为考评不合格。

计量标准的考评应当在80个工作日内（包括整改时间）完成。

对于仅用于开展计量检定，并列入简化考核的计量标准项目目录（见JJF 1033附录N）中的计量标准，其稳定性考核、检定结果的重复性试验、检定结果的不确定度评定以及检定结果的验证等4个项目可以免于考评。

9.1.3.2 计量标准的考评方法

计量标准考核坚持逐项考评的原则。计量标准的考评方式有书面审查、现场考评两种方式。

书面审查是考评员通过查阅建标单位提供的资料，确认所建计量标准是否满足法制和技术的要求，是否符合有关考核要求，并具有相应测量能力。如果考评员对建标单位提供的资料有疑问时，应当与建标单位进行沟通。

书面审查的内容见“计量标准考评表”中带“△”的项目。重点审查内容有如下8项：

①计量标准器及主要配套设备的配置是否完整齐全，是否符合计量技术规范的要求，并满足开展检定或校准工作的需要；

②计量标准的溯源性是否符合规定要求，计量标准器及主要配套设备是否具有有效的检定或校准证书；

③计量标准的主要计量特性是否符合要求；

④是否采用有效的计量技术规范；

⑤原始记录、数据处理以及检定或校准证书是否符合要求；

⑥计量标准技术报告填写内容是否齐全、正确，并及时更新，重点关注计量标准的稳定性考核、检定或校准结果的重复性试验、检定或校准结果的不确定度评定以及检定或校准结果的验证等内容是否符合要求；

⑦是否配备至少两名本项目具有相应能力的检定或校准人员；

⑧计量标准具有相应测量能力的其他技术资料是否符合要求。

对新建计量标准书面审查结果的处理有如下 3 种情况：

①如果基本符合考核要求，考评组组长或考评员应当与建标单位商定现场考评事宜，并将现场考评的具体时间及有关事宜提前通知建标单位。

②如果发现某些方面不符合考核要求，考评员应当与建标单位进行交流，必要时，下达计量标准整改工作单（见 JJF 1033 附录 J）。如果建标单位经过补充、修改、纠正、完善，解决了存在问题的，按时完成了整改工作，则应当安排现场考评；如果建标单位不能在 15 个工作日内完成整改工作，则考评不合格。

③如果发现存在重大或难以解决的问题，考评员与建标单位交流后，确认计量标准测量能力不符合考核要求，则考评不合格。

对复查计量标准书面审查结果的处理有如下 4 种情况：

①如果符合考核要求，考评员能够确认计量标准保持相应测量能力，则考评合格。

②如果发现某些方面不符合考核要求，考评员应当与建标单位进行交流，必要时，下达计量标准整改工作单。如果建标单位经过补充、修改、纠正、完善，解决了存在的问题，按时完成了整改工作，考评员能够确认计量标准测量能力符合考核要求，则考评合格；如果建标单位不能在 15 个工作日内完成整改工作，则考评不合格。

③如果对计量标准测量能力有疑问，考评员与建标单位交流后仍无法消除疑问，则应当安排现场考评。

④如果发现存在重大或难以解决的问题，考评员与建标单位交流后，确认计量标准测量能力不符合考核要求，则考评不合格。

现场考评是考评员通过现场观察、资料核查、现场实验和现场提问等方法，对计量标准是否符合考核要求进行判断，并对计量标准测量能力进行确认。现场考评以现场实验和现场提问作为考评重点，现场考评的时间一般为 1～2 天。

现场考评的内容为 6 个方面 30 项要求。进行现场考评时，考评员应当按照计量标准考评表的内容逐项进行审查和确认。在考评过程中，考评员应当对发现的问题与建标单位有关人员交换意见，确认不符合项或缺陷项，下达计量标准整改工作单。

现场考评的程序可分为如下 5 个方面：

（1）首次会议

首次会议的主要内容为：考评组组长宣布考评的项目和考评员分工，明确考核的依据、现场考评日程安排和要求；建标单位主管人员介绍本单位概况和计量标准考核准备工作情况。

（2）现场观察

考评员在建标单位有关人员的陪同下，对考评项目的相关场所进行现场观察。通过观察，了解计量标准器及配套设备、环境条件及设施等方面的情况，为进入考评做好准备。

（3）资料核查

考评员应当按照计量标准考评表的内容对申请资料的真实性进行现场核查，核查时应当对重点考核项目以及书面审查未涉及的项目予以关注。

（4）现场实验和现场提问

现场实验由检定或校准人员用被考核的计量标准对考评员指定的测量对象进行检定或校准。根据实际情况可以选择盲样、建标单位的核查标准或近期已检定或校准过的计量器具作为测量对象。现场实验时，考评员应当对检定或校准操作程序、操作过程以及采用的检定或校准方法等内容进行考评，并按照JJF 1033附录C.5的要求将现场实验数据与已知参考数据进行比较，对现场实验结果进行评价，确认计量标准测量能力是否符合考核要求。

现场提问的内容包括：本专业基本理论方面的问题、计量技术规范中的有关问题、操作技能方面的问题以及考核中发现的问题。

（5）末次会议

末次会议由考评组组长或考评员报告考评情况，宣布现场考评结论；需要整改的，应当确认不符合项或缺陷项，提出整改要求和期限；建标单位有关人员表达意见。

关于现场实验结果的评价可按如下情况处理：

对于考评员自带盲样的情况，现场测量结果与参考值之差应当不大于两者的扩展不确定度（U_{95}或U，$k=2$，下同）的方和根。若现场测量结果和参考值分别为y和y_0，它们的扩展不确定度分别为U和U_0，则应当满足：

$$|y-y_0|\leqslant\sqrt{U^2+U_0^2}$$

若使用建标单位的核查标准作为测量对象，则建标单位应当在现场测量前提供该核查标准的参考值及其不确定度。若采用外单位送检的仪器作为测量对象，建标单位也应当在现场测量前提供该仪器的检定或校准结果及其不确定度。在此两种情况下，由于测量结果和参考值都是采用同一套计量标准进行测量，因此在扩展不确定度中应当减去由系统效应引起的不确定度分量，例如由计量标准器引入的不确定度分量，由测量仪器的示值误差引入的不确定度分量等。若现场测量结果和参考值分别为y和y_0，它们的扩展不确定度均为U，减去由系统效应引入的不确定度分量后的扩展不确定度为U'，则应当满足：

$$|y-y_0|\leqslant\sqrt{2}U'$$

完成现场实验后，应当将与现场实验有关的原始记录附在计量标准考评表上。

9.1.3.3　整改

对于存在不符合项或缺陷项的计量标准，建标单位应当按照计量标准整改工作单的整改要求对存在的问题进行改正、完善，并在15个工作日内完成整改工作。考评员应当对不符合项或缺陷项的纠正措施进行跟踪确认。

建标单位如果不能在15个工作日内完成整改工作，视为自动放弃，考评员可以确认考评不合格。

9.1.3.4 考评结果的处理

考评员在考评时应当正确填写计量标准考核报告，并给出明确的考评结论及意见。完成考评后，将计量标准考核报告以及申请资料交回考评单位或考评组组长。

考评单位或考评组组长应当在5个工作日内对考评结果进行复核，并在计量标准考核报告相应栏目中签署意见后，报组织考核的人民政府计量行政部门审核。审核应当在5个工作日内完成，组织考核的人民政府计量行政部门审核后交由主持考核的人民政府计量行政部门审批。

建标单位对计量标准考评工作及考评结论有意见的，可以填写计量标准考评工作评价及意见表（格式见JJF 1033附录L），寄送组织考核的人民政府计量行政部门或主持考核的人民政府计量行政部门。

9.1.4 计量标准考核的后续监管

9.1.4.1 计量标准器或主要配套设备的更换

处于计量标准考核证书有效期内的计量标准，发生计量标准器或主要配套设备的更换（包括增加、减少，下同），建标单位应当按下述规定履行相关手续。

①更换计量标准器或主要配套设备后，如果计量标准的不确定度或准确度等级或最大允许误差发生了变化，应当按新建计量标准申请考核。

②更换计量标准器或主要配套设备后，如果计量标准的测量范围或开展检定或校准的项目发生变化，应当申请计量标准复查考核。

③更换计量标准器或主要配套设备后，如果计量标准的测量范围、计量标准的不确定度或准确度等级或最大允许误差以及开展检定或校准的项目均无变化，应当填写计量标准更换申报表一式两份，提供更换后计量标准器或主要配套设备有效的检定或校准证书和计量标准考核证书复印件各一份，报主持考核的人民政府计量行政部门履行有关手续。同意更换的，建标单位和主持考核的人民政府计量行政部门各保存一份计量标准更换申报表。

此种更换，建标单位应当重新进行计量标准的稳定性考核、检定或校准结果的重复性试验和检定或校准结果的不确定度评定，并将相应的计量标准的稳定性考核记录、检定或校准结果的重复性试验记录和检定或校准结果的不确定度评定报告纳入计量标准的文件集进行管理。

④如果更换的计量标准器或主要配套设备为易耗品（如标准物质等），并且更换后不改变原计量标准的测量范围、计量标准的不确定度或准确度等级或最大允许误差，开展的检定或校准项目也无变化，应当在计量标准履历书中予以记载。

9.1.4.2 其他更换

处于计量标准考核证书有效期内的计量标准，发生除计量标准器或主要配套设备以外的其他更换，建标单位应当按下述规定履行相关手续。

①如果开展检定或校准所依据的计量技术规范发生更换，应当在计量标准履历书中予以记载；如果这种更换使计量标准器或主要配套设备、主要计量特性或检定或校

准方法发生实质性变化，应当提前申请计量标准复查考核，申请复查考核时应当提供计量技术规范变化的对照表。

②如果计量标准的环境条件及设施发生重大变化，例如：计量标准保存地点的实验室或设施改造、实验室搬迁等，应当填写计量标准环境条件及设施发生重大变化自查表（格式见 JJF 1033 附录 M），并向主持考核的人民政府计量行政部门报告，提供计量标准环境条件及设施发生重大变化自查一览表（格式见 JJF 1033 附录 M1）。对于主要计量特性发生重大变化的计量标准，应当及时向主持考核的人民政府计量行政部门申请复查考核，期间应当暂时停止开展检定或校准工作。

③更换检定或校准人员时，应当在计量标准履历书中予以记载。

④如果建标单位名称发生更换，应当向主持考核的人民政府计量行政部门申请换发计量标准考核证书。

9.1.4.3 计量标准的封存与撤销

在计量标准有效期内，因计量标准器或主要配套设备出现问题，或计量标准需要进行技术改造或其他原因而需要封存或撤销的，建标单位应当填写计量标准封存（或撤销）申报表一式两份，连同计量标准考核证书原件报主持考核的人民政府计量行政部门履行有关手续。主持考核的人民政府计量行政部门同意封存的，在计量标准考核证书上加盖“同意封存”印章；同意撤销的，收回计量标准考核证书。建标单位和主持考核的人民政府计量行政部门各保存一份计量标准封存（或撤销）申报表。

9.1.4.4 计量标准的恢复使用

封存的计量标准需要恢复使用，如果计量标准考核证书仍然处于有效期内，则建标单位应当申请计量标准复查考核；如计量标准考核证书超过了有效期，则应当按新建计量标准申请考核。

9.1.4.5 计量标准的技术监督

主持考核的人民政府计量行政部门应当采用计量比对、盲样试验或现场实验等方式，对处于计量标准考核证书有效期内的计量标准运行状况进行技术监督。建标单位应当参加有关人民政府计量行政部门组织的相应计量标准的技术监督活动，技术监督结果合格的，在该计量标准复查考核时可以不安排现场考评；技术监督结果不合格的，建标单位应当在限期内完成整改，并将整改情况报告主持考核的人民政府计量行政部门。对于无正当理由不参加技术监督活动的或整改后仍不合格的，主持考核的人民政府计量行政部门可以将其作为注销计量标准考核证书的依据。

9.2 计量标准考核用表填写与使用说明

9.2.1 《计量标准考核（复查）申请书》的填写与使用说明

9.2.1.1 封面的填写要点和要求

(1)“[ ] 量标 证字第 号”

“[ ] 量标 证字第 号”中填写《计量标准考核证书》的编号：

新建计量标准申请考核时不必填写编号，待考核合格后，根据主持考核单位签发的《计量标准考核证书》填写编号。

（2）“计量标准名称”和“计量标准代码”

“计量标准名称”和“计量标准代码”的填写：按 JJF 1022—2014《计量标准命名与分类编码》（电力部门也可按《电力部门计量标准命名》）的规定填写计量标准名称和代码。

《计量标准命名与分类编码》或《电力部门计量标准命名》中没有计量标准名称和代码的，可按“规范”或“命名”规定的原则进行命名。

9.2.1.2 申请书内容的填写要点和要求

（1）“计量标准名称”“计量标准考核证书号”

“计量标准名称”“计量标准考核证书号”的填写与该申请书封面的相应栏目填法一致。

（2）“保存地点”

“保存地点”填写该计量标准存放部门的名称，存放地点所在的地址、楼号和房间号。如：计量检测中心，济南市二环南路 500 号计量楼 316 房间。

（3）“计量标准原值（万元）”

“计量标准原值（万元）”填写计量标准器及其配套设备购置时原价值的总和，单位为万元，数字一般精确到小数点后两位。

（4）“计量标准类别”

需要考核的计量标准，分为社会公用计量标准、部门最高计量标准和企业、事业单位最高计量标准三类。取得人民政府计量行政部门授权的，属于计量授权项目。“计量标准类别”的填写根据该计量标准的类别情况和是否取得计量授权在对应“□”内打“√”。

（5）“测量范围”

“测量范围”填写该计量标准的测量范围，即由计量标准器和配套设备组成的计量标准的测量范围。根据计量标准的具体情况，它可能与计量标准器所提供的测量范围相同，也可能与计量标准器所提供的测量范围不同。对于可以测量多种参数的计量标准应当分别给出每一种参数的测量范围。当测量范围不包含零时，应当给出诸如：（0.1～100）A、（0.1～60）MPa 的形式。

（6）“不确定度或准确度等级或最大允许误差”

计量标准考核（复查）申请书中有 3 处涉及到要填写名称为“不确定度或准确度等级或最大允许误差”的栏目。原则上，应当根据计量标准的具体情况，并参照本专业规定或约定俗成选择不确定度或准确度等级或最大允许误差进行表述。

1）关于不确定度

在计量标准考核（复查）申请书中首先要求给出计量标准的主要计量特性时，应当填写计量标准的不确定度；其次，在给出计量标准的具体组成时，要求分别填写计量标准中每一台计量标准器或主要配套设备的不确定度（不是直接填写它们的合成标准不确定度）；而在申请书最后要求填写所开展的检定或校准项目信息时，又要求给出对被检定或被校准对象的不确定度的要求。除这 3 处之外，在文件集中则要求给出检定或校准结果的不确定度评定报告。

因此，必须要准确区分下述 4 个关于不确定度的术语：“计量标准的不确定度”“计量标准器的不确定度”“检定或校准结果的不确定度”“开展的检定或校准项目的不确定度”。

①“计量标准的不确定度”是指在检定或校准结果的不确定度中，由计量标准所引入的不确定度分量。由于计量标准主要由计量标准器和主要配套设备组成，因此计量标准的不确定应当包括计量标准器引入的不确定度分量以及主要配套设备引入的不确定度分量。

②“计量标准器的不确定度”是指在计量标准的不确定度中由计量标准器所引入的不确定度分量，显然“计量标准器的不确定度”要小于“计量标准的不确定度”。

③“检定或校准结果的不确定度”是指用该计量标准对常规的被测对象进行检定或校准时所得结果的不确定度。由于计量标准以外的其他因素也会对检定或校准结果的不确定度有贡献，例如环境条件和被测对象等，因此“检定或校准结果的不确定度”无疑要大于“计量标准的不确定度”。

④“开展的检定或校准项目的不确定度”是指对被检定或被校准对象的不确定度要求，也就是将来用该计量标准对其他的测量设备进行检定或校准时对所得结果的不确定度的要求，即所谓“目标不确定度”。

目标不确定度的定义是：根据测量结果的预期用途，规定作为上限的不确定度。也就是说，只有当“检定或校准结果的不确定度”小于“开展的检定或校准项目的不确定度”（即目标不确定度）时才能判定满足要求。

2）关于准确度等级

对于所用的计量标准器及主要配套设备，或被考核计量标准的测量对象，如果相关的技术文件有关于准确度“等别”或“级别”的具体规定，则也可以在其相应的“不确定度或准确度等级或最大允许误差”栏目内填写其相应的准确度“等别”或“级别”。给出“等别”相当于填写不确定度，而给出“级别”则相当于填写最大允许误差。

3）关于最大允许误差

若被考核计量标准中的计量标准器或主要配套设备在使用中仅采用其标称值而不采用实际值，这时计量标准器或主要配套设备所引入的不确定度分量将由它们的最大允许误差并通过假设的分布导出。这时显然用最大允许误差表示更为方便，因此在“不确定度或准确度等级或最大允许误差”栏目内应当该填写其最大允许误差。

对于所开展的检定或校准项目也相同，若被考核计量标准的测量对象在今后的使用中采用实际值，即需加修正值使用，则在相应的“不确定度或准确度等级或最大允许误差”栏目内填写不确定度；若在其今后使用中采用标称值，则填写其最大允许误差，此时其不确定度可由最大允许误差通过假设分布后得到。

4）填写本栏目的其他注意事项

①在填写“不确定度或准确度等级或最大允许误差”栏目时，除应当遵从上述原则外，还应当按照本专业的规定或约定俗成进行表述。

②当计量标准的不确定度由多个分量组成时，在填写其相应的“不确定度或准确度等级或最大允许误差”栏目时通常可以直接填写各个分量而不必将它们合成，即应

当分别填写每一台计量标准器和主要配套设备相应的不确定度或准确度等级或最大允许误差。

③本栏目无论填写不确定度，或准确度等级，或最大允许误差均应当采用明确的通用符号准确地进行表示。

——当填写不确定度时，可以根据该领域的表述习惯和方便的原则，用标准不确定度或扩展不确定度来表示。标准不确定度用符号 u 表示；扩展不确定度有两种表示方式，分别用 U 和 U_p 表示，与之对应的包含因子分别用 k 或 k_p 表示。当用扩展不确定度表示时，必须同时注明所取包含因子 k 或 k_p 的数值。

当包含因子的数值是根据被测量 y 的分布，并由规定的包含概率 $p=0.95$ 计算得到时，扩展不确定度用符号 U_{95} 表示，与之对应的包含因子用 k_{95} 表示。若取非 0.95 的包含概率，必须给出所依据的相关技术文件的名称，否则一律取 $p=0.95$。

当包含因子的数值不是根据被测量 y 的分布计算得到，而是直接取定时（此时均取 $k=2$），扩展不确定度用符号 U 表示，与之对应的包含因子用 k 表示。

——当填写准确度等级时，应当采用各专业规定的等别或级别的符号来表示，例如："2 等""0.5 级"。

——当填写最大允许误差时，可采用其英文缩写 MPE 来标识，其数值一般应当带"±"号，例如："MPE：±0.05 m""MPE：±0.01 mg"。

④对于可以测量多种参数的计量标准，应当分别给出每种参数的不确定度或准确度等级或最大允许误差。

⑤若对于不同测量点或不同测量范围，计量标准具有不同的不确定度时，原则上应该给出对应于每一个测量点的不确定度。至少应该分段给出其不确定度，以每一分段中的最大不确定度表示。如有可能，最好能给出不确定度随被测量 y 变化的公式。

若计量标准的分度值可变，则应当该给出对应于每一分度值的不确定度。

（7）"计量标准器"和"主要配套设备"

计量标准器是指计量标准在量值传递中对量值有主要贡献的那些计量设备。主要配套设备是指除计量标准器以外的对测量结果的不确定度有明显影响的设备。

（8）"环境条件及设施"

在涉及环境条件时，应当填写的"项目"可以分为 3 类：

①在计量技术规范中提出具体要求，并且对检定或校准结果的不确定度有显著影响的环境要素；

②在计量技术规范中未提具体要求，但对检定或校准结果的不确定度有显著影响的环境要素；

③在计量技术规范中未提具体要求，对检定或校准结果的不确定度的影响不大的环境要素。

对第 1 类项目，在"要求"内填写计量技术规范对该环境要素规定必须达到的具体要求。对第 2 类项目，"要求"按计量标准技术报告中对该要素的要求填写。对第 3 类项目，"要求"可以不填。

"实际情况"中填写使用计量标准的环境条件所能达到的实际情况。

"结论"是否符合计量技术规范的要求，或是否符合计量标准技术报告的"检定或校准结果的不确定度评定”中对该要素所提的要求，该栏视情况分别填写“合格”或“不合格”。对第3类项目，“结论”可以不填。

在涉及设施时的填写：“项目”内填写计量技术规范规定的设施和监控设备名称；“要求”内填写计量技术规范对该设施和监控设备规定必须达到的具体要求；“实际情况”填写设施和监控设备的名称、型号和所能达到的实际情况，并应与计量标准履历书中相关内容一致；“结论”是指是否符合计量技术规范对该项目所提的要求，该栏视情况分别填写“合格”或“不合格”。

(9)“检定或校准人员”

“检定或校准人员”中分别填写使用该计量标准从事检定或校准工作人员的基本情况。每项计量标准应有不少于两名的检定或校准人员。“姓名”“性别”“年龄”“从事本项目年限”“学历”等栏目按实际情况填写。“能力证明名称及编号”可以填写原计量检定员证及编号，也可以填写注册计量师资格证书及编号，以及注册计量师注册证及编号，还可以填写当地省级人民政府计量行政部门或其规定的市（地）级人民政府计量行政部门颁发的具有相应项目的“计量专业项目考核合格证明”及编号（过渡期期间）；其他企业、事业单位的检定或校准人员，可以填写“培训合格证明”及编号，也可以填写原计量检定员证及编号，注册计量师资格证书及编号，以及注册计量师注册证及编号，还可以填写当地省级人民政府计量行政部门或其规定的市（地）级人民政府计量行政部门颁发的具有相应项目的“计量专业项目考核合格证明”及编号。“核准的检定或校准项目”应当填写检定或校准人员所持能力证明中核准的检定或校准项目名称。

(10)“文件集登记”

对“文件集登记”中所列18种文件是否具备，分别按情况填写“是”或“否”，填写“否”应当在“备注”中说明原因。第18种为可以证明计量标准具有相应测量能力的其他技术资料，请在“检定或校准结果的不确定度评定报告”“计量比对报告”“研制或改造的计量标准的技术鉴定或验收资料”等栏目填写“是”或“否”，如果还有其他证明计量标准具有相应测量能力的技术资料可以在此栏目后面清楚地填写这些技术资料的名称。

(11)“开展的检定或校准项目”

“名称”填写被检或被校计量器具名称，如果只能开展校准，必须在被校准计量器具名称或参数后注明“校准”字样。“测量范围”填写被检定或被校准计量器具的量值或量值范围。“不确定度或准确度等级或最大允许误差”填写被检定或被校准计量器具的不确定度或准确度等级或最大允许误差。若填写不确定度，是指上文所说的“目标不确定度”。“所依据的计量检定规程或计量技术规范的编号及名称”填写时请注意先写计量技术规范的编号，再写规范的全称。例：“JJG 146—2011《量块》”“JJG 596—2012《电子式交流电能表》”。若涉及多个计量技术规范时，则应当全部列出。“所依据的计量检定规程或计量技术规范的编号及名称”应当填写被检定或被校准计量器具（或参数）的计量技术规范，而不是计量标准器或主要配套设备的计量技术规范。

(12)“建标单位意见”

“建标单位意见”由建标单位的负责人（即主管领导）签署意见（如：“同意申请

该项目计量标准考核”）并签名和加盖公章。

（13）“建标单位主管部门意见”

“建标单位主管部门意见”由建标单位的主管部门在本栏目内签署意见并加盖公章。如申请建立部门最高计量标准，则应当在意见中明确写明“同意该项目作为本部门最高计量标准申请考核”并加盖公章。如企业申请本单位最高计量标准考核，企业的主管部门应当在本栏目签署“同意该项目作为本企业最高计量标准申请考核”并加盖公章。

9.2.2 《计量标准技术报告》的填写与使用说明

9.2.2.1 封面的填写要点和要求

（1）“计量标准负责人”

“计量标准负责人”填写所建计量标准的负责人姓名。

（2）“建标单位名称”

“建标单位名称”填写建标单位的全称。该单位名称应当与计量标准考核（复查）申请书中建标单位的名称及公章中名称完全一致。

（3）“填写日期”

“填写日期”填写编制完成计量标准技术报告的日期。如果是重新修订，应当注明第一次填写日期和本次修订日期及修订版本。

（4）“目录”

计量标准技术报告共12项内容，报告完成后，应在“目录”每项的括号内注明页码。

9.2.2.2 技术报告内容的填写要点和要求

（1）“建立计量标准的目的”

“建立计量标准的目的”中简明扼要地填写为什么要建立该计量标准，建立该计量标准的被检定或校准对象、测量范围及工作量分析，以及建立该计量标准的预期社会效益及经济效益。

（2）“计量标准的工作原理及其组成”

“计量标准的工作原理及其组成”中用文字、框图或图表的形式，简要填写该计量标准的基本组成，以及开展量值传递时采用的检定或校准方法。计量标准的工作原理及其组成应当符合所建计量标准的计量技术规范的规定。

（3）“计量标准的主要技术指标”

“计量标准的主要技术指标”中明确给出整套计量标准的测量范围，不确定度或准确度等级或最大允许误差，计量标准的稳定性等主要技术指标以及其他必要的技术指标。

对于可以测量多种参数的计量标准，必须给出对应于每种参数的主要技术指标。

若对于不同测量点，计量标准的不确定度或最大允许误差不同时，建议用公式表示不确定度或最大允许误差与被测量 y 的关系。如无法给出公式，则分段给出其不确定度或最大允许误差。对于每一个分段，以该段中最大的不确定度或最大允许误差表示。

若对于不同的分度值具有不同的不确定度或准确度等级或最大允许误差时，也应当分别给出其主要技术指标。

（4）“计量标准的量值溯源和传递框图”

“计量标准的量值溯源和传递框图”中根据与所建计量标准相应的计量技术规范，画出该计量标准的量值溯源和传递框图，要求画出该计量标准溯源到上一级计量标准和传递到下一级计量器具的量值溯源和传递框图。计量标准的量值溯源和传递框图与国家计量检定系统表不一样，它只要求画出三级，不要求画到或溯源到计量基准，也不一定传递到工作计量器具。计量标准的量值溯源和传递框图见图 9-1。

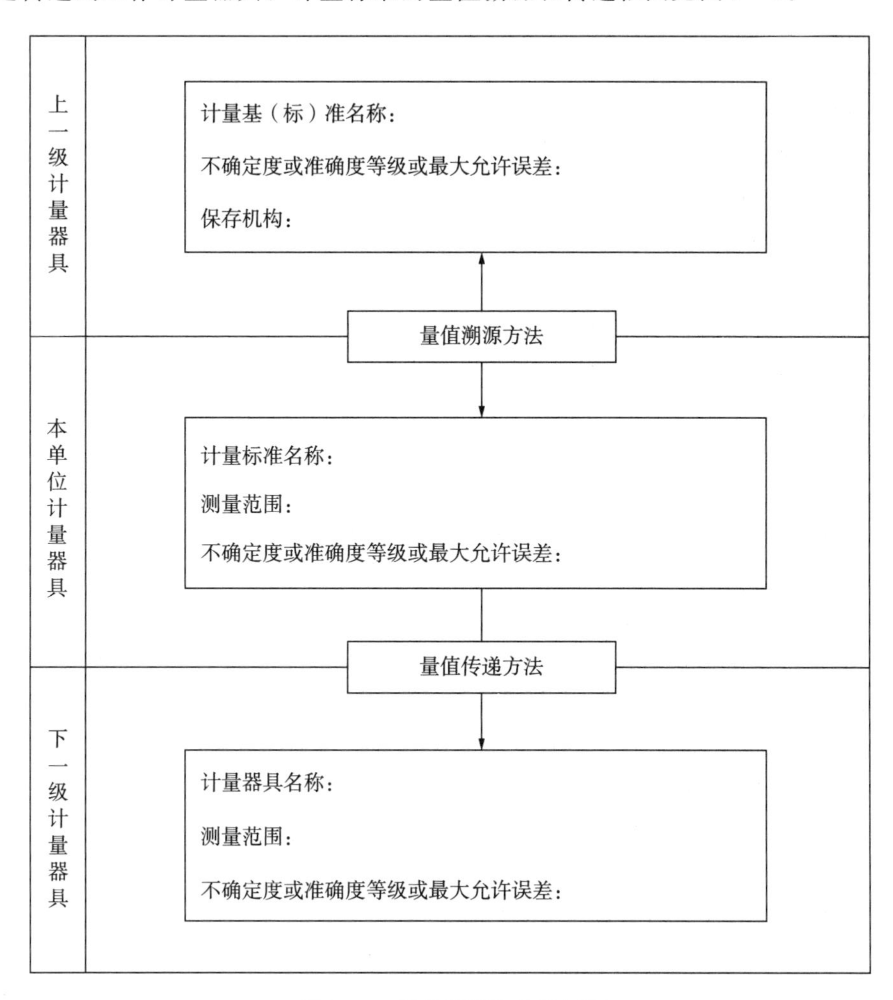

图 9-1　量值溯源和传递框图

（5）“计量标准的稳定性考核”

计量标准的稳定性是指计量标准保持其计量特性随时间恒定的能力。因此，计量标准的稳定性与所考虑的时间段长短有关。

本栏目应当列出计量标准稳定性考核的全部数据，建议用图、表的形式反映稳定性考核的数据处理过程、结果，并判断其稳定性是否符合要求。

计量标准通常由计量标准器和配套设备所组成，因此一般说来，计量标准的稳定性应当包括计量标准的稳定性和配套设备的稳定性。如果计量标准可以测量多种参数，应当对每种参数分别进行稳定性考核。

计量标准的稳定性是考核计量标准所提供的标准量值随时间的长期慢变化。

稳定性的考核方法有5种：

①采用核查标准进行考核；

②采用高等级的计量标准进行考核；

③采用控制图法进行考核；

④采用计量技术规范规定的方法进行考核；

⑤采用计量标准器的稳定性考核结果进行考核。

在进行计量标准的稳定性考核时，应优先采用核查标准进行考核；若被考核的计量标准是建标单位的次级计量标准，或送上级计量技术机构进行检定或校准比较方便的话，也可以选择高等级的计量标准进行考核；若有关计量技术规范对计量标准的稳定性考核方法有明确规定时，也可以按其规定进行考核；若存在稳定的核查标准或被测对象也可以选择控制图法进行考核；当上述方法都不适用时，才可采用计量标准器的稳定性考核结果进行考核，即将计量标准器每年的检定或校准溯源数据，在计量标准履历书中的“计量标准器的稳定性考核图表”制成计量标准器的稳定性考核记录表或曲线图，作为证明计量标准量值稳定的依据。

在进行计量标准的稳定性考核时，测得的稳定性除与被考核的计量标准有关外，还不可避免地会引入核查标准本身对稳定性测量的影响。为使这一影响尽可能地小，必须选择量值稳定的，特别是长期稳定性好的核查标准。

核查标准的选择大体上可按下述3种情况分别处理：

①被测对象是实物量具，由于实物量具通常具有较好的长期稳定性，在这种情况下可以选择性能比较稳定的实物量具作为核查标准。

②计量标准仅由实物量具组成，而被测量对象是非实物量具的测量仪器，实物量具通常可以直接用来检定或校准非实物量具的测量仪器，因此在这种情况下无法得到符合要求的核查标准。此时应当采用其他方法来进行稳定性考核。

③计量标准器和被检定或被校准的对象均为非实物量具的测量仪器，如果存在合适的比较稳定的对应于该参数的实物量具，可以用它作为核查标准来进行稳定性考核。否则应当采用其他方法来进行稳定性考核。

稳定性的考核方法可分为如下2种情况：

①对于新建计量标准，每隔一段时间（大于1个月），用该计量标准对核查标准进行一组n次的重复测量，取其算术平均值作为该组的测得值，共观测m组（$m \geqslant 4$）。取m个测得值中的最大值和最小值之差，作为新建计量标准在该时间段内的稳定性。

②对于已建计量标准，每年至少一次用被考核的计量标准对核查标准进行一组n次的重复测量，取其算术平均值作为测得值。以相邻两年的测得值之差作为该时间段内计量标准的稳定性。

对计量标准稳定性的要求，若计量标准在使用中采用标称值或示值，即不加修正值使用，则计量标准的稳定性应当小于计量标准的最大允许误差的绝对值；若计量标准需要加修正值使用，则计量标准的稳定性应当小于修正值的扩展不确定度（U_{95}或U，$k=2$）。当相应的计量技术规范中对计量标准的稳定性有具体规定时，应当优先依据其规定判断稳定性是否合格。

(6)“检定或校准结果的重复性试验”

“检定或校准结果的重复性试验”在计量标准考核历史上曾被称为“计量标准的重复性”，其要求和试验方法也各有差异。检定或校准结果的重复性试验是指在重复性条件下，用计量标准对常规的被检定或被校准对象重复测量所得示值或测得值间的一致程度，“常规”的意思是指其性能将来大多数的同类测量对象都能达到。检定或校准结果的重复性试验用单次检定或校准结果 y_i 的实验标准偏差 $s(y_i)$ 来表示。检定或校准结果的重复性通常是检定或校准结果的不确定度来源之一。

“重复性”是指在重复性条件下得到的测量精密度，它表示测量过程中所有的随机效应对测得值的影响。

在进行检定或校准结果的重复性试验时，其条件应与不确定度评定中所规定的条件相同。重复性试验的测量条件通常是重复性条件，但在特殊情况下也可能是复现性条件或期间精密度条件。

该栏目应填写重复性试验的被测对象、测量条件，列出重复性试验的全部数据和计算过程，通常情况下，采用 JJF 1033 附录 E 检定或校准结果的重复性试验记录参考格式的形式反映重复性试验数据处理过程，并判断其重复性是否符合要求。

重复性试验的方法为，在重复性条件下，用被考核的计量标准对常规的被测对象进行 n 次独立重复测量，若得到的测得值为 $y_i(i=1, 2, \cdots, n)$，则其重复性 $s(y_i)$ 为

$$s(y_i)=\sqrt{\frac{\sum_{i=1}^{n}(y_i-\overline{y})^2}{n-1}}$$

式中，$\overline{y}$ 为 n 次测得值的算术平均值；n 为重复测量次数，n 应尽可能大，一般应不小于 10。

如果重复性引入的不确定度分量在检定或校准结果的不确定度中不是主要分量，允许适当减少重复测量次数，但至少应当满足 $n \geqslant 6$。

重复性与重复性引入的不确定度分量。在测量结果的不确定度评定中，当测量结果由单次测量结果得到时，它直接就是由重复性引入的不确定度分量。当测量结果由 N 次重复测量的平均值得到时，由重复性引入的不确定度分量为$\frac{s(y_i)}{\sqrt{N}}$。

分辨力与重复性。被测仪器的分辨力也会影响测量结果重复性。在不确定度评定中，当重复性引入的不确定度分量大于被测仪器的分辨力所引入的不确定度分量时，可以不考虑分辨力所引入的不确定度分量。当重复性引入的不确定度分量小于被测仪器的分辨力所引入的不确定度分量时，应用分辨力引入的不确定度分量代替重复性分量。若被测仪器的分辨力为 δx，则分辨力引入的不确定度分量为 $0.29\delta x$。

合并样本标准偏差，对于常规的计量检定或校准，当无法满足 $n \geqslant 10$ 时，为了使得到的实验标准偏差更可靠，如果有可能，可以采用合并样本标准偏差得到测量结果的重复性，合并样本标准偏差 s_{p} 的计算公式为

$$s_{\mathrm{p}}=\sqrt{\frac{1}{m}\sum_{i=1}^{m}s_i^2}$$

式中，m 为测量的组数；s_i为第 i 组数据的实验标准偏差。

注：每组数据包含的测量次数 n 相同。

对检定或校准结果的重复性的要求：对于新建计量标准，测得的重复性应当直接作为一个不确定度来源用于检定或校准结果的不确定度评定中；只要评定得到的测量结果的不确定度满足所开展的检定或校准项目的要求，则表明其重复性也满足要求。对于已建计量标准，要求每年至少进行一次重复性测量，如果测得的重复性不大于新建计量标准时测得的重复性，则重复性符合要求；如果测得的重复性大于新建计量标准时测得的重复性，则应当依据新测得的重复性重新进行测量结果的不确定度的评定，如果评定结果仍满足所开展的检定或校准项目的要求，则重复性符合要求，并将新测得的重复性作为下次重复性试验是否合格的判定依据，如果评定结果不满足所开展的检定或校准项目的要求，则重复性试验不符合要求。

（7）“检定或校准结果的不确定度评定”

检定或校准结果的不确定度评定应依据 JJF 1059.1 进行。如果相关国际组织已经制定了该计量标准所涉及领域的不确定度评定指南，则相应项目的不确定度也可以依据这些指南进行评定。

在进行检定或校准结果的不确定度的评定时，测量对象应是常规的被测对象，测量条件应当是在满足计量技术规范前提下至少应当达到的临界条件。

检定或校准结果的不确定度评定，应当给出不确定度评定的详细过程，若文件集中已有详细的不确定度评定报告，此处也可以只给出不确定度评定的简要过程。

当对于不同量程或不同测量点，其测量结果的不确定度不同时，如果各测量点的不确定度评定方法差别不大，允许仅给出典型测量点的不确定度评定过程。

对于可以测量多种参数的计量标准，应当分别给出每一种主要参数的不确定度评定过程。

该栏目应当填写进行检定或校准结果不确定度评定具体采用的方法，包括被测量的简要描述、测量模型、不确定度分量的评估、被测量分布的判定和包含因子的确定、合成标准不确定度的计算以及最终给出的扩展不确定度。

不确定度的评定可遵循如下步骤：

①明确被测量，必要时给出被测量的定义及测量过程的简单描述；

②列出所有影响不确定度的影响量（即输入量 x_i），并给出用以评定不确定度的测量模型，要求测量模型中包含所有需要考虑的输入量；

③采用 A 类评定或 B 类评定的方法，评定各输入量 x_i的标准不确定度 $u(x_i)$，并通过灵敏系数 c_i进而给出与各输入量 x_i对应的不确定度分量 $u_i(y) = |c_i| u(x_i)$。灵敏系数 c_i通常可由测量模型对影响量 x_i求偏导数得到；

④将各不确定度分量 $u_i(y)$ 合成，得到合成标准不确定度 $u_c(y)$，合成时应当考虑各输入量之间是否存在值得考虑的相关性，对于非线性测量模型还应当考虑是否存在值得考虑的高阶项；

⑤列出不确定度分量的汇总表，表中应当给出每一个不确定度分量的尽可能详细的信息；

⑥对被测量估计值 y 的分布进行估计，如能估计出 y 的分布，则根据估计得到的

分布和所要求的包含概率 p 确定包含因子 k_p；

⑦包含概率通常取 95%，如取非 95%的包含概率，必须指出所依据的技术文件名称；

⑧在无法确定被测量估计值 y 的分布时，或该测量领域有规定时，也可以直接取包含因子 $k=2$；

⑨由合成标准不确定度 $u_c(y)$ 和包含因子 k 或 k_p 的乘积，分别得到扩展不确定度 U 或 U_p；

⑩给出不确定度的最后陈述，其中应当给出关于扩展不确定度的足够信息。利用这些信息，用户至少应能从所给的扩展不确定度重新导出检定或校准结果的合成标准不确定度。

检定或校准结果的不确定度评定应当符合如下的要求：

由于被检定或被校准的测量仪器通常具有一定的测量范围，因此检定和校准工作往往需要在若干个测量点进行，原则上对于每一个测量点，都应给出测量结果的不确定度。

如果计量标准的测量范围很宽，并且对于不同的测量点所得结果的不确定度不同时，检定或校准结果的不确定度可用下列两种方式之一来表示：

①如果在整个测量范围内，不确定度可以表示为被测量 y 的函数，则用计算公式的形式表示不确定度；

②在整个测量范围内，分段给出其不确定度（以每一分段中的最大不确定度表示）。

对于校准来说，如果用户只在某几个校准点或在某段测量范围使用，也可以只给出这几个校准点或该段测量范围的不确定度。

无论用上述何种方式来表示，均应具体给出典型值的不确定度评定过程。如果对于不同的测量点，其不确定度来源和测量模型相差甚大，则应当分别给出它们的不确定度评定过程。

视包含因子 k 取值方式的不同，在各种技术文件（包括不确定度评定的详细报告、技术报告以及检定或校准证书等）中最后给出的不确定度应当采用下述两种方式之一表示：

①扩展不确定度 U。当包含因子的数值不是由规定的包含概率 p 并根据被测量估计值 y 的分布计算得到，而是直接取定时，扩展不确定度应当用 U 表示，同时给出所取包含因子 k 的数值。这包括下列两种情况：一种是无法判定 y 的分布；另一种是可以估计 y 接近于正态分布并且其有效自由度足够大。一般均取 $k=2$。在能估计 y 接近于正态分布，并且能确保有效自由度不小于 15 而直接取 $k=2$ 时，还可以进一步说明："由于估计被测量估计值接近于正态分布，并且其有效自由度足够大，故所给的扩展不确定度 U 所对应的包含概率约为 95%"。

②扩展不确定度 U_p。当包含因子的数值是由规定的包含概率 p 并根据被测量估计值 y 的分布计算得到时，扩展不确定度应当用 U_{95}（或 U_{99}）表示，对应的包含概率为 95%（或 99%）。包含概率 p 通常取 95%，当采用其他数值时应当注明所依据的技术文件。在给出扩展不确定度 U_{95}（或 U_{99}）的同时，应当注明所取包含因子 k_{95}（或 k_{99}）的数值，以及被测量估计值的分布类型。若被测量接近于正态分布，还应当给出其有效自由度 ν_{eff}。

（8）“检定或校准结果的验证”

检定或校准结果的验证是指对给出的检定或校准结果的可信程度进行实验验证。由于验证的结论与不确定度有关，因此验证的结论在某种程度上同时也说明了所给出检定或校准结果的不确定度是否合理。

该栏目应当填写进行验证具体采用的方法，进行验证的计量技术机构，验证的测量数据、不确定度、验证结论等。

验证方法如下：

1）传递比较法

用被考核的计量标准测量一稳定的被测对象，然后将该被测对象用另一更高级的计量标准进行测量。若用被考核计量标准和高一级计量标准进行测量时的扩展不确定度（U_{95}或$k=2$时的U）分别为U_{lab}和U_{ref}，它们的测量结果分别为y_{lab}和y_{ref}，在两者的包含因子近似相等的前提下应当满足：

$$|y_{lab}-y_{ref}|\leqslant\sqrt{U_{lab}^2+U_{ref}^2}$$

当$U_{ref}\leqslant\frac{U_{lab}}{3}$成立时，可忽略$U_{ref}$的影响，此时上式为

$$|y_{lab}-y_{ref}|\leqslant U_{lab}$$

对于某些计量标准（例如量块），检定规程规定其扩展不确定度对应于99%的包含概率，此时所给出的扩展不确定度U_{99}与所对应于包含概率为95%的扩展不确定度U_{95}相差较大，在进行判断时，应当先将其换算到对应包含概率为95%的扩展不确定度U_{95}。当所给出的扩展不确定度所对应的k值为3时，在进行判断时，应当先将其换算到对应于$k=2$时的扩展不确定度。由于经换算后的扩展不确定度变小，即其判断标准将比不换算更严格。

2）比对法

如果不能采用传递比较法时，可采用多个建标单位之间的比对方法。假定各建标单位的计量标准具有相同准确度等级，此时采用各建标单位所得到的测量结果的平均值作为被测量的最佳估计值。

当各建标单位的不确定度不同时，原则上应当采用加权平均值作为被测量的最佳估计值，其权重与不确定度有关。但由于各建标单位在评定不确定度时所掌握的尺度不可能完全相同，故仍采用算术平均值$\overline{y}$作为参考值。

若被考核建标单位的测量结果为y_{lab}，其不确定度为U_{lab}，在被考核建标单位测量结果的不确定度比较接近于各建标单位的平均不确定度，以及各建标单位的包含因子均相同的条件下，应当满足：

$$|y_{lab}-\overline{y}|\leqslant\sqrt{\frac{n-1}{n}}U_{lab}$$

传递比较法是具有溯源性的，而比对法则并不具有溯源性，因此检定或校准结果的验证原则上应当采用传递比较法，只有在不可能采用传递比较法的情况下才允许采用比对法进行检定或校准结果的验证，并且参加比对的建标单位应当尽可能多。

（9）“结论”

“结论”是通过计量标准稳定性考核、检定或校准测量结果重复性试验、不确定度

评定和检定或校准结果的验证，对所建计量标准的各项技术特性是否符合计量技术规范的规定，是否具有预期的测量能力，是否能够开展设定的检定及校准项目，是否满足考核规范的考核要求等方面给出总的评价。

（10）“附加说明”

“附加说明”是认为有必要指出的其他附加说明。例如：计量标准技术报告编写、修订人，编写、修订的版本号及日期，编写、修订用到的文件名称和原始记录（如：计量标准的稳定性考核记录、检定或校准结果的重复性试验记录、不确定度评定记录和检定或校准测量结果的验证记录），以及可以证明计量标准具有相应测量能力的其他技术资料（如：计量比对报告、研制或改造计量标准的技术鉴定或验收资料、单独成册的检定或校准结果的不确定度评定报告）。

9.2.3 计量标准履历书的填写与使用说明

建标单位应当围绕计量标准的建立、考核、使用、维护、变化，实施动态管理，按照计量标准履历书的参考格式，做好使用管理记录。对于某些计量标准，如果计量标准履历书参考格式不适用，建标单位可以自行设计格式，但其包含的内容不应少于该参考格式规定的内容。计量标准履历书内容的填写要点和要求如下。

（1）“计量标准基本情况记载”

“计量标准名称”“测量范围”“不确定度或准确度等级或最大允许误差”“保存地点”及“原值（万元）”填写同计量标准考核（复查）申请书的相关栏目要求。

“启用日期”填写该计量标准正式投入使用的日期。

“建立计量标准情况记录”填写该计量标准筹建的基本情况，包括什么情况提出建立，怎么建立，建立的效果如何等方面的情况，应将计量标准器、配套设备及设施购置、安装、调试、溯源，人员培训，环境条件改造，管理制度建立等方面的情况描述清楚。

“验收情况”填写该计量标准的计量标准器、配套设备及设施整体验收情况，并要求验收人签名。验收一般由计量标准器和配套设备及设施的购置部门（例如：建标单位的设备部）和使用部门共同进行，验收的方式、方法、程序等情况和通过验收后移交给计量标准负责人的过程描述均应作为验收工作记录记载于本栏目之内。

（2）“计量标准器、配套设备及设施登记”

该栏目不仅要登记计量标准器及主要配套设备的信息，还要登记次要配套设备、设施及监控设备的信息。计量标准器和主要配套设备的信息应当与计量标准考核（复查）申请书的同名栏目填写完全一致。设施信息应当登记与检定工作有关的设施，如空调、温湿度计、加湿机和除湿机等。应当逐一登记“名称”“型号”“测量范围”“不确定度或准确度等级或最大允许误差”“制造厂及出厂编号”等，其填写同计量标准考核（复查）申请书的相关内容。“原值（元）”填写该计量标准器、配套设备或者设施的购置时价值，所有计量标准器及配套设备的价值之和等于“计量标准基本情况记载”中的“原值（元）”。

有些计量标准的配套设备很多，在计量标准考核（复查）申请书或计量标准技术报告的栏目中不能全部填写时，可以在申请书和计量标准技术报告中只填写对测量结果影响较大的配套设备。但是其余的配套设备均应该在计量标准履历书的本栏目中逐一填写。

（3）“计量标准考核（复查）记录”

“申请考核日期”填写建标单位历次提出该计量标准考核或复查申请时的具体日期。该日期应与计量标准考核（复查）申请书封面上的“年月日”相同。

“考评单位”填写历次承担该计量标准考评的单位，如“××省计量科学研究院”；如果是人民政府计量行政部门组成的考评组承担的考核，则填写“××人民政府计量行政部门组成的考评组”。

“考评方式”填写“书面审查”和（或）“现场考评”。

“考评员姓名”填写承担该计量标准历次考核的考评员姓名。

“考评结论”填写“合格”或者“不合格”。

“计量标准考核证书有效期”填写该计量标准本次考核的证书有效期。例如：2018 年 5 月 5 日～2022 年 5 月 4 日。

“备注”简要填写计量标准考核或复查中不符合或者有缺陷的事实及整改措施。

（4）“计量标准器的稳定性考核图表”

根据计量标准器的具体情况，可以选择“计量标准器的稳定性考核记录表”和“计量标准器的稳定性曲线图”中一种或两种表达方式填写均可。对于可以测量多种参数的计量标准，每一种参数均要给出其“计量标准器的稳定性考核记录表”和（或）“计量标准器的稳定性曲线图”。

（5）“计量标准器及主要配套设备量值溯源记录”

“结论”填写各计量标准器或主要配套设备的检定或校准的结论。对于检定，填写“合格”“不合格”或“符合×等”“符合×级”；对于校准，填写是否满足校准要求。

该记录表可以按每年一张，记录该套计量标准所有计量标准器及主要配套设备量值溯源信息，也可以按每台计量标准器及主要配套设备一张，记录该台计量标准器及主要配套设备多年的量值溯源情况。为了适应不同计量技术机构管理的需要，该记录表可单独使用，也可反映在电子文件或其他记录中。

（6）“计量标准器及配套设备修理记录”

“名称”和“出厂编号”填写修理的计量标准器或配套设备的名称、规格、型号和出厂编号。

“修理原因”填写计量标准器或配套设备的故障情况。

（7）“计量标准器及配套设备更换登记”

计量标准器或主要配套设备发生任何更换，均应当进行登记。

“经手人签字”栏目由经手人签字。

“批准部门或批准人及日期”由建标单位负责计量标准管理部门或其负责人签字批准更换事宜，并注明同意更换日期。

（8）“计量检定规程或计量技术规范（更换）登记”

新建计量标准仅填写“现行的计量检定规程或计量技术规范编号及名称”。此后，每当计量技术规范发生变化时“现行的计量检定规程或计量技术规范编号及名称”填写替换后的新计量技术规范编号及名称；被替换的原计量技术规范填写到“原计量检定规程或计量技术规范编号及名称”，同时填写“更换日期”和“变化的主要内容”，并判断变化的程度，选择“是否实质性变化”。

(9)“检定或校准人员（更换）登记”

全部在岗检定或校准人员的有关信息应在“检定或校准人员（更换）登记”表中予以记载，除“离岗日期”以外的其他所有栏目均应填写。当检定或校准人员离岗时，要填写“离岗日期”。

(10)“计量标准负责人（更换）登记”

在计量标准履历书中应当记载计量标准负责人的信息，填写“负责人姓名”“接收日期”“交接记事”“交接人签字及日期”四栏目。其中，负责人是指新上任的负责人；而交接人是指将卸任的负责人。

(11)“计量标准使用记录”

“计量标准使用记录”可以单独印制成册使用，也可以反映在其他记录中，如：检定原始记录、电子记录。

当计量标准使用频繁时，可以每隔一段合理的时间间隔记录一次。

9.2.4 计量标准更换申报表的填写与使用说明

计量标准器发生变更时建标单位应当填写计量标准更换申报表一式两份报主持考核的人民政府计量行政部门。

申报变更时应当附上更换后计量标准器及主要配套设备的有效检定或校准证书复印件一份，对重复性和稳定性有要求的计量标准，还应当进行计量标准稳定性考核、检定或校准结果的重复性试验和检定或校准结果的不确定度评定，并将相应的计量标准的稳定性考核记录、检定或校准结果的重复性试验记录和检定或校准结果的不确定度评定报告纳入计量标准的文件集进行管理。

计量标准更换申报表的填写要点和具体要求如下：

①“计量标准名称”“代码”“测量范围”“不确定度或准确度等级或最大允许误差”“计量标准考核证书号”和“计量标准考核证书有效期”中的内容按计量标准考核证书中对应栏目填写。

②“计量标准器及主要配套设备更换登记”。

“更换前”填写被更换的设备，“更换后”填写更换后的新设备。若同时更换一种以上的标准器或主要配套设备，“更换前”和“更换后”的填写次序应当一一对应。发生更换的计量标准器及主要配套设备的“名称”“型号”“测量范围”“不确定度或准确度等级或最大允许误差”“制造厂及出厂编号”“检定或校准机构及证书号”等栏目填写要求同计量标准考核（复查）申请书。

在计量标准有效期内更换计量标准器或主要配套设备，计量标准更换申报表中“更换前”计量标准器或主要配套设备各项目的填写内容应当与原计量标准考核证书中同一仪器的相应栏目一致。

在申请计量标准复查考核时更换计量标准器或主要配套设备，则计量标准考核（复查）申请书中应当填写更换后的计量标准器或主要配套设备，并填写计量标准更换申报表一式两份。

9.2.5　计量标准封存（或撤销）申报表的填写与使用说明

计量标准需要封存或撤销时，建标单位应当填写计量标准封存（或撤销）申报表一式两份报主持考核的人民政府计量行政部门核准。

计量标准封存（或撤销）申报表的填写要点和具体要求如下：

①“计量标准名称”“代码”“测量范围”“不确定度或准确度等级或最大允许误差”“计量标准考核证书号”和“计量标准考核证书有效期”填写内容应当与计量标准考核证书中的相应栏目一致。

②“申请类型”：按具体情况分别选择“封存”或“撤销”。

③“封存或撤销原因”：计量标准被封存（或撤销）的原因分为5种情况，建标单位可根据自身情况类别，对应选择。如有其他需要说明的情况，可在“需要说明的其他情况”内具体说明。

9.2.6　计量标准考核报告的填写与使用说明

计量标准考核报告包括正文和“计量标准考评表”及“计量标准整改工作单”。所有计量标准考核都应当填写计量标准考核报告，计量标准考核报告必须包括正文和“计量标准考评表”；需要整改时，还应填写“计量标准整改工作单”。计量标准考核报告的主体内容由承担考评的计量标准考评员填写。考评单位或考评组、组织考核的人民政府计量行政部门的负责人应当在相应栏目中签署意见。考评时，计量标准考评员根据考评情况在“计量标准考评表”的“考评结果”栏目下相应的位置打“√”。其他有必要说明的事宜，填写在“考评记事”栏目中。计量标准考核报告无计量标准考评员签字无效。

9.2.6.1　封面的填写要点和要求

(1)“[　　]　　量标　　　证字第　　号”

“[　　]　　量标　　　证字第　　号”中填写《计量标准考核证书》的编号：新建计量标准申请考核时不必填写编号；复查考核，根据《计量标准考核证书》填写编号。

(2)“考核计划编号”

“考核计划编号”填写组织考核的人民政府计量行政部门下达的考核计划中相应项目的编号。

(3)“考评单位名称”

“考评单位名称”填写承担计量标准考评任务单位的全称。如果是直接由组织考核的人民政府计量行政部门组成考评组执行考评任务，则该栏目填写组织考核的人民政府计量行政部门的名称。

(4)“考评方式”

如果只是通过书面审查进行计量标准考评，则在“书面审查”前面的“□”内打“√”；如果进行了现场考评，则在“书面审查”和“现场考评”前面的“□”内均要打“√”。

(5)“考评日期”

“考评日期”填写完成考评任务最后一天的日期。

9.2.6.2 考核报告内容的填写要点和要求

第 1 页中各项内容及第 4 页中“开展的检定或校准项目”的填写参照计量标准考核（复查）申请书中的相应栏目的填写，考评员应当对相应栏目进行审查并确认。

（1）“考评结论及意见”

①“考评结论”：考评结论分为合格、需要整改、不合格和其他。根据具体情况进行选择，并在相应的“□”内打“√”。

②“考评意见”：完成考评工作后，考评员应当将考评意见填入本栏目空白处。

③如果选择“需要整改”，考评员应当填“计量标准整改工作单”。

④考评员应当在“考评结论及意见”签字，并注明签字日期。如在考评中存在重大分歧，考评双方经过交流未达成一致意见，均应在该栏目予以记载。

（2）考评员信息

参加考评的技术专家也同样填写有关信息，可在“考评员证号”填“专家”，“核准考评项目”可以不填。

（3）“计量标准整改工作单”

“计量标准整改工作单”先由考评员填写，建标单位签收。建标单位完成整改后，填写整改结果，再由考评员确认后签字。

如果考评结论为“需要整改”时，填写本栏。

1）“对应的考核规范条款号”

按照考核要求的条款号填写。例如：“测量范围”的条款号为 4.2.1，“文件集的管理”的条款号为 4.5.1。

2）“整改内容”

描述清楚“有缺陷”和“不符合”的事实，并指出如何进行整改。

3）“重点项”与“非重点项”

注明是否是带“*”项目，带“*”为重点项，其余为非重点项。

4）“整改结果”

建标单位明确整改结果，加盖公章，并附整改证明资料。

5）“考评员确认签字”

考评员审查整改结果和整改证明资料后签字确认。

（4）“整改的验收及考评结论”

如果考评结论为“需要整改”时，填写本栏目。

考评员审查“计量标准整改工作单”和建标单位提交的整改证明资料后，考评员应当将整改的验收意见填入本栏目空白处。考评结论分为合格和不合格。根据具体情况填写考核结论，并在相应的“□”内打“√”。

有需要说明的情况，在“需要说明的内容”后填写。

考评员应当在“计量标准考评员签字”下签字，并注明签字日期。

（5）“考评单位或考评组意见”

如果是考评单位承担考评任务，考评单位有关负责人应对考评员的考评结论进行复核，签署意见并签名和加盖考评单位的公章；如果是考评组承担考评任务，考评组组长应当对考评员的考评结论进行复核，签署意见并签名。

（6）“组织考核的人民政府计量行政部门意见”

组织考核的人民政府计量行政部门有关负责人对考评单位或考评组的考评签署意见、结论进行审核，并签名和加盖组织考核的人民政府计量行政部门的公章。

9.2.6.3　计量标准考评表的填写要点和要求

①计量标准考评表如表9-1，其中考评内容共6个方面30项。带“*”的项目为重点考评项目，共10项；带“△”的项目为书面审查项目，共20项；带“○”的项目为可以简化考评的项目，共4项。

表9-1　计量标准考评表

序号	考评内容及考核要点		考评结果				考评记事
			符合	有缺陷	不符合	不适合	
1	4.1　计量标准器及配套设备	*△4.1.1　计量标准器及配套设备配置科学合理、完整齐全，并能满足开展检定或校准工作的需要					
2		*△4.1.2　计量标准器及主要配套设备的计量特性符合相应计量检定规程或计量技术规范的规定，并满足开展检定或校准工作的需要					
3		*△4.1.3　计量标准的溯源性符合要求，计量标准器及主要配套设备均有连续、有效的检定或校准证书					
4	4.2　计量标准的主要计量特性	△4.2.1　测量范围表述正确					
5		△4.2.2　不确定度或准确度等级或最大允许误差表述正确					
6		*△○4.2.3　计量标准的稳定性合格					
7		△4.2.4　计量标准的其他计量特性符合要求					
8	4.3　环境条件及设施	*4.3.1　温度、湿度、照明、供电等环境条件符合要求					
9		4.3.2　设施的配置符合要求；互不相容的区域进行了有效隔离					
10		4.3.3　环境条件进行了有效的监控					
11	4.4　人员	4.4.1　有能够履行职责的计量标准负责人					
12		*△4.4.2　配备了两名以上具有相应能力的检定或校准人员					

续表

序号	考评内容及考核要点			考评结果				考评记事
				符合	有缺陷	不符合	不适合	
13	4.5 文件集	4.5.1 文件集的管理	4.5.1　文件集的管理符合要求					
14		4.5.2 计量检定规程或计量技术规范	*4.5.2　有效的计量检定规程或计量技术规范					
15		4.5.3 计量标准技术报告	△4.5.3.1　计量标准技术报告更新及时，有关内容填写齐全、表述清晰					
16			△4.5.3.2　计量标准器及主要配套设备信息填写正确					
17			△4.5.3.3　计量标准的主要技术指标及环境条件填写正确					
18			△4.5.3.4　计量标准的量值溯源和传递框图正确					
19			△○4.5.3.5　检定或校准结果的重复性试验符合要求					
20			*△○4.5.3.6　检定或校准结果的不确定度评定的步骤、方法正确，评定结果合理					
21			△○4.5.3.7　检定或校准结果的验证方法正确，验证结果符合要求					
22		4.5.4 检定或校准原始记录	△4.5.4.1　原始记录格式规范、信息齐全，填写、更改、签名及保存等符合要求					
23			△4.5.4.2　原始记录数据真实、完整，数据处理正确					
24		4.5.5 检定或校准证书	△4.5.5.1　证书的格式、签名、印章及副本保存等符合要求					
25			△4.5.5.2　检定或校准证书结果正确，内容符合要求					
26		4.5.6 管理制度	4.5.6　制定并执行相关管理制度					

续表

<table>
<tr><th rowspan="2">序号</th><th colspan="3" rowspan="2">考评内容及考核要点</th><th colspan="4">考评结果</th><th>考评记事</th></tr>
<tr><th>符合</th><th>有缺陷</th><th>不符合</th><th>不适合</th><th></th></tr>
<tr><td>27</td><td rowspan="5">4.6
计量标准测量能力的确认</td><td>4.6.1
技术资料审查</td><td>△4.6.1　通过对技术资料的审查确认计量标准测量能力</td><td></td><td></td><td></td><td></td><td>证明文件：</td></tr>
<tr><td>28</td><td rowspan="4">4.6.2
现场实验</td><td>*4.6.2.1　检定或校准方法、操作程序、操作过程等符合计量检定规程或计量技术规范的要求</td><td></td><td></td><td></td><td></td><td></td></tr>
<tr><td>29</td><td>*4.6.2.2　检定或校准结果正确</td><td></td><td></td><td></td><td></td><td></td></tr>
<tr><td rowspan="2">30</td><td>4.6.2.3　回答问题正确</td><td></td><td></td><td></td><td></td><td rowspan="2">回答情况：</td></tr>
<tr><td>提问摘要：</td><td></td><td></td><td></td><td></td></tr>
</table>

②计量标准考评中考评员应当对“计量标准考评表”中相关项目逐项进行考评。

③考评员根据每个项目考评的考评结论，分别在“考评结果”下4个子栏目之一内打“√”。每一个项目只能打一个“√”。

考评结论分为4种：“符合”“有缺陷”“不符合”和“不适合”。其判断原则见表9-2。

表9-2　4种考评结论判断原则

结论	判断原则
符合	所有指标均符合要求
有缺陷	全部主要指标符合要求，有个别的次要指标不符合要求
不符合	有一项主要指标不符合要求。如计量标准更换未履行手续或说明书丢失等
不适合	该项目不适合被考评的计量标准

④考评时，如果有重点考评项目不符合要求，则为考评不合格；重点考评项目有缺陷或其他项目不符合或有缺陷时，可以限期整改，整改时间一般不超过15个工作日。超过整改期限仍未改正者，则为考评不合格。

⑤对于构成简单、准确度等级低、环境条件要求不高，并列入简化考核的计量标准目录的计量标准，其计量标准的稳定性考核、检定或校准结果的重复性试验、检定或校准结果的不确定度评定以及检定或校准结果的验证等4个项目可以不做要求。

⑥如果出现“有缺陷”“不符合”或者“不适合”应当在“考评记事”内记录其客观证据。例如：不符合的事实或证明资料的名称。

⑦对于某些比较容易整改的问题，考评员可允许建标单位立即改正。“考评结果”按改正后的情况评定，但需在考评记事中予以记载。

下面介绍计量标准考评表中相关项目评定的详细说明。

4.1.1　根据有关计量技术规范的要求检查计量标准考核（复查）申请书中所配置的计量标准器及配套设备是否科学合理、完整齐全，是否满足开展检定或校准工作的需要。如果达到要求，则判为“符合”；如果达不到要求，则判为“不符合”；如果计量标准器及主要配套设备符合要求，只有次要的配套设备不符合要求，则判为“有缺陷”。以下各项目对“符合”和“不符合”的判定不再叙述，只说明“有缺陷”的判定原则。

4.1.2　检查所用的计量标准器及主要配套设备实物、使用说明书、检定或校准证书等，判断计量标准及主要配套设备的测量范围、不确定度或准确度等级或最大允许误差等计量特性是否符合相应计量技术规范的规定。如果计量标准器及主要配套设备的主要计量特性符合要求，只有次要的性能不符合要求，则判为“有缺陷”。

4.1.3　对于计量标准器，应当经法定计量检定机构或人民政府计量行政部门授权的计量技术机构检定合格或校准来保证。而对于主要配套设备，可以通过自检或其他符合法律规定允许进行量值传递的计量技术机构的检定或校准来保证。如果是新建计量标准，检查所用的计量标准器及主要配套设备最新的检定或校准证书；如果是复查计量标准，除了检查所用的计量标准器及主要配套设备最新的检定或校准证书，还需要检查4年以来的所有检定或校准证书，看其是否连续溯源。

如果计量标准器及主要配套设备的溯源性符合要求，只有次要的配套设备的溯源性不符合要求，则判为“有缺陷”。

4.2.1　审查申请资料中计量标准的测量范围表述是否正确，是否满足开展检定或校准的需要。如果计量标准本身的测量范围满足开展检定或校准的需要，只是表述不完整，则判为“有缺陷”。

4.2.2　审查申请资料中不确定度或准确度等级或最大允许误差表述是否正确，是否满足开展检定或校准的需要。如果计量标准本身的不确定度或准确度等级或最大允许误差满足开展检定或校准的需要，只是表述不完整，则判为“有缺陷”。

4.2.3　审查申请资料中计量标准的稳定性考核方法和结果是否符合要求。

从下述几方面检查计量标准的稳定性是否符合要求：

①选用的稳定性考核方法是否适宜，是否符合考核规范的规定；

②稳定性考核时采用的测量程序、数据是否符合考核规范的规定；

③所得的稳定性结果是否符合考核规范的规定。

如果计量标准的稳定性考核方法和结果基本正确，只是试验数据和记录不太完善等次要不符合，则判为“有缺陷”。

4.2.4　审查申请资料中计量标准的其他计量特性是否符合要求，考评员根据项目的具体情况进行判断。

4.3.1　对于计量技术规范中提出具体要求的环境项目，全部达到要求，为“符合”；如有一项达不到要求即为“不符合”。

对于计量技术规范中未提出具体要求，但对不确定度有显著影响的环境项目，应当依据不确定度评定中对该环境条件所做的规定来进行判断。如达到要求判为“符合”，如达不到要求，则应当按实际环境条件对不确定度重新进行评定，评定结果合格，判为“有缺陷”，否则为不合格。

对于计量技术规范中未提出具体要求，并且对不确定度影响不大的环境项目，如果该环境条件的变化，已严重影响到检定或校准工作的正常进行，判为“有缺陷”，否则均判为“符合”。

4.3.2　根据计量技术规范的要求，检查设施的配置情况，可从实验室布局整齐，环境清洁卫生，以及室内有无与检定、校准或其他实验工作无关的杂物及隔离措施等方面来进行判断；互不相容的区域是否进行有效隔离，能否防止相互干扰、相互影响。

如果未进行有效隔离，但对检定或校准结果影响不显著，则判为“有缺陷”。

4.3.3　对环境条件应当有有效的监控设备。所谓“监控”不一定指必须能自动控制环境条件，考评员根据计量技术规范的要求及项目的具体情况进行判断。

如果按照计量技术规范的要求配置监控设备、但未完全进行有效的监控，则判为“有缺陷”。

4.4.1　计量标准负责人是对计量标准的技术方面负责的人员，应当能对该计量标准全面负责，并能解决有关该计量标准的具体技术问题，具有对计量标准的使用、维护、溯源、文件集的建立与更新等方面的能力。

4.4.2　建标单位是否配备了两名以上的检定或校准人员，其技术能力是否满足开展检定或校准项目的要求。从下列几方面进行判断：

①从建标单位提供的检定或校准人员能力证明文件，例如：注册计量师资格证书、注册计量师注册证、原来的计量检定员证、计量专业项目考核合格证明或培训合格证明等，判断检定或校准人员的能力是否能覆盖该计量标准所开展的检定或校准项目；

②被确定进行实际操作考核的两名检定或校准人员是否是计量标准考核（复查）申请书中的检定或校准人员；

③实际操作的检定或校准人员的技术能力和现场实验的检定或校准结果是否满足考核规范的要求。

4.5.1　检查文件集中文件是否符合考核规范的要求，是否包括了 JJF 1033 规定的 18 个方面的文件。

检查文件集的管理是否符合要求，各种文件是否为有效的版本，重点审查以下方面：

①有计量标准操作程序且内容完整、正确；

②有计量标准履历书且内容填写完整；

③计量标准更换按要求进行；

④有使用说明书。说明书应当由使用人员保存，以备随时查阅。对于规定由专门部门统一保管使用说明书的单位，使用人员应当保存使用说明书的复印件，如因篇幅较大而无法全套复印时，使用人员应至少保存关键部分的复印件。

使用说明书遗失后应当设法复制。如果实在已无法得到，则可按下述情况区别对待：

如果无使用说明书已经影响到该计量标准器的正常使用，则判为“不符合”；

如果无使用说明书并不影响该计量标准器的正常使用，并且该计量标准器已经购置很长时间无法重新得到（例如对于计量标准复查，这种情况出现较多），则可以判为“不适合”。

4.5.2 所进行检定或校准的项目应该有国家、部门或地方颁布的有效计量技术规范。在进行检定和校准的场所，应当备有有效计量技术规范以备随时查阅。

4.5.3.1 检查计量标准技术报告内容是否完整、正确；当计量标准器及主要配套设备、环境条件及设施、计量技术规范等发生变化，引起计量标准主要计量特性发生变化时，是否及时修订了计量标准技术报告；检查计量标准技术报告中建立计量标准的目的、计量标准的工作原理及其组成、计量标准的稳定性考核、结论及附加说明等方面内容描述是否符合所建计量标准对应的计量技术规范的规定和要求。

4.5.3.2 考评员根据填写要求结合项目的具体情况进行判断。

4.5.3.3 从下述几方面检查计量标准的主要技术指标及环境条件的填写是否正确：

①计量标准的测量范围、不确定度或准确度等级或最大允许误差以及计量标准的稳定性等基本概念是否正确；

②对计量标准的测量范围、不确定度或准确度等级或最大允许误差以及计量标准的稳定性等表述是否正确；

③是否明确地表述清楚所给参数的含义；

④表述方法是否符合本专业领域的规定或约定俗成；

⑤温度、湿度等环境条件的填写是否完整、正确。

4.5.3.4 检查是否根据与所建计量标准相应的计量技术规范的规定，画出该计量标准溯源到上一级和传递到下一级的量值溯源和传递框图。

4.5.3.5 从下述几方面检查检定或校准结果的重复性是否符合要求：

①新建计量标准进行了重复性试验，并将得到的重复性用于检定或校准结果的不确定度评定，已建计量标准，每年至少进行了一次重复性试验，测得的重复性满足检定或校准结果的不确定度的要求，判为“符合”，否则判为“不符合”；

②复查的计量标准按考核规范所规定的方法进行检定或校准结果的重复性试验。若所得结果不大于不确定度评定中所采用的重复性数据，判为“符合”；

③若所得结果大于不确定度评定中所采用的重复性数据，则应当重新进行不确定度的评定。如评定结果仍符合要求，则判为“符合”，否则判为“不符合”；

④若重复性试验方法和结果基本正确，只是试验数据和记录不太完善等次要不符合，则判为“有缺陷”。

4.5.3.6 从下述几方面检查不确定度的评定是否合理：

①不确定度评定中，各输入量的最大允许误差是否符合计量技术规范的规定；

②所提供的不确定度是否包含被测对象和环境条件对测量结果的影响；

③不确定度的评定方法是否符合 JJF 1059.1 的规定，或符合有关领域的不确定度评定细则的规定；

④所用计量术语的含义是否符合 JJF 1001 的规定；

⑤不确定度的评定程序是否正确；

⑥用以评定不确定度的测量模型是否完整，是否包含了所有对不确定度有影响的输入量；

⑦是否列出不确定度分量一览表，并且其中应当包含足够的信息；

⑧得到包含因子 k 值的方法是否合理；

⑨扩展不确定度的表述方法是否正确；

⑩得到的不确定度是否符合有关计量技术规范的要求；

⑪对于可以测量多个参数的计量标准，是否对每一个参数进行了不确定度的评定；

⑫所给出的不确定度能否覆盖全部测量范围。

4.5.3.7 JJF 1033 规定了可以采用两种方法进行“检定或校准结果的验证”，即传递比较法和比对法。这两种方法不是并列和任选的。其中传递比较法应当是首选，其原因是传递比较法的可靠性较高，并能保证其溯源性。只有在无法找到更高一级的计量标准时，才能采用比对法，并且参加比对的建标单位应当尽可能多。

可从下述几方面检查检定或校准结果的验证是否合理：

①当采用比对法时，是否确实无法找到更高一级的计量标准来进行传递比较；

②当采用比对法时，是否参加比对的建标单位已足够多；

③是否给出了检定或校准结果验证的全部测量数据；

④是否对所得到的测量结果的合理性做出正确的判断。

4.5.4.1 从以下几方面审查原始记录是否符合相应规定：

①原始记录的格式是否符合有关计量技术规范的规定；

②原始记录信息量及保存等是否符合相应规定；

③原始记录填写是否符合规定；

④原始记录更改是否符合要求，更改不得涂圈，应当进行杠改，修改后的数字应当写在边上，修改后应当能看清修改前和修改后的数字，在修改后的数字边上应当有签名；

⑤原始记录签名是否符合要求，原始记录不仅要有签名，还要有签名的日期。

4.5.4.2 检查建标单位用该计量标准进行检定或校准的原始记录中的观测结果、数据和计算是否是在检定或校准时准确及予以记录，数据处理是否正确，是否对离群值进行了判别和剔除，并进行评价。

4.5.5.1 检查建标单位用该计量标准进行检定或校准所出具的证书的格式、签名、印章及副本保存等是否符合要求，并进行评价。

4.5.5.2 检查建标单位用该计量标准进行检定或校准所出具的证书结论是否正确，测量项目是否齐全，数据是否完整、正确，其他内容是否符合要求，并进行评价。

4.5.6 检查建标单位是否按考核规范规定制定并执行 8 项管理制度，制度的内容是否能保证计量标准正常运行。

4.6.1 通过建标单位提供的测量能力的验证、稳定性考核、重复性试验等技术资料，综合判断计量标准是否处于正常工作状态，测量能力是否满足开展检定或校准工作的需要。考评员应在“考评记事”栏目注明相应的证明材料，例如：测量能力的验证、稳定性考核或重复性试验等技术资料目录及简要情况。

4.6.2.1 在进行操作技能考评时，要考评事先确定的两名检定或校准人员（必要时，考评员可以增加现场实验人员）。被考评人员应当是计量标准考核（复查）申请书中备案的检定或校准人员。

考评时，检查被考评人员是否按计量标准操作程序中规定的步骤进行。检查所用的方法是否符合计量技术规范的要求。

4.6.2.2 现场实验时，考评员应当检查出具的检定或校准证书格式是否符合要求。测量结果及不确定度的表述是否正确，是否会使用户产生误解，检定或校准证书中是否具有足够的信息。现场实验时，考评员还要检查检定或校准的人员数据处理是否正确，并根据测量结果和参考值之差的大小来判断测量结果是否处于合理范围内。

4.6.2.3 现场提问主要从3方面来进行：有关的专业性问题，计量技术规范中的有关问题和考核中发现的问题，考评时应当做好记录及评价。

参考文献

[1] 全国法制计量管理计量技术委员会 . JJF 1001—2011 通用计量术语及定义 [S] . 北京：中国质检出版社，2013：3.

[2] 全国法制计量技术委员会 . JJF 1094—2002 测量仪器特性评定 [S] . 北京：中国计量出版社，2003：1.

[3] 全国法制计量管理计量技术委员会 . JJF 1059.1—2012 测量不确定度评定与表示 [S] . 北京：中国质检出版社，2013：1.

[4] 全国统计方法应用标准化技术委员会 . GB/T 8170—2008 数值修约规则与极限值的表示和判定 [S] . 北京：中国标准出版社，2008：11.

[5] 全国量和单位标准化技术委员会 . GB/T 3101—1993 有关量、单位和符号的一般原则 [S] . 北京：中国标准出版社，1994：12.

[6] 全国法制计量管理计量技术委员会 . JJF 1033—2016 计量标准考核规范 [S] . 北京：中国质检出版社，2016：12.

[7] 全国法制计量管理计量技术委员会 . JJF 1033—2016《计量标准考核规范》实施指南 [M] . 北京：中国质检出版社，2017.

[8] 中国计量测试学会组编 . 一级注册计量师基础知识及专业实务 [M] . 北京：中国质检出版社，2017.

[9] 国家质量技术监督局计量司编 . 计量标准和计量检定人员考核指南 [M] . 北京：中国铁道出版社，1999.

[10]《计量测试技术手册》编辑委员会 . 计量测试技术手册第一卷技术基础 [M] . 北京：中国计量出版社，1996.

[11] 葛相楼编著 . 计量管理工作手册 [M] . 南京：南京出版社，1991.

[12] 王立吉编著 . 计量学基础 [M] . 北京：中国计量出版社，1997.

[13] 施昌彦主编 . 现代计量学概论 [M] . 北京：中国计量出版社，2003.

[14] 费业泰主编 . 误差理论与数据处理 [M] . 北京：机械工业出版社，2005.

[15] 李谦编著 . 误差理论及应用 [M] . 西安：陕西科学技术出版社，1993.

[16] 刘智敏，刘风 . 现代不确定度方法与应用 [M] . 北京：中国计量出版社，1997.

[17] 李慎安编著 . 测量结果不确定度的估计与表达 [M] . 北京：中国计量出版社，1997.

[18] 李慎安 . 测量不确定度表达百问 [M] . 北京：中国计量出版社，2001.

[19] 中国实验室国家认可委员会编 . 化学分析中不确定度的评估指南 [M] . 北京：中国计量出版社，2002.

[20] 上海市计量测试技术研究院编著．常用测量不确定度评定方法及应用实例［M］．北京：中国计量出版社，2001.
[21] 宣安东主编．实用测量不确定度评定及案例［M］．北京：中国计量出版社，2007.
[22] 叶德培．测量不确定度理解 评定与应用［M］．北京：中国计量出版社，2007.
[23] 倪育才编著．实用测量不确定度评定（第6版）［M］．北京：中国标准出版社，2020.
[24] 范巧成主编．Excel在测量不确定度评定中的应用及实例［M］．北京：中国质检出版社，2013.
[25] 范巧成主编．测量不确定度评定的简化方法与应用实例［M］．北京：中国电力出版社，2007.
[26] 范巧成等．简化的测量过程统计控制方法［J］．计量学报，2012，(3)：284-288.